PLANTS OF PETROCOSMEA IN CHINA

中国石蝴蝶属植物

邱志敬　刘正宇　主　编
逄洪波　宋春凤　张　军　副主编
李振宇　王印政　主　审

科学出版社
北　京

内 容 简 介

本书对石蝴蝶属植物的标本和文献进行了重新整理和研究，梳理了石蝴蝶属的分类历史，对中国石蝴蝶属的分子系统学、细胞学、形态学、孢粉学及种皮纹饰等进行了全面的研究。在此基础上，本书提出了石蝴蝶属全新的分类系统，制作了检索表，并对每个种进行了详细的描述，同时为每个种都配备了彩色图片，这是对石蝴蝶属的一次全面的、系统的修订。

本书可供植物学、农学、林学、园艺学、药学、资源与环境保护工作者和科技人员及农林院校师生参考。

图书在版编目 (CIP) 数据

中国石蝴蝶属植物/邱志敬，刘正宇主编.—北京：科学出版社，2015.12
ISBN 978-7-03-045562-8

I.①中… II.①邱… ②刘… III.①苦苣苔科−中国 IV.①Q949.778.4

中国版本图书馆CIP数据核字（2015）第207616号

责任编辑：王 静 付 聪/责任校对：郑金红
责任印制：肖 兴/书籍设计：北京美光设计制版有限公司

科学出版社 出版
北京东黄城根北街16号
邮政编码：100717
http://www.sciencep.com

北京盛通印刷股份有限公司 印刷
科学出版社发行 各地新华书店经销

*

2015年12月第 一 版 开本：880×1230 A4
2015年12月第一次印刷 印张：24 1/2
字数：1 305 000

定价：268.00元
（如有印装质量问题，我社负责调换）

《中国石蝴蝶属植物》
编委会名单

编委

邱志敬　　刘正宇　　逢洪波　　宋春凤
张　军　　李振宇　　王印政　　鲁元学
谢良生　　谢锐星　　杨　平　　谭小龙
彭　杨　　钱齐妮

摄影（排名不分先后）

邱志敬　　鲁元学　　张寿洲　　盘　波
王炳谋　　刘正宇　　刘　演　　税玉民
谭运洪　　谭小龙　　李超群　　彭　杨
陈　朋　　杨　平　　董　阳　　董　振
周佳俊　　王焕冲　　温　放　　Ray Drew
Ruth Zavitz　　Toshijiro Okuto　　Ron Long
Ron Myhr　　Louise O'Beirne　　Julian Shaw

参编单位

深圳市中国科学院仙湖植物园
重庆市药物种植研究所
中国中医科学院中药资源中心
沈阳师范大学
江苏省中国科学院植物研究所
中国科学院植物研究所

前 言

苦苣苔科（Gesneriaceae）是被子植物的一个大科，全世界约有 150 属 3700 余种。中国苦苣苔科有 59 属 490 余种，其中石蝴蝶属（*Petrocosmea*）有 40 种。石蝴蝶属由 Oliver 于 1887 年建立，该属植物的花色艳丽，形态多为莲座型，具有较高的观赏利用价值。几年来，我们共收集了 40 种国产石蝴蝶属植物（包括 1 个新种），成功种植 33 种，其中有观赏价值的材料有 20 余份。

石蝴蝶属自建立以来共经历过两次修订，在王文采（1985）对石蝴蝶属进行了第二次分类修订之后，已经有 16 个新种被陆续发表，然而该属再未有系统性的研究。早期的分类和修订多基于对标本的描述，而缺乏野外调查及对活植株和新鲜材料的观察。编者在大量的野外考察和对新鲜植株的观察研究中发现，有一些特征，如花冠喉部的斑点及花冠筒内部的色斑等，在早期的种类描述和分类修订中很少提及，而这些被忽略的特征在石蝴蝶属的种间分类上具有很重要的意义，因而对石蝴蝶属进行全面的研究并进行进一步的分类修订变得十分迫切。

本书共分 6 章。第一章对石蝴蝶属的分类历史和分类系统进行了研究和梳理，对该属的形态学、分子系统学、细胞学、孢粉学、种皮纹饰等进行了深入的研究，并在这些研究的基础上提出了新的石蝴蝶属分类系统，对新分类系统的系统观点进行了阐述，随后对每个种进行了详细的形态描述，同时为每个种都配备了彩色图片。第二章、第三章和第四章分别对石蝴蝶属的分子系统学、形态学、孢粉学、种皮纹饰及细胞学研究进行了介绍，为我们提出的新分类系统提供各方面的证据。第五章对石蝴蝶属植物的引种驯化、栽培和组织培养等做了介绍。另外，石蝴蝶属植物花色多样，形态特异，是观赏类多肉植物中的一员，具有很大的应用开发潜力，本书的第六章对石蝴蝶属植物在园林配置和室内花卉中的应用情况等进行了介绍。

本书编写过程中，得到了国内外的专家、学者及广大植物爱好者和网友的帮助，他们提供了许多珍贵的图片资料并授权我们使用，在此谨表衷心的感谢！

本书承蒙国家自然科学基金（31200159，31100176，31100168）、广东省科技基础条件建设项目（2013B060400008）、公益性行业科研专项第四次全国中药资源普查项目（201207002）、中医药全国性专款（ZZYZK2012 科技司 A002）、深圳市城市管理局科研项目（201312，201412）及辽宁省科技厅面上项目（2015020582）等基金的鼎力支持，在此一并感谢。

尽管我们对本书的编撰已经做出了很大努力，但是错误和不足之处在所难免，欢迎广大读者能不吝指正，以便修订。

编 者

2015 年 11 月于深圳

目 录

第 一 章

中国石蝴蝶属植物分类

第一节　中国石蝴蝶属研究概述

一、石蝴蝶属简介

苦苣苔科（Gesneriaceae）位于广义唇形目的基部（Olmstead et al., 2000；Wortley et al., 2005），在全世界有 150 属 3700 余种。苦苣苔科在传统上被划分为两个亚科，即苦苣苔亚科（Cyrtandroideae）和大岩桐亚科（Gesnerioideae），分布于亚洲东部和南部、非洲、欧洲南部、大洋洲、南美洲至墨西哥的热带至温带地区。苦苣苔亚科内族的划分、族的范围及族间关系存在较多争议（Burtt, 1962；Ivanina, 1965；Weber, 1978, 1982；王文采, 1990）。Burtt（1962）对苦苣苔亚科作了较为全面的修订。后来，王文采（1990）又对 Burtt 系统做了大量的补充和修改，使该系统的内容更臻于完善。依据王文采（1990）系统，苦苣苔亚科分为 6 个族，即苦苣苔族（Tribe Ramondeae Fritsch）、长蒴苣苔族（Trib. Didymocarpeae Endl.）、芒毛苣苔族（Trib. Trichosporeae Fritsch）、浆果苣苔族（Trib. Cyrtandreae Bl.）、尖舌苣苔族（Trib. Epithemateae（Meisn.）Clarke）和苣闽苣苔族（Trib. Tianotricheae Yamazaki ex W. T. Wang）。中国拥有多样的野生苦苣苔科植物，分属于 6 个族，已知有 59 属 460 余种，其中 28 属 377 种为中国特有。长蒴苣苔族是苦苣苔亚科中最大的一个族，包含约 60 属，其中我国产 42 属（王文采, 1990；李振宇和王印政, 2004；韦毅刚, 2010）。

苦苣苔科植物为多年生草本，或为灌木，稀为乔木、一年生草本或藤本，陆生或附生。两性花，花冠艳丽，花色有紫色、蓝色、白色、黄色、淡蓝色或红色等（李振宇和王印政, 2004）。苦苣苔科多数植物花大，且色彩鲜艳，很具有观赏性，如著名的非洲紫罗兰（Saintpaulia ionantha）、大岩桐（Sinningia speciosa）、口红花（Aeschynanthus radicans）、喜荫花（Episcia cupreata）等。目前，大岩桐亚科（Subfamily Gesnerioidea）下的大岩桐属（Sinningia），苦苣苔亚科下的非洲紫罗兰属（Saintpaulia）、扭果花属（Streptocarpus）、芒毛苣苔属（Aeschynanthus）、欧洲苣苔属（Ramonda）等大部分被开发为商品花卉，广受欢迎。在我国，报春苣苔属（Primulina）、半蒴苣苔属（Hemiboea）、芒毛苣苔属（Aeschynanthus）等的少数种也被引种做观赏用，但还有一颗深山明珠等待我们去认识和发掘，那就是漂亮的石蝴蝶属植物（Petrocosmea）。

石蝴蝶属（Petrocosmea）是由 Oliver 于 1887 年根据采自湖北西部的中华石蝴蝶（P. sinensis）而建立的，隶属于苦苣苔亚科（Subfam. Cyrtandroideae）的长蒴苣苔族（Trib. Didymocarpeae）。该属植物为多年生草本，通常矮小，根据王文采（1985）的分类系统，该属有 27 个种，4 变种，其中 3 种分布在国外，分别是越南的昆仑岛石蝴蝶（P. condorensis），印度

和缅甸东北部的印缅石蝴蝶（P. parryorum），以及缅甸南部的缅南石蝴蝶（P. kingii）（王文采, 1985, 1990）。我国有 24 种 4 变种，分布在云南、四川、陕西南部、湖北西部、贵州和广西西南部（李锡文, 1983；王文采, 1985）。

石蝴蝶属依据外部形态的差别被划分为 3 个组，分别是 sect. Petrocosmea Oliv.（花冠上唇和下唇近等长，花药不缢缩），sect. Anisochilus Hemsl.（花冠上唇明显短于下唇，花药不缢缩）和 sect. Deinanthera W. T. Wang（花药缢缩）（王文采, 1985）。石蝴蝶属的分布区西自印度阿萨姆向东分布至中国湖北西部，北自中国秦岭南坡向南分布至越南和缅甸的南部，多数种分布于中国云南高原及其相邻地区。

石蝴蝶属植物具有较高的观赏价值，其植株为漂亮的莲座型，花冠两侧对称，植株开花多，花色鲜艳，花期较长，具有独特的观花特征，是开发小型园艺盆栽和园林绿化的理想材料。可以说石蝴蝶属植物能与广为人知的花卉品种——非洲紫罗兰（Saintpaulia ionantha）相媲美，既有极高的观赏价值，又有重要的研究价值。

自石蝴蝶属建立以来，仅进行过两次修订（Craib, 1919；王文采, 1985）。在王文采对石蝴蝶属进行了第二次分类修订之后，已经有 16 个新种被陆续发表，然而该属再未有系统性的研究。早期的分类和修订多基于对标本的描述而缺乏野外调查和对活植株及新鲜材料的观察，有一些特征比如花冠喉部的斑点及花冠筒内部的色斑等在早期的种类描述和分类修订中很少提及，而这些被忽略的特征在石蝴蝶属的种间分类上可能具有很重要的意义。在王文采系统中，一些形态描述上较相似的种类仅仅是以不太稳定的数量性状来区分的，如根据王文采系统，贵州石蝴蝶（P. cavalariei）与髯毛石蝴蝶（P. barbata）的区别仅在于贵州石蝴蝶的叶片较小，然而叶片大小的变异在野外时有发生。在我们调查过的贵州石蝴蝶野外群体中，同样存在叶片较大的个体，所以叶片大小的差别并不是贵州石蝴蝶和髯毛石蝴蝶的本质区别。类似的情况在蒙自石蝴蝶（P. iodioides）和滇黔石蝴蝶（P. martinii）、秋海棠叶石蝴蝶（P. begoniifolia）和四川石蝴蝶（P. sichuanensis）中也频繁存在，要了解它们之间真正意义上的形态区分还需要大量的野外观察研究。其他的问题包括石蝴蝶属是否是一个单系，在属下划分的 3 个组有没有系统发育意义，在属下划分的 3 个组是不是均为单系群，以及这 3 个组之间的演化关系如何，组内各种间的系统关系是怎样的？针对石蝴蝶属的众多形态特征，哪些重要的性状具有系统发育意义？要回答以上问题，结合基于大量野外调查的形态学观察，对石蝴蝶属进行全面的研究和修订显得十分必要。作者通过大量的野外考察和采集，重新评估了石蝴蝶属植物的形态性状，发现了一系列新的系统学性状。在形态研究

第 一 章

中国石蝴蝶属植物分类

的基础上，我们应用 6 个叶绿体基因分子标记和 2 个核基因分子标记对石蝴蝶属进行了全面的分子系统学研究，然后结合生物地理学、孢粉学研究、细胞学研究等对石蝴蝶属内的系统划分、重要形态性状的进化，石蝴蝶属的起源和分化及花部特征对传粉者的适应性进化等进行了全面系统的讨论，且基于以上证据对中国石蝴蝶属进行了修订并对属下的分类提出了新的分类系统。

二、石蝴蝶属的分类历史

石蝴蝶属最初是由 D. Oliver 于 1887 年根据采自湖北宜昌的标本建立，当时只有中华石蝴蝶（*P. sinensis*）一种（Oliver，1887；Hemsley，1890）。1895 年，Hemsley 报道了另外一个采自云南蒙自的新种——大花石蝴蝶（*P. grandiflora*）（Hemsley，1895）。四年之后，他又加入了蒙自石蝴蝶（*P. iodioides*）和小石蝴蝶（*P. minor*）两个新种，模式植物均采自云南蒙自县。由于这两个种的上唇远短于下唇并且上唇包围着花柱，Hemsley 据此建立了一个新的组——石蝴蝶组（sect. *Anisochilus*），并把这两个种放入该组内（Hemsley，1899a，1899b）。后来，Léveille（1911）也将其在 1903 年发表的新种 *Vaniotia martinii* 移至石蝴蝶属，即滇黔石蝴蝶（*P. martinii*），同时还报道了采自贵州的贵州石蝴蝶（*P. cavaleriei*）（Léveille，1911）。不久，Léveille 再次报道了一个采自云南的新种——东川石蝴蝶（*P. mairei*）（Léveille，1915）。1918 年，Craib 重新鉴定了 Hemsley（1899b）发表小石蝴蝶（*P. minor*）时所引用的两份模式标本 Hancock 428 和 A. Henry 9154，他认为 Hancock 428 与小石蝴蝶（*P. minor*）的描述有所不同，主要区别在于小石蝴蝶（*P. minor*）的花药稍短、椭圆形，花丝有毛，而 Hancock 428 的花药稍长、镰形，花丝无毛。于是他基于标本 Hancock 428 报道了新种南石蝴蝶（*P. henryi*），同时还报道了滇泰石蝴蝶（*P. kerrii*）。

1919 年，Craib 对石蝴蝶属进行了首次修订，一共收录了 15 个种，其中包括 6 个新种，即扁圆石蝴蝶（*P. oblata*）、显脉石蝴蝶（*P. nervosa*）、菱软石蝴蝶（*P. flaccida*）、大理石蝴蝶（*P. forrestii*）、髯毛石蝴蝶（*P. barbata*）和石蝴蝶（*P. duclouxii*）。他根据花冠上下唇是否等长、上唇是否包围花柱，将石蝴蝶属分成 sect. *Eupetrocosmea* Craib 和 sect. *Anisochilus* Hemsl. 两个组。其中 sect. *Eupetrocosmea* Craib 包括 5 个种，即显脉石蝴蝶（*P. nervosa*）、扁圆石蝴蝶（*P. oblata*）、菱软石蝴蝶（*P. flaccida*）、中华石蝴蝶（*P. sinensis*）和大花石蝴蝶（*P. grandiflora*），sect. *Anisochilus* Hemsl. 包括了剩余的 10 个种。1921 年，Smith 发表了采自云南的新种 *P. wardii*。但是后来，Burtt 在 1958 年观察了中国云南的 5 份标本和采自泰国的 3 份标本之后，认为该种和 *P. kerrii* 之间并无明显差别，因而予以归并，同时被归并的还有 *Damrongia kerrii* Pellegrin。

然而，大约在 1940 年，陈焕镛在鉴定 *P. henryi* Craib 的等模式标本（A. Henry 9154）时认为小石蝴蝶（*P. minor*）和南石蝴蝶（*P. henryi*）难以区别，标本 Henry 9154 的花丝和 Hancock 428 的等模式 Hancock 128 一样有很短的小毛，建议将二者归并，王文采（1985）在观察这两份标本之后与陈焕镛得出了同样的观点

并将二者合并。

1926 年，Fischer 报道了产于印度的印缅石蝴蝶（*P. parryrum* C. E. C. Fischer），这也是石蝴蝶属植物在印度的第一次记录（Fischer，1926）。随后，Pellegrin（1930）将长蒴苣苔属的 *Didymocarpus condorensis* Pierre 移至该属并命名为昆仑岛石蝴蝶（*P. condorensis*），这也是该属在越南的首次纪录。1935 年，陈焕镛发表采自中国海南的新种盾叶石蝴蝶（*P. peltata*），后被王文采（1981）移出本属而建立了一个单型属——盾叶苣苔属（*Metapetrocosmea* W. T. Wang）。王文采（1981）认为盾叶苣苔属的一些特征比石蝴蝶属进化，其花冠和花药的形态明显区别于石蝴蝶属。1946 年，Chatterjee 将特产于缅甸南部的 *Trisepalum kingii* Clarke 移至石蝴蝶属，并命名为 *P. kingii*（Clarke）Chatterjee（缅南石蝴蝶）。

Burtt 1958 年认为盾叶石蝴蝶、缅南石蝴蝶和印缅石蝴蝶都属于石蝴蝶属中反常的种，还认为石蝴蝶属的种类划分过于简单，造成许多种间的区别模糊，需待材料丰富时加以解决。

此后，王文采于 1981 年和 1984 年分别描述了特产陕西的秦岭石蝴蝶（*P. qinlingensis*）、特产云南的宽萼石蝴蝶（*P. latisepala*）、特产贵州的汇药石蝴蝶（*P. confluens*）、特产四川的四川石蝴蝶（*P. sichuanensis*）及特产贵州的变种光蕊滇黔石蝴蝶（*P. martinii* var. *leiandra*）。

李锡文（1983）对云南地区的石蝴蝶属做了较为系统的研究，他描述了 4 个新种，分别为莲座石蝴蝶（*P. rosettifolia*）、丝毛石蝴蝶（*P. sericea*）、秋海棠叶石蝴蝶（*P. begoniifolia*）和孟连石蝴蝶（*P. menglianensis*）。

1985 年，王文采对石蝴蝶属进行了第二次修订，他将宽萼石蝴蝶降级为扁圆石蝴蝶（*P. oblata*）的变种——宽萼石蝴蝶（*P. oblata* var. *latisepala*），将 1958 年 Craib 阐述缅南石蝴蝶时所引用的标本 A. Henry 13120 处理为缅南石蝴蝶的一个变种——绵毛石蝴蝶（*P. kerrii* var. *crinita*），增加了一个东川石蝴蝶（*P. mairei*）的变种——会东石蝴蝶（*P. mairei* var. *intraglabra*），同时还报道了 3 个新种，分别是长梗石蝴蝶（*P. longipedicellata*）、蓝石蝴蝶（*P. coerulea*）和大叶石蝴蝶（*P. grandifolia*）。至此，石蝴蝶属共有 27 种 4 变种，分布在中国地区的有 24 种 4 变种。王文采接受 Hemsley 和 Craib 的分类方法，仍然保留了他们建立的中华石蝴蝶组（sect. *Petrocosmea*）和石蝴蝶组（sect. *Anisochilus*）两个组，同时根据花药顶端缢缩这一特征建立了本属的第 3 个组——滇泰石蝴蝶组（sect. *Deinanthera*），而且在组之下细分出了亚组和系。

王文采（1985）根据花药顶端是否缢缩，以及上唇与下唇的长度比例将石蝴蝶属划分为 3 个组，其划分系统如下。

（1）中华石蝴蝶组（sect. *Petrocosmea*）　花药顶端不缢缩，花冠上唇与下唇近等长。包括显脉石蝴蝶（*P. nervosa*）、扁圆石蝴蝶（*P. oblata*）、宽萼石蝴蝶（*P. oblata* var. *latisepala*）、菱软石蝴蝶（*P. flaccida*）、中华石蝴蝶（*P. sinensis*）、秦岭石蝴蝶（*P. qinlingensis*）、昆仑岛石蝴蝶（*P. condorensis*）及大花石蝴蝶（*P. grandiflora*）。

（2）石蝴蝶组（sect. *Anisochilus*）　花药顶端不缢缩，花冠上唇比下唇短约一倍或两倍。是石蝴蝶属最大的一个组，组下又划

分为两个系：髯毛石蝴蝶系（ser. *Barbatae*），花冠上唇 2 裂近基部或达中部，包括石蝴蝶（*P. duclouxii*）、东川石蝴蝶（*P. mairei*）、会东石蝴蝶（*P. mairei* var. *intraglabra*）、大理石蝴蝶（*P. forrestii*）、莲座石蝴蝶（*P. rosettifolia*）、髯毛石蝴蝶（*P. barbata*）、长梗石蝴蝶（*P. longipedicellata*）、贵州石蝴蝶（*P. cavalariei*）、秋海棠叶石蝴蝶（*P. begoniifolia*）、四川石蝴蝶（*P. sichuanensis*）、汇药石蝴蝶（*P. confluens*）、印缅石蝴蝶（*P. parryorum*）及蓝石蝴蝶（*P. coerulea*）；蒙自石蝴蝶系（ser. *Iodioides*），花冠上唇不明显 2 浅裂，微凹或近全缘，包括蒙自石蝴蝶（*P. iodioides*）、滇黔石蝴蝶（*P. martinii*）、光蕊滇黔石蝴蝶（*P. martinii* var. *leiandra*）、丝毛石蝴蝶（*P. sericea*）和小石蝴蝶（*P. minor*）。

（3）滇泰石蝴蝶组（sect. *Deinanthera*） 花药顶端缢缩。其又包括两个亚组：孟连石蝴蝶亚组（subsect. *Menglienense*），花萼辐射对称，萼片分生，边缘全缘或近全缘，包括大叶石蝴蝶（*P. grandifolia*）和孟连石蝴蝶（*P. menglianensis*）两个种；滇泰石蝴蝶亚组（subsect. *Kerrianae*），花萼左右对称，后方 3 萼片多少合生，边缘常有小齿。滇泰石蝴蝶亚组又被划分为两个系，即缅南石蝴蝶系（ser. *Kingianae*），只包括特产于缅甸的缅南石蝴蝶（*P. kingii*）一个种，滇泰石蝴蝶系（ser. *Kerrianae*），包括滇泰石蝴蝶（*P. kerrii*）及其变种——绵毛石蝴蝶（*P. kerrii* var. *crinita*）。

王文采在第二次修订中认为石蝴蝶属的形态演化趋势为：

（1）花萼辐射对称、萼片分生向花萼左右对称、萼片合生方向演化；

（2）花冠上唇与下唇近等长向上唇比下唇短 2 倍或更多方向演化；

（3）花药不缢缩向花药在顶端之下缢缩方向演化。

而且他认为花冠上唇和下唇近等长、花药不缢缩的中华石蝴蝶组为本属的原始群，而其他两组——石蝴蝶组（花冠上唇明显短于下唇，花药不缢缩）和滇泰石蝴蝶组（花药在顶端之下缢缩）为较为进化的群。

在王文采系统（1985）中，虽然划分出了组、亚组和系，但是这些属下划分依据主要是基于对标本的描述，而早期发表的很多种对一些性状的描述不够全面和准确，如滇黔石蝴蝶在 1915 年发表时对形态的描述很少，这对以后的修订都带来了很大的困难。王文采共发表了 4 个变种（王文采，1984，1985），但这些变种与其原变种的区别还有待进一步考证，如宽萼石蝴蝶（*P. oblata* var. *latisepala*）与其原变种扁圆石蝴蝶（*P. oblata*）的区别仅在于前者的模式标本上的花萼稍宽。根据我们的野外调查，在石蝴蝶属的同一种的不同群体甚至个体之间花萼的形态、颜色甚至数目都有一些变化，但这些变化都在正常的变化范围之内，所以仅以花萼的宽度来区分的变种是不成立的。

20 世纪 90 年代初，印缅石蝴蝶被发现在中国也有分布，在 1991 年出版的《云南植物志》描述了原以为仅产于缅甸和印度的印缅石蝴蝶（而《中国植物志》（1990）没有把这种收入），印缅石蝴蝶在中国的新纪录地在云南西双版纳。

李振宇和王印政（2004）在对中国苦苣苔科植物进行研究时，基本接受了王文采（1985）的系统，但是其在石蝴蝶属的 3 个组之下并没有再细分。

自 1985 年第二次修订以来，石蝴蝶属有 16 个新种被陆续报道，其中产自中国的有 11 个种，产自国外（泰国）的有 5 个种。

1998 年，B. L. Burtt 根据采自泰国北部清迈的标本发表了新种美丽石蝴蝶（*P. formosa* B. L. Burtt），其隶属于滇泰石蝴蝶组，特产于泰国。2001 年，B. L. Burtt 又描述了特产于泰国清迈的异叶石蝴蝶（*P. heterphylla* B. L. Burtt）和伞花石蝴蝶（*P. umbelliformis* B. L. Burtt），分别隶属于滇泰石蝴蝶组和中华石蝴蝶组，这是中华石蝴蝶组的成员在泰国的首次发现。

2010 年，D. J. Middleton 和 P. Triboun 又报道了采自泰国清迈的两个种，分别为二色石蝴蝶（*P. bicolor* D. J. Middleton & Triboun）和短毛石蝴蝶（*P. pubescens* D. J. Middleton & Triboun），都隶属于滇泰石蝴蝶组。这样，1985 年之后共发表了 5 个特产于国外的新种，都分布在泰国的清迈，其中有 4 个种隶属于滇泰石蝴蝶组，有 1 个种隶属于中华石蝴蝶组，也是迄今为止泰国的唯一一个中华石蝴蝶组成员。

2009 年开始，产自国内的 11 个石蝴蝶属新种被陆续发表，分别为兴义石蝴蝶（*P. xingyiensis* Y. G. Wei & F. Wen）（Wei and Wen，2009）、黄斑石蝴蝶（*P. xanthomaculata* G. Q. Gou et X. Y. Wang）（苟光前等，2010）、石林石蝴蝶（*P. shilinensis* Y. M. Shui & H. T. Zhao）（赵厚涛和税玉民，2010）、旋涡石蝴蝶（*P. cryptica* J. M. H. Shaw）（Shaw，2011）、砚山石蝴蝶（*P. yanshanensis* Z. J. Qiu & Y. Z. Wang）（Qiu *et al.*，2011）、长蕊石蝴蝶（*P. longianthera* Z. J. Qiu & Y. Z. Wang）（Qiu *et al.*，2011）、环江石蝴蝶（*P. huanjiangensis* Yan Liu & W. B. Xu）（Xu *et al.*，2011）、合溪石蝴蝶（*P. hexiensis* S. Z. Zhang & Z. Y. Liu）（Qiu *et al.*，2012）、富宁石蝴蝶（*P. funingensis* Q. Zhang & B. Pan）（Zhang *et al.*，2013）、黑眼石蝴蝶（*P. melanophthalma* Huan C. Wang，Z. R. He & Li Bing Zhang）（Wang *et al.*，2013）和光喉石蝴蝶（*P. glabristoma* Z. J. Qiu & Y. Z. Wang）（Qiu *et al.*，2015）。以上 11 个新种除了黑眼石蝴蝶隶属于滇泰石蝴蝶组之外，其余 9 种都隶属于石蝴蝶组。

作者在野外考察过程中又发现了 1 个产自重庆的石蝴蝶属疑似新种（即将发表）——南川石蝴蝶（*P. nanchuanensis* Z. Y. Liu，Z. Yu Li & Zhi J. Qiu）。本书也将它收录进来。

苦苣苔科的分子系统学研究已经有 15 年时间，但与石蝴蝶属相关的分子系统学研究只限于几个种的个别基因序列，如菱软石蝴蝶（*P. flaccida*）的 *ndh*F 序列，显脉石蝴蝶（*P. nervosa*）、滇泰石蝴蝶（*P. kerrii*）、丝毛石蝴蝶（*P. sericea*）、小石蝴蝶（*P. minor*）的 *trn*L-F 和 *atp*B-*rbc*L 序列（Smith *et al.*，1997；Mayer *et al.*，2003；Möller *et al.*，2009），但这些研究都是在探讨苦苣苔科族间或属间的系统关系时作为属的代表种取样，针对石蝴蝶属的系统位置及其属系统关系的分子系统学研究目前还没有报道。

三、石蝴蝶属的分类系统

（一）Craib（1919）的石蝴蝶属分类系统

石蝴蝶属 **Petrocosmea** Oliv.

sect. **Eupetrocosmea** Craib（花冠上下唇近等长，上唇不包裹花柱）

1. **P. grandiflora** Hemsl.

2. **P. oblata** Craib

3. **P. nervosa** Craib

4. **P. flaccida** Craib

5. **P. sinensis** Oliv.

sect. **Anisochilus** Hemsl.（花冠下唇明显长于上唇，上唇包裹住花柱）

6. **P. henryi** Craib

7. **P. forrestii** Craib

8. **P. cavaleriei** Lévl.

9. **P. barbata** Craib

10. **P. kerrii** Craib

11. **P. mairei** Lévl.

12. **P. minor** Hemsl.

13. **P. duclouxii** Craib

14. **P. martinii** Lévl.

15. **P. iodioides** Hemsl.

（二）王文采（1985）的石蝴蝶属分类系统和系统观点

1. 分类系统

石蝴蝶属 **Petrocosmea** Oliv.

组 1. 中华石蝴蝶组 sect. **Petrocosmea** Craib（花药不缢缩；花萼辐射对称，5 裂达基部，裂片全缘；花冠上唇与上唇近等长）

1. 显脉石蝴蝶 **P. nervosa** Craib

2a. 扁圆石蝴蝶 **P. oblata** Craib

2b. 宽萼石蝴蝶 **P. oblata** var. **latisepala** W. T. Wang

3. 萎软石蝴蝶 **P. flaccida** Craib

4. 中华石蝴蝶 **P. sinensis** Oliv.

5. 秦岭石蝴蝶 **P. qinlingensis** W. T. Wang

6. 昆仑岛石蝴蝶 **P. condorensis** Pellegr.

7. 大花石蝴蝶 **P. grandiflora** Hemsl.

组 2. 石蝴蝶组 sect. **Anisochilus** Hemsl.（花药不缢缩；花萼辐射对称，5 裂达基部，裂片全缘；花冠上唇为下唇之半）

系 1. 髯毛石蝴蝶系 ser. **Barbatae** W. T. Wang（花冠上唇 2 裂近基部或达基部）

8. 石蝴蝶 **P. duclouxii** Craib

9a. 东川石蝴蝶 **P. mairei** Lévl.

9b. 会东石蝴蝶 **P. mairei** var. **intraglabra** W. T. Wang

10. 大理石蝴蝶 **P. forrestii** Craib

11. 莲座石蝴蝶 **P. rosettifolia** C. Y. Wu ex H. W. Li

12. 髯毛石蝴蝶 **P. barbata** Craib

13. 长梗石蝴蝶 **P. longipedicellata** W. T. Wang

14. 贵州石蝴蝶 **P. cavaleriei** Lévl.

15. 秋海棠叶石蝴蝶 **P. begoniifolia** C. Y. Wu ex H. W. Li

16. 四川石蝴蝶 **P. sichuanensis** Chun ex W. T. Wang

17. 汇药石蝴蝶 **P. confluens** W. T. Wang

18. 印缅石蝴蝶 **P. parryorum** C. E. C. Fischer

19. 蓝石蝴蝶 **P. coerulea** C. Y. Wu ex W. T. Wang

系 2. 蒙自石蝴蝶系 ser. **Iodioides** W. T. Wang（花冠上唇不明显 2 浅裂，微凹或近全缘）

20. 蒙自石蝴蝶 **P. iodioides** Hemsl.

21a. 滇黔石蝴蝶 **P. martinii** Lévl.

21b. 光蕊滇黔石蝴蝶 **P. maitinii** var. **leiandra** W. T. Wang

22. 丝毛石蝴蝶 **P. sericea** C. Y. Wu ex H. W. Li

23. 小石蝴蝶 **P. minor** Hemsl.

组 3. 滇泰石蝴蝶组 sect. **Deinanthera** W. T. Wang（花药在顶端之下缢缩，行程一个短而粗的喙）

亚组 1. 孟连石蝴蝶亚组 subsect. **Menglianenses** W. T. Wang（花萼辐射对称，萼片分生，边缘全缘或近全缘；花冠上唇与下唇近等长）

24. 孟连石蝴蝶 **P. menglianensis** H. W. Li

25. 大叶石蝴蝶 **P. grandifolia** W. T. Wang

亚组 2. 滇泰石蝴蝶亚组 subsect. **Kerrianae** W. T. Wang（花萼左右对称，后方 3 萼片多少合生，边缘常有小齿）

系 1. 缅南石蝴蝶系 ser. **Kingianae** W. T. Wang（后方 3 萼片稍合生；花冠上唇与下唇近等长）

26. 缅南石蝴蝶 **P. kingii**（Clarke）Chatterjee

系 2. 滇泰石蝴蝶系 ser. **Kerrianae** W. T. Wang（后方 3 萼片合生达中部或中部之上；花冠上唇比下唇短）

27a. 滇泰石蝴蝶 **P. kerrii** Craib

27b. 绵毛石蝴蝶 **P. kerrii** var. **crinita** W. T. Wang

2. 系统观点

（1）花萼辐射对称、萼片分生是原始的，花萼左右对称、萼片合生是进化的；

（2）花冠上唇与下唇近等长是原始的，上唇比下唇短 2 倍或更多是进化的；

（3）花药不缢缩是原始的，花药在顶端之下缢缩是进化的。

四、石蝴蝶属新分类系统

由于石蝴蝶属早期的原始描述往往过于简单，标本稀少，至今仅做过两次修订，之后又有大量的新种发表，所以石蝴蝶属的分类系统仍有很多遗留问题，比如一些早期发表的种形态描述往往不够全面，模式标本上的信息不全，这些都对以后的鉴别和修订带来了很大的困难。迄今为止对石蝴蝶属所做的两次修订都是基于对标本的观察，这样一些很重要的形态特征可能会被忽略，比如花冠喉部的斑点及花冠筒内部的斑点颜色，花药与花柱的位置关系，背部花瓣的弯曲情况等这些重要的信息在之前的两次修订中都没有涉及，而这些被忽略的性状在石蝴蝶属的种间分类上具有很重要的意义。在王文采系统中，一些形态描述上较相似的种类仅仅是以不太稳定的数量性状来区分的，如贵州石蝴蝶与髯毛石蝴蝶、蒙自石蝴蝶与滇黔石蝴蝶、秋海棠叶石蝴蝶与四川石蝴蝶的区分只是基于叶片的大小，我们在野外观察到叶片大小在一个居群中就有比较大的变异，叶片大小可能并不能真实反映它们之间本质区别。所以，要了解它们之间的真正意义上的形态区分还需要大量的野外观察研究。此外，历史上对石蝴蝶属某些种的划分存在着较多的争议，如滇泰石蝴蝶、小石蝴蝶、缅南石蝴蝶及印缅石蝴蝶（Craib，1918a，1918b；Chen，1935；Burtt，1958a，1958b；王文采，1981，1985；李锡文，1983）。

在石蝴蝶属分子系统学、形态学、细胞学、孢粉学、种皮纹饰等多方面研究的基础上，通过大量野外考察和标本考证，作者提出了世界石蝴蝶属植物分类新系统，并对中国的石蝴蝶属新分类系统进行了详细的阐述。

昆仑岛石蝴蝶是特产于越南南部岛屿昆仑岛的石蝴蝶属植物，发表于1926年，标本非常稀缺，发表后未见再有学者采集到或报道。本书作者曾去昆仑岛实地野外考察，发现岛上的气候干燥，努力找寻后并未找到昆仑岛石蝴蝶，也未找到相似的生境，作者怀疑此种可能已灭绝。

宽萼石蝴蝶与原变种扁圆石蝴蝶的区别仅在于前者的花萼较宽，我们在野外观察中发现扁圆石蝴蝶的花萼宽度变化较大，有披针形、宽披针形、三角形等，作者在对比宽萼石蝴蝶和扁圆石蝴蝶的标本后，发现花萼较宽这一性状并不稳定，故在本系统中将宽萼石蝴蝶合并到扁圆石蝴蝶中。

对于会东石蝴蝶、光蕊滇黔石蝴蝶和绵毛石蝴蝶3个变种，经过与其各自的原变种标本比对、野外观察及分子系统学研究后，我们认为这3个种与其相应的原变种有较大的区别，不应作为变种处理，本系统将这3个变种分别提升到种的等级。

自1985年之后，共发表石蝴蝶属新种16种，至此，本属现知有46种，我国有39种。作者在重庆发现了南川石蝴蝶（*P. nanchuanensis* Z. Y. Liu, Z. Yu Li & Zhi J. Qiu）新种（即将发表），本系统亦将这个即将发表的新种收录，故本系统共收录石蝴蝶属植物47种，我国有40种。

（一）石蝴蝶属新分类系统（邱志敬等，2015）

石蝴蝶属 **Petrocosmea** Oliv.

组 1. 滇泰石蝴蝶组 sect. **Deinanthera** W. T. Wang

1. 滇泰石蝴蝶 **P. kerrii** Craib
2. 印缅石蝴蝶 **P. parryrum** C. E. C. Fischer
3. 绵毛石蝴蝶 **P. crinita**（W. T. Wang）Zhi J. Qiu
4. 孟连石蝴蝶 **P. menglianensis** H. W. Li
5. 大叶石蝴蝶 **P. grandifolia** W. T. Wang
6. 缅南石蝴蝶 **P. kingii**（Clarke）Chatterjee
7. 美丽石蝴蝶 **P. formosa** B. L. Burtt
8. 异叶石蝴蝶 **P. heterphylla** B. L. Burtt
9. 二色石蝴蝶 **P. bicolor** D. J. Middleton & Triboun
10. 短毛石蝴蝶 **P. pubescens** D. J. Middleton & Triboun

组 2. 石蝴蝶组 sect. **Anisochilus** Hemsl.

11. 莲座石蝴蝶 **P. rosettifolia** C. Y. Wu ex H. W. Li
12. 秋海棠叶石蝴蝶 **P. begoniifolia** C. Y. Wu ex H. W. Li
13. 蓝石蝴蝶 **P. coerulea** C. Y. Wu ex W. T. Wang
14. 黑眼石蝴蝶 **P. melanophthalma** Huan C. Wang, Z. R. He & Li Bing Zhang

15. 汇药石蝴蝶 **P. confluens** W. T. Wang
16. 合溪石蝴蝶 **P. hexiensis** S. Z. Zhang & Z. Y. Liu
17. 石蝴蝶 **P. duclouxii** Craib
18. 会东石蝴蝶 **P. intraglabra**（W. T. Wang）Zhi J. Qiu
19. 四川石蝴蝶 **P. sichuanensis** Chun ex W. T. Wang

组 3. 小石蝴蝶组 sect. **Minor** Zhi J. Qiu

20. 长蕊石蝴蝶 **P. longianthera** Z. J. Qiu & Y. Z. Wang
21. 环江石蝴蝶 **P. huangjiangensis** Yan Liu & W. B. Xu
22. 兴义石蝴蝶 **P. xingyiensis** Y. G. Wei & F. Wen
23. 石林石蝴蝶 **P. shilinensis** Y. M. Shui & H. T. Zhao
24. 小石蝴蝶 **P. minor** Hemsl.
25. 旋涡石蝴蝶 **P. cryptica** J. M. H. Shaw
26. 光蕊石蝴蝶 **P. leiandra**（W. T. Wang）Zhi J. Qiu
27. 蒙自石蝴蝶 **P. iodioides** Hemsl.
28. 富宁石蝴蝶 **P. funingensis** Q. Zhang & B. Pan
29. 滇黔石蝴蝶 **P. martinii** Lévl.
30. 丝毛石蝴蝶 **P. sericea** C. Y. Wu ex H. W. Li
31. 砚山石蝴蝶 **P. yanshanensis** Z. J. Qiu & Y. Z. Wang
32. 大花石蝴蝶 **P. grandiflora** Hemsl.

组 4. 髯毛石蝴蝶组 sect. **Barbatae** Zhi J. Qiu

33. 光喉石蝴蝶 **P. glabristoma** Z. J. Qiu & Y. Z. Wang
34. 大理石蝴蝶 **P. forrestii** Craib
35. 东川石蝴蝶 **P. mairei** Lévl.
36. 南川石蝴蝶 **P. nanchuanensis** Z. Y. Liu, Z. Yu Li & Zhi J. Qiu
37. 髯毛石蝴蝶 **P. barbata** Craib
38. 长梗石蝴蝶 **P. longipedicellata** W. T. Wang
39. 贵州石蝴蝶 **P. cavaleriei** Lévl.
40. 黄斑石蝴蝶 **P. xanthomaculata** G. Q. Gou et X. Y. Wang

组 5. 中华石蝴蝶组 sect. **Petrocosmea** Craib

41. 显脉石蝴蝶 **P. nervosa** Craib
42. 中华石蝴蝶 **P. sinensis** Oliv.
43. 秦岭石蝴蝶 **P. qinlingensis** W. T. Wang
44. 萎软石蝴蝶 **P. flaccida** Craib
45. 扁圆石蝴蝶 **P. oblata** Craib
46. 昆仑岛石蝴蝶 **P. condorensis** Pellegr.
47. 伞花石蝴蝶 **P. umbelliformis** B. L. Burtt

（二）系统观点

（1）花萼左右对称、萼片合生是原始的，花萼辐射对称、萼片分生是进化的；

（2）花药缢缩是原始的，花药不缢缩是进化的；

（3）花冠上唇比下唇短是原始的，花冠上唇与下唇近等长是进化的；

（4）花柱顶端向下弯曲是原始的，花柱顶端向上弯曲或不弯曲是进化的；

（5）花冠筒下部膨大是原始的，花冠筒下部不膨大是进化的。

第二节　中国石蝴蝶属植物分类群

根据本书的新系统石蝴蝶属共有47种，西自印度阿萨姆向东至我国湖北西部,北自秦岭南坡向南分布至越南和缅甸的南部，多数种分布于中国云南高原及其相邻地区。我国共有石蝴蝶属植物40种，分布在云南、四川、贵州、陕西、湖北、湖南、广西、重庆等。

石蝴蝶属形态特征

习性　石蝴蝶属植物为多年生草本，通常矮小，分布在海拔300～3000m的高原地带，通常生长在石灰岩石缝中或者石灰石表面的土层中，生境一般阴暗潮湿。

茎　具粗而短的根状茎，大部分种的根状茎不明显，个别种如蒙自石蝴蝶、蓝石蝴蝶及印缅石蝴蝶的根状茎较明显。

叶　叶均基生，具柄，叶片的形状变化较大，有卵形、长卵形、倒卵形、菱形、扁圆形、圆形、心形、椭圆形或宽椭圆形不等，具羽状脉，叶片两面皆被毛，个别种叶片的毛被较疏，如扁圆石蝴蝶的叶片在上下面都疏被短柔毛，也有个别种的叶片被短腺毛，如蒙自石蝴蝶和光蕊石蝴蝶。而大叶石蝴蝶和孟连石蝴蝶的叶片则被较硬的刚毛。

大叶石蝴蝶、孟连石蝴蝶、滇泰石蝴蝶、绵毛石蝴蝶及印缅石蝴蝶的叶片较大，外轮叶片的叶柄较长。蓝石蝴蝶、印缅石蝴蝶、环江石蝴蝶和黑眼石蝴蝶的叶基部盾形，其他种的基部不为盾形。

花序　聚伞花序腋生，1至数条，有2或3个苞片，1至2回分枝或不分枝，每个花序上有少数或1朵花。蓝石蝴蝶的花序为伞状聚伞花序，是石蝴蝶属中比较特殊的花序类型，这可能是聚伞花序节间极度缩短的结果。

花萼　在野外状态下，石蝴蝶属的花萼通常是两侧对称，上面3枚萼片，下面2枚萼片（裂片线状披针形，稀卵形），上面的3枚萼片常常聚拢在一起，稍合生，下面2枚常常叉开，在中华石蝴蝶、扁圆石蝴蝶、萎软石蝴蝶、秦岭石蝴蝶及显脉石蝴蝶中，花萼是5裂达基部，辐射对称。

花冠　花冠大部分为蓝紫色，也有白色，如大叶石蝴蝶、孟连石蝴蝶和绵毛石蝴蝶，花冠筒粗筒状，花冠筒下部有时膨大，檐部比筒长，二唇形，上唇2裂，与下唇近等长或比下唇短约1倍或2倍，下唇3裂。花冠常有斑点，斑点类型可以分为两种：一种是在花冠下唇裂片的基部交界处有两个鲜黄色斑点，一种是在花丝正下方的花冠筒内侧有两个紫色、红褐色或紫褐色斑点。

雄蕊　花药底着或背着，通常椭圆形、卵形或圆卵形，有时在顶部之下缢缩，2药室平行或向顶部逐渐收缩，顶端不汇合或汇合，花丝大部分被毛，被毛的类型、稀疏、长短等常有分化，可作为形态分类的特征，花丝膝状弯曲或直，中部膨大或无膨大，退化雄蕊3，着生于花冠筒基部。

雌蕊　雌蕊伸出花冠筒之外，花柱贴近花冠筒背部内壁伸出或从花冠筒中央或中央偏下方伸出，花柱顶端常向下或向上弯曲，子房卵球形或椭球形，分上、下两室，两室不等大，有2侧膜胎座和多数胚珠，花柱细长，被毛或无，柱头1，小，近球形。

果实和种子　蒴果长椭圆球形或卵球形，室背开裂为2瓣。种子小，椭圆形，光滑。

分种检索表

1. 花药顶端之下缢缩，形成一短而粗的喙（组 **1. 滇泰石蝴蝶组 sect. Deinanthera** W. T. Wang）。

　　2. 花冠蓝色或蓝紫色。

　　　　3. 叶片基部不为盾形或偶尔为盾形，花丝直 ···························· **1. 滇泰石蝴蝶 P. kerrii** Craib

　　　　3. 叶片基部全部为盾形，花丝膝状弯曲，花冠筒内部下方基部有两个红褐色斑点 ···· **2. 印缅石蝴蝶 P. parryrum** C. E. C. Fischer

　　2. 花冠白色。

　　　　4. 花萼左右对称，后方3萼片合生达中部，花萼外面被绵毛，花冠上唇比下唇短 ···· **3. 绵毛石蝴蝶 P. crinita**（W. T. Wang）Zhi J. Qiu

　　　　4. 花萼辐射对称，萼片分生，边缘全缘或近全缘，花冠上唇与下唇近等长。

　　　　　　5. 叶片长达10cm，基部不呈盾形，花冠喉部黑色，外面被短毛 ···· **4. 孟连石蝴蝶 P. menglianensis** H. W. Li

　　　　　　5. 叶片长达25cm，基部有时盾形，花冠在喉部不呈黑色，外面无毛 ···· **5. 大叶石蝴蝶 P. grandifolia** W. T. Wang

1. 花药不缢缩，花冠5裂达基部，裂片全缘。

　　6. 花冠筒与檐部近等长或稍长于檐部，花柱无毛或中部之下疏被短毛（组 **2. 石蝴蝶组 sect. Anisochilus** Hemsl.）

　　　　7. 叶基部呈盾形。

　　　　　　8. 叶片卵形，花序为伞状聚伞花序，花冠筒内部下方基部有两个黄褐色斑点 ···· **8. 蓝石蝴蝶 P. coerulea** C. Y. Wu ex W. T. Wang

　　　　　　8. 叶片长椭圆形，花序为单花聚伞花序，花冠筒内部下方基部有2个黑色斑点 ···· **9. 黑眼石蝴蝶 P. melanophthalma** Huan C. Wang, Z. R. He & Li Bing Zhang

　　　　7. 叶基部不呈盾形。

9. 花丝无毛。

  10. 花冠内面疏被短毛，花较大，上唇长 5 ～ 7mm，下唇长 8 ～ 9mm ·················· **6. 莲座石蝴蝶 P. rosettifolia** C. Y. Wu ex H. W. Li

  10. 花冠内面无毛，花较小，上唇长 0.7 ～ 1.5mm，下唇长 2 ～ 2.8mm ·················· **10. 汇药石蝴蝶 P. confluens** W. T. Wang

9. 花丝被极短毛。

  11. 花冠上唇 2 裂近基部。

    12. 花药长约 2mm，与花丝近等长 ·················· **11. 合溪石蝴蝶 P. hexiensis** S. Z. Zhang & Z. Y. Liu

    12. 花药长约 3mm，比花丝长约 1.5 倍 ·················· **12. 石蝴蝶 P. duclouxii** Craib

  11. 花冠上唇 2 裂近中部。

    13. 叶片边缘有小齿，长达 1.5cm，花药长约 1.2mm，与花丝近等长 ·················· **13. 会东石蝴蝶 P. intraglabra**（W. T. Wang）Zhi J. Qiu

    13. 叶片边缘近全缘或在边缘上部有小齿，花药比花丝稍短或近等长。

      14. 叶较大，叶片长达 4cm，宽 3cm，边缘上部有小齿，花药长 2.5mm，比花丝稍短 ·················· **7. 秋海棠叶石蝴蝶 P. begoniifolia** C. Y. Wu ex H. W. Li

      14. 叶较小，叶片长达 2cm，宽 1.5cm，边缘全缘，花药长约 1.8mm，比花丝长 ·················· **14. 四川石蝴蝶 P. sichuanensis** Chun ex W. T. Wang

6. 花冠筒比缘部短，花柱被短毛或长髯毛。

  15. 上唇 2 浅裂或微凹，上唇比下唇稍短或短 1 倍以上（组 **3. 小石蝴蝶组 sect. Minor** Zhi J. Qiu）

    16. 花冠上唇 2 浅裂，上唇比下唇稍短。

      17. 花药长喙形，长约 6mm，远长于花丝 ·················· **15. 长蕊石蝴蝶 P. longianthera** Z. J. Qiu & Y. Z. Wang

      17. 花药三角形或长圆形，花药比花丝短。

        18. 花药三角形，长约 2.2mm，花丝中部膨大，密被短毛，长 2.5mm ·················· **26. 砚山石蝴蝶 P. yanshanensis** Z. J. Qiu & Y. Z. Wang

        18. 花药长圆形，长约 2mm，花丝长约 4mm，被短毛 ·················· **27. 大花石蝴蝶 P. grandiflora** Hemsl.

    16. 花冠上唇微凹，上唇比下唇短约 2 倍。

      19. 花丝无毛 ·················· **21. 光蕊石蝴蝶 P. leiandra**（W. T. Wang）Zhi J. Qiu

      19. 花丝被毛。

        20. 下唇裂片椭圆形或长椭圆形。

          21. 花冠为蓝紫色，花冠筒内面基部有 2 个黄褐斑点 ·················· **19. 小石蝴蝶 P. minor** Hemsl.

          21. 花冠为白色，花冠筒内面基部有 2 个黄色斑点 ·················· **20. 旋涡石蝴蝶 P. cryptica** J. M. H. Shaw

        20. 下唇裂片扁圆形或宽卵形。

          22. 叶基部为盾形 ·················· **16. 环江石蝴蝶 P. huangjiangensis** Yan Liu & W. B. Xu

          22. 叶基部不为盾形。

            23. 叶片为倒披针形 ·················· **17. 兴义石蝴蝶 P. xingyiensis** Y. G. Wei & F. Wen

            23. 叶片不为倒披针形。

              24. 叶柄、叶片、花葶等被开展的柔毛。

                27. 花丝被腺毛，花药顶端有蕊喙 ·················· **22. 蒙自石蝴蝶 P. iodioides** Hemsl.

                27. 花丝密被长绵毛，花药顶端无蕊喙 ·················· **23. 富宁石蝴蝶 P. funingensis** Q. Zhang & B. Pan

              24. 叶柄、叶片、花葶等密被白色贴伏状绒毛或短柔毛。

                25. 叶基部心形，花丝膝状弯曲。

                  26. 花丝密被髯毛，叶柄、叶背毛被倒生 ·················· **18. 石林石蝴蝶 P. shilinensis** Y. M. Shui & H. T. Zhao

                  26. 花丝疏被短毛，叶柄、叶背毛被不倒生 ·················· **24. 滇黔石蝴蝶 P. martinii** Lévl.

                25. 叶基部楔形，花丝弯曲，中部膨大 ·················· **25. 丝毛石蝴蝶 P. sericea** C. Y. Wu ex H. W. Li

  15. 花冠上唇 2 裂达基部或中部，上唇比下唇短约 1 倍或近等长。

    28. 花冠上唇比下唇短约 1 倍，下唇基部有两个鲜黄色斑点（组 **4. 髯毛石蝴蝶组 sect. Barbatae** Zhi J. Qiu）

      29. 花柱下部被短毛或疏被短毛。

        30. 叶片为三角状卵形，基部心形；花冠筒内部和上唇内面无毛 ·················· **28. 光喉石蝴蝶 P. glabristoma** Z. J. Qiu & Y. Z. Wang

        30. 叶片为长卵形、卵形或菱形，基部为楔形或圆形；花冠筒内部和上唇内面被毛。

          31. 叶片为菱形或长菱形，基部为楔形 ·················· **29. 大理石蝴蝶 P. forrestii** Craib

          31. 叶片为长卵形或卵形，基部为宽楔形或圆形 ·················· **30. 东川石蝴蝶 P. mairei** Lévl.

      29. 花柱中部以下被开展的长柔毛。

        32. 叶边缘浅波状。

          35. 花丝无毛，花药长约 1mm，长度小于宽度 ·················· **31. 南川石蝴蝶 P. nanchuanensis** Z. Y. Liu, Z. Yu Li & Zhi J. Qiu

          35. 花丝疏被短毛，花药长约 1.5mm，长度大于宽度 ·················· **33. 长梗石蝴蝶 P. longipedicellata** W. T. Wang

        32. 叶边缘有小钝齿。

          33. 叶片边缘有圆齿，花药长 2 ～ 3mm，长度大于宽度 ·················· **32. 髯毛石蝴蝶 P. barbata** Craib

          33. 叶片边缘有浅圆齿，花药长约 0.5mm，长度小于宽度。

            34. 花冠淡蓝色 ·················· **34. 贵州石蝴蝶 P. cavaleriei** Lévl.

             34. 花冠白色 ·················· **35. 黄斑石蝴蝶 P. xanthomaculata** G. Q. Gou et X. Y. Wang

28. 花冠上唇与下唇近等长（组 **5. 中华石蝴蝶组** sect. **Petrocosmea** Oliv.）

  36. 花冠外面密被短柔毛，花萼裂片外面被短柔毛。

    37. 花冠内面无毛。

      38. 叶脉粗且扁，在下面明显，花药长约 2.5mm，花丝长约 1mm ⋯⋯⋯⋯⋯⋯⋯⋯ **36. 显脉石蝴蝶 P. nervosa** Craib

      38. 叶脉细，在下面不明显，花药长约 2.3mm，花丝长约 2mm ⋯⋯⋯⋯⋯⋯⋯⋯⋯ **37. 中华石蝴蝶 P. sinensis** Oliv.

    37. 花冠内面被毛。

      39. 花冠上唇内面密被长柔毛，花丝被短柔毛 ⋯⋯⋯⋯⋯⋯⋯⋯ **38. 秦岭石蝴蝶 P. qinlingensis** W. T. Wang

      39. 花冠内面疏被短柔毛，花丝无毛 ⋯⋯⋯⋯⋯⋯⋯⋯⋯⋯⋯⋯⋯⋯ **39. 萎软石蝴蝶 P. flaccida** Craib

  36. 花冠外面及内面皆无毛，花萼裂片外面无毛或近无毛 ⋯⋯⋯⋯⋯⋯⋯⋯⋯⋯ **40. 扁圆石蝴蝶 P. oblata** Craib

石蝴蝶属 Petrocosmea Oliv.

Petrocosmea Oliv. in Hook. Icon. Pl. 18：sub pl. 1716. 1887；Craib in Not. Bot. Gard. Edinb. 11：269. 1919；W. T. Wang in Acta Bot. Yunnan. 7（1）：49. 1985 et Fl. Reip. Pop. Sin. 69：305. 1990；W. T. Wang *et al.* in Z. Y. Wu et Raven，Fl. China 18：302. 1998.——*Vaniotia* Lévl. in Bull. Acad. Geogr. Bot. 12：166. 1903.

  多年生草本，通常矮小。根状茎粗短。叶基生，具柄（或无）；叶片菱形、卵形、倒披针形、三角状卵形或圆形，具羽状脉。聚伞花序腋生，1 至数条，有 2～3 苞片，1 至 2 回分枝或不分枝，每花序具 1 至少数花。花萼通常左右对称，5 裂达中部或基部，裂片不等长，稀辐射对称，5 裂达基部。花冠蓝色、蓝紫色或白色；筒粗筒状；檐部比筒长（或近等长），二唇形，上唇 2 裂，与下唇近等长或比下唇短约 2 倍，下唇 3 裂。下方 2 雄蕊能育，着生于花冠近基部处，内藏；花丝直或弯曲；花药基着或底着，通常椭圆形，稀圆卵形，有时在顶部之下缢缩，2 药室平行，顶端不汇合或汇合；退化雄蕊 3，位于上方，小。花盘不存在。雌蕊稍伸出花冠筒之上；子房卵球形，1 室，有 2 侧膜胎座和多数胚珠；花柱细长，被毛或无；柱头小，头状，通常近球形。蒴果长椭球形、长球形至卵球形，室背开裂，果瓣直，不扭曲。种子多数，小，椭球形，无附属物。

  本属有 47 种，西自印度阿萨姆向东分布至中国湖北西部，北自秦岭南坡向南分布至越南和缅甸的南部，多数种分布于云南高原及其东临和北邻地区。中国有 40 种，分布于云南、四川、贵州、陕西南部、湖北西部、湖南西部、重庆东南部及广西西部。

滇泰石蝴蝶组
sect. **Deinanthera** W. T. Wang

W. T. Wang in Acta Bot. Yunnan. 7（1）：62. 1985 et Fl. Reip. Pop. Sin. 69：320. 1990.

花药在顶端之下缢缩，形成一短而粗的喙。

共 10 种，分布于中国云南南部及西南部，以及泰国和缅甸。中国有 5 种。

 1　滇泰石蝴蝶

Petrocosmea kerrii Craib in Kew Bull. 1918：265. 1918 et in Not. Bot. Gard. Edinb. 11：274. 1919；Burtt，1. c. 22：312. 1958，p. p. excl. Henry 13120；W. T. Wang in Acta Bot. Yunnan. 7（1）：65. 1985 et Fl. Reip. Pop. Sin. 69：323. 1990；W. T. Wang *et al.* in Z. Y. Wu et Raven，Fl. China 18：308. 1998. ——*P. wardii* W. W. Smith in Not. Bot. Gard. Edinb. 13：175. 1921；Chatterjee in Kew Bull. 1946：50. 1947. ——*Damrongia kerrii*（Craib）Pellegr. in Lecomte，Fl. Gén. Indo-Chine 4：556. 1930.

多年生草本。植株向上生长，不呈贴附的莲座状。叶 5 ～ 20，基生，具长柄；叶片薄纸质，两侧稍不对称，椭圆形、卵圆形或菱状椭圆形，长 2 ～ 15cm，宽 1 ～ 10cm，先端微尖或微钝，基部斜，一侧圆形，另一侧宽楔形，偶尔盾形，边缘有小齿，两面密被短柔毛，侧脉每侧 4 ～ 6 条；叶柄长 0.5 ～ 10cm，被柔毛。花序 1 至数条，每花序具 3 ～ 4 花；花序梗长 3 ～ 9cm，被贴伏短柔毛；苞片披针形，长 5 ～ 8mm，宽 1.5 ～ 2mm；花梗长 0.5 ～ 1.5cm。花萼 5 裂，左右对称；前方 2 裂片稍短，2 裂达基部，长 2 ～ 3.2mm；后方 3 裂片稍长，3 裂近基部，裂片狭三角形，长 2 ～ 3.5mm，边缘偶有小齿；外面被短柔毛，内面无毛。花冠蓝紫色，长约 1.2cm，外面下部疏被短伏毛，内面无毛；筒长约 5mm，筒内部在花丝下方有两个深紫色斑点；上唇长约 4mm，2 深裂，裂

片卵圆形，先端圆形，下唇长约 7mm，3 裂至中部，裂片宽倒卵形，先端圆形。雄蕊 2；花丝着生于花冠基部，宽线形，长 1.2mm，有极短的小毛；花药椭圆形，长约 3mm，无毛，在顶部缢缩，顶端缢缩部分长约 0.5mm；退化雄蕊 3，着生于离花冠筒基部 2 ～ 3mm 处，两侧退化雄蕊稍长，长 1 ～ 1.5mm，中间的极短，几不可见。雌蕊长约 8.5mm；子房 2 ～ 2.5mm，椭球形，和花柱下部疏被短柔毛。蒴果椭圆形，长 5 ～ 6.5mm，无毛。花期 9 ～ 10 月，果期 10 ～ 11 月。

产云南（西双版纳、腾冲、凤庆、耿马、泸水、景东）。生于海拔 1200 ～ 2400m 的林下石上。在缅甸东北部及泰国北部也有分布。模式标本采自泰国清迈。

1. 腊叶标本　　2. 腊叶标本　　3. 腊叶标本

4. 腊叶标本　　5. 腊叶标本　　6. 腊叶标本 – 花解剖

1. 植株
2. 植株
3. 花 – 正面观
4. 花序

1. 花－侧面观
2. 花－正面观
3. 叶片正面
4. 叶片背面

1. 雄蕊　　2. 雌蕊纵切面　　3. 子房纵切面　　4. 花药正面　　5. 花药反面　　6. 花药顶端缢缩

7. 花柱　　8. 花梗被毛　　9. 叶片正面被毛　　10. 叶片正面被毛　　11. 叶片背面被毛　　12. 叶片背面被毛

2 印缅石蝴蝶

Petrocosmea parryrum C. E. C. Fischer in Kew Bull. 1926：438（1926）；Chatterjee in Kew Bull. 1946：50（1947）.

多年生草本。植株向上生长，不呈贴附地面的莲座状。叶5～15，基生，具长柄；叶片椭圆形或卵圆形，长3～15cm，宽2～10cm，先端圆形，基部盾形，两面密被贴附的毛，下部叶脉呈淡红色，上面被紫红色毛。侧脉每侧5～8条；叶柄长0.5～12cm，被紫红色柔毛。花序4～8条，每花序具3～8花；花序梗长4～10cm，被紫红色毛；苞片披针形，长约8mm，宽3mm；花梗长1～4cm。花萼5裂；前方2裂至基部，后方3裂至近基部；外面密被紫红色毛，内面无毛。花冠蓝紫色，长约1.8cm，外面密被短柔毛，内面无毛；筒长约6mm，在筒内部花丝下方有4个红褐色斑点；上唇长约10mm，2裂近基部，裂片

长圆形，先端圆形，下唇长约12mm，3裂至近基部，裂片长圆形，先端圆形。雄蕊2；花丝着生于花冠筒基部，长约5mm，膝状弯曲，中间膨大，密被浅黄色长髯毛；花药卵形，长约2.5mm，基部叉开，顶端缢缩，无毛，顶端缢缩部分长约0.5mm；退化雄蕊3，两侧较长，约1.5mm，中间较大，约1mm。雌蕊长约8.5mm；子房红褐色，密被贴附柔毛，长约5mm。花柱长约3.5mm，被极短柔毛，柱头头状，小。蒴果椭圆形，长8～12mm，无毛。花期11月，果期12月。

产云南（金平）。生于海拔1100～2300m的林下石上。在缅甸东北部及印度北部也有分布。模式标本采自印度阿萨姆。

1. 模式标本 – 花序 2. 模式标本 – 花 3. 植株 4. 开花植株 5. 开花植株
6. 花序 7. 花序 8. 花 – 正面观 9. 花 – 侧面观

1. 花－正面观　　2. 花－正面观　　3. 花型对比　　4. 雄蕊和雌蕊
5. 花－正面观　　6. 花－正面观　　7. 花萼　　8. 花解剖－内面

1. 花冠上唇　　2. 花冠下唇　　3. 花冠下唇　　4. 花冠下唇内部斑点
5. 花冠上、下唇和雄蕊　　6. 雄蕊　　7. 雌蕊

1. 花萼被毛　　8. 叶片正面被毛
2. 花萼被毛　　9. 叶片正面被毛
3. 花梗被毛　　10. 叶片正面被毛
4. 花丝被毛　　11. 叶片背面被毛
5. 花柱被毛　　12. 叶片背面被毛
6. 叶柄被毛　　13. 子房横切面
7. 叶柄被毛　　14. 子房横切面

3 绵毛石蝴蝶

Petrocosmea crinita（W. T. Wang）Zhi J. Qiu, stat. nov. ——*P. kerrii* var. *crinita* W. T. Wang in Acta Bot. Yunnan. 7（1）: 66. 1985 et Fl. Reip. Pop. Sin. 69: 323. tab. 83: 7. 1990; W. T. Wang *et al.* in Z. Y. Wu et Raven, Fl. China 18: 308. 1998.

多年生草本。叶 4 ～ 15，基生，具长柄；叶片长椭圆形或长卵形，长 3 ～ 12cm，宽 2 ～ 7cm，先端微尖或微钝，基部斜，一侧圆形，另一侧宽楔形，边缘有稍不等的小齿或波状齿，两面密被短柔毛，侧脉每侧 4 ～ 6 条；叶柄长 0.5 ～ 8cm，被白色柔毛。花序 1 ～ 10，每花序具 1 花；花序梗长 3 ～ 8cm，被白色柔毛；苞片披针形，长约 2mm，宽 0.5mm；花梗长 1 ～ 2cm。花萼 3 裂达基部；花萼外面密被绵毛，内面无毛，裂片边缘偶有小的正三角形齿，前方 2 裂片三角形至宽披针形，后方 1 裂片 3 裂达中部，裂片披针形。花冠白色，长约 1.2cm，外面疏被短伏毛，内面无毛；筒长约 4mm；上唇长约 5mm，2 裂达中部，裂片长圆形，先端圆形，在上唇内面喉部呈黄褐色；下唇长约 8mm，3 裂至近中部，中央裂片椭圆形，先端圆形，侧裂片呈宽倒卵形，先端钝。雄蕊 2；花丝着生于花冠基部，线形，长约 1mm，有极短的腺毛；花药椭圆形，长约 4mm，无毛，顶端缢缩，缢缩部分长约 0.5mm。雌蕊长约 8mm；子房 2 ～ 2.5mm，和花柱下部疏被短柔毛。蒴果长椭圆形，长 5 ～ 6mm，无毛。花期 7 月，果期 8 月。

产云南（普洱、蒙自、西双版纳）。生于海拔约 1500m 的林中石上。模式标本采自云南普洱。

1. 模式标本－植株　　2. 模式标本－植株

1. 模式标本－花序　　　2. 模式标本－花部解剖　　3. 模式标本－花
4. 模式标本－花部解剖　　5. 植株　　　　　　　　　6. 花序

1. 植株群落　2. 植株群落　3. 植株群落　4. 花序
5. 花序　6. 花解剖　7. 花解剖

1. 雌蕊和雄蕊
2. 花丝被毛
3. 花柱被毛
4. 雄蕊
5. 花萼被毛
6. 花梗被毛
7. 花冠外面被毛
8. 子房被毛

4 孟连石蝴蝶

Petrocosmea menglianensis H. W. Li in Bull. Bot. Res. 3（2）：23. 1983；W. T. Wang in Acta Bot. Yunnan. 7（1）：63. 1985 et Fl. Reip. Pop. Sin. 69：320. 1990；W. T. Wang *et al.* in Z. Y. Wu et Raven，Fl. China 18：308. 1998.

多年生草本。植株向上生长，不呈贴附的莲座型。根状茎短。叶4～15，基生，外方的长达19cm，具长柄；叶片纸质，基部偏斜，椭圆形或椭圆状卵形，长5～19cm，宽3.5～12cm，先端急尖或钝，基部斜圆形或一侧楔形，另一侧圆形，边缘具小牙齿，上面被白色刚毛，下面只沿脉被白色刚毛，侧脉每侧5～8条；叶柄长0.5～15cm，被白色长毛。花序1～5，每花序具1～6花，花序梗长6～15cm，与花梗均被白色毛；苞片对生，钻形或披针形，长5～8mm，被柔毛；花梗长1～5cm。花萼5裂达基部或近基部，裂片线状披针形，长5～6mm，宽约1.5mm，有3脉，外面被白色柔毛。花冠白色，长约13mm，外面被白色短柔毛，内面无毛，花冠筒内部在花丝下方有2个暗紫色斑点，筒内有乳突；筒长约5mm；上唇长约7mm，宽5mm，2裂达基部，下唇长约8mm，宽6mm，3裂至中部，裂片圆卵形。雄蕊2；花丝着生于花冠基部，长约1.5mm，中部膨大，有极短的毛；花药长三角形，长约3mm，宽2mm，在顶端缢缩，缢缩部分长约0.5mm；退化雄蕊3，线形，长约0.8mm。雌蕊长约10mm；子房狭圆锥状，长约3mm，被短柔毛，花柱长约7mm，基部被短毛。蒴果长5～8mm，长椭球形，无毛。花期8月，果期9月。

产云南（孟连）。生于石灰岩山林下阴湿石上。模式标本采自云南孟连。

1. 标本　2. 野外生境

1. 野外生境 2. 植株群落
3. 植株群落 4. 植株群落

1. 花序　　　2. 花序　　　3. 花序　　　4. 花 – 正面观
5. 花 – 正面观　　6. 叶片正背面　　7. 雄蕊和雌蕊

1. 雌蕊纵切面　　2. 花药　　3. 花药顶端缢缩　　4. 花药
5. 花萼外面被毛　　6. 雄蕊　　7. 雄蕊　　8. 雄蕊

1. 雌蕊　　　　　2. 叶柄被毛　　　　3. 叶片正面和边缘被毛　　4. 叶片正面被毛
5. 叶片正面被毛　　6. 叶片背面被毛　　7. 叶片背面被毛

1. 花梗被毛　　2. 花丝被毛　　3. 花丝被毛　　4. 子房被毛
5. 花柱基部被毛　6. 花柱中部被毛　7. 花柱顶端被毛

5 大叶石蝴蝶

Petrocosmea grandifolia W. T. Wang in Acta Bot. Yunnan. 7（1）: 63，fig. 6: 1-4. 1985 et Fl. Reip. Pop. Sin. 69: 321，tab. 83: 1-3. 1990; W. T. Wang *et al.* in Z. Y. Wu et Raven, Fl. China 18: 308. 1998.

多年生草本。根状茎粗短。叶片多数，基生，一般外方有 1 枚大叶片，具长柄；叶片纸质，两侧不对称，卵形或宽卵形，长 8 ～ 22cm，宽 5 ～ 18cm，先端急尖，基部极斜，一侧宽楔形，另一侧近心形或耳状盾形，边缘有不整齐牙齿，上面被长 0.5 ～ 1.5mm 和 2 ～ 3.5mm 的两种毛，下面稀被短刚毛，侧脉每侧 6 ～ 10 条；叶柄粗壮，长 5 ～ 15cm，宽 3.5 ～ 7mm，密被淡褐色柔毛；内方叶较小，密集，近无柄，卵形，长 3 ～ 5cm，边缘有小齿。花序 6 ～ 8，常 2 回分枝，每花序具 3 ～ 7 花；花序梗长 6 ～ 10cm，被柔毛；苞片 2 ～ 5，不等大，长卵形或披针形，长 0.5 ～ 1.2cm，边缘有小牙齿或锯齿或全缘；花梗长 0.5 ～ 2.5cm，密被长柔毛。花萼 5 裂至基部，裂片稍不等大，偶尔基部呈红色，披针状线形，长 6 ～ 10mm，宽 1.5 ～ 3mm，先端微尖，边缘全缘或在上部有少数小钝齿，外面被白色柔毛，内面无毛，有 3 条脉。花冠白色，外面疏被毛，内面在上唇之下密被黄色小腺体；筒长约 5mm，内面在花丝下方有 2 个暗紫色斑点；上唇长约 7mm，2 裂达中部，下唇长约 8mm，3 裂至近基部，裂片半圆形，先端圆钝。雄蕊 2；花丝宽线形，长 0.8 ～ 1.5mm，被极短腺毛；花药狭卵状三角形，无毛，长 2.8 ～ 4mm，顶端之下缢缩，药室顶端汇合；退化雄蕊 3，着生于距花冠基部 0.4mm 处，狭线形，无毛，中央的长 0.5mm，侧生的长 1.2 ～ 2mm。雌蕊长约 1cm；子房细圆锥状，长约 3mm，被短柔毛；花柱长约 7.5mm，基部疏被短毛。蒴果长椭球形，长约 6mm，宽 2mm。花期 8 ～ 9 月，果期 9 月。

产云南（镇康、澜沧）。生于海拔 950 ～ 1200m 的林下石隙中。模式标本采自云南镇康。

1. 标本　　2. 标本

1. 标本　　2. 标本　　3. 野外生境
4. 植株群落　5. 植株群落

1. 植株群落　2. 植株　3. 叶片背面　4. 花序
5. 花序　　　6. 花序　7. 花序

1. 花 – 侧面观　　2. 花 – 正面观　　3. 花 – 正面观
4. 花 – 正面观　　5. 花 – 正面观　　6. 花 – 侧面观

1. 花冠上唇　　2. 花冠下唇　　3. 雄蕊
4. 叶片　　　　5. 叶柄被毛　　6. 叶片正面被毛

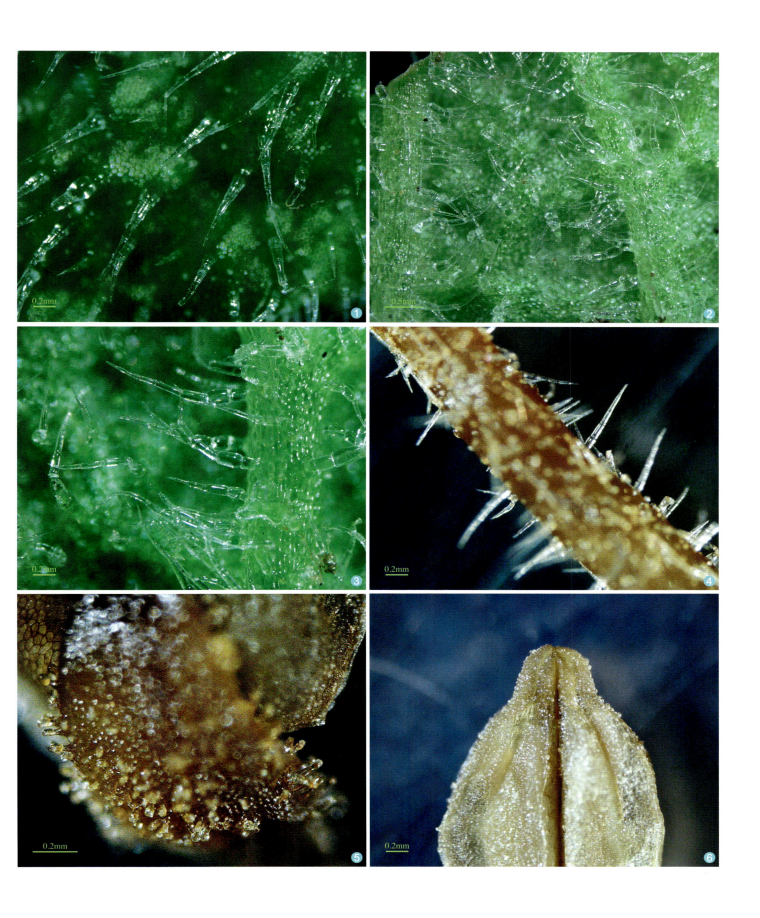

1. 叶片正面被毛　　2. 叶片背面被毛　　3. 叶片背面叶脉被毛
4. 花梗被毛　　　　5. 花丝被毛　　　　6. 花药顶端缢缩

1. 子房被毛　　2. 花柱基部被毛　　3. 花柱顶部　　4. 雌蕊
5. 雄蕊　　　　6. 子房　　　　　7. 花药顶端

石蝴蝶组
sect. **Anisochilus** Hemsl.

Hemsl. in Hook. Icon. Pl. 26：sub pl. 2599. 1899；Craib in Not. Bot. Gard. Edinb. 11：270. 1919；W. T. Wang in Acta Bot. Yunnan. 7(1)：56. 1985 et Fl. Reip. Pop. Sin. 69：311. 1990.

花药不缢缩。花冠筒与檐部近等长或稍长于檐部，花柱无毛或中部之下疏被短毛。

共9种，全部产于中国，分布于云南、四川西南部、贵州、重庆及广西西部。

 **莲座石蝴蝶**

Petrocosmea rosettifolia C. Y. Wu ex H. W. Li in Bull. Bot. Res. 3(2)：19, photo. 12. 1983；W. T. Wang in Acta Bot. Yunnan. 7(1)：57. 1985.

多年生草本。根状茎短。叶 20 ～ 40，均基生，莲座丛直径达 20cm，外方叶具长柄；叶片草质，宽卵形、卵状圆形或椭圆形，长 0.5 ～ 4cm，宽 0.4 ～ 3cm，顶端钝或微尖，基部宽楔形至近圆形，边缘上部有浅圆齿，两面被疏柔毛，侧脉每侧 4 条；叶柄长 0.5 ～ 6cm，被短柔毛。花序 5 ～ 12；花序梗长 4 ～ 10cm，中部之上有 2 苞片，顶端有 1 花；苞片钻形至线状披针形，长 1 ～ 3mm，疏被柔毛。花萼 5 裂至基部，裂片线状披针形，长约 5mm，宽 1mm，锐尖，外面密被短柔毛，有 3 条脉。花冠蓝色，长 1.4cm，外面被毛，筒长约 5mm，上唇长约 7mm，2 裂近中

部，下唇长约 9mm，3 裂达近基部，裂片卵形，顶端圆形。雄蕊无毛；花丝着生于花冠基部之上，直，长 2mm；花药卵状长圆形或三角状卵形，长约 3.5mm，宽约 1.5mm；退化雄蕊 3，长不到 1mm。雌蕊长约 13mm，子房长约 3mm，被贴伏毛，花柱无毛，柱头小，头状。蒴果长圆形，长 1 ～ 1.2cm，宽 3mm。花期 9 ～ 10 月，果期 10 ～ 11 月。

产云南（景东）。生于海拔 1400 ～ 1500 米的山地石上。模式标本采自云南景东。

1. 模式标本　　2. 模式标本　　3. 野外生境
4. 植株群落　　5. 植株群落

1. 花序　　2. 花 - 正面观　　3. 植株群落　　4. 植株群落
5. 植株群落　　6. 植株群落　　7. 植株群落

1. 花冠筒　　2. 花－正面观　　3. 花－正面观
4. 花－正面观　　5. 花序

1. 花 – 正面观　　2. 花 – 正面观　　3. 花冠筒　　4. 植株
5. 植株　　　　　6. 叶片正面　　　7. 叶片背面

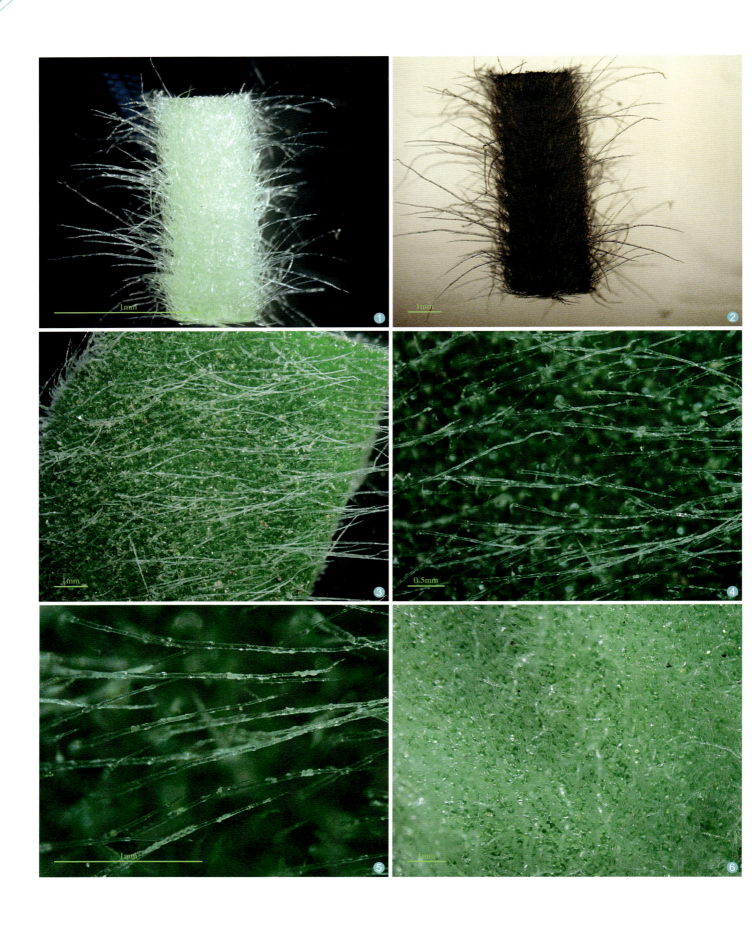

1. 叶柄被毛　　2. 叶柄被毛　　3. 叶片正面被毛
4. 叶片正面被毛　5. 叶片正面被毛　6. 叶片背面被毛

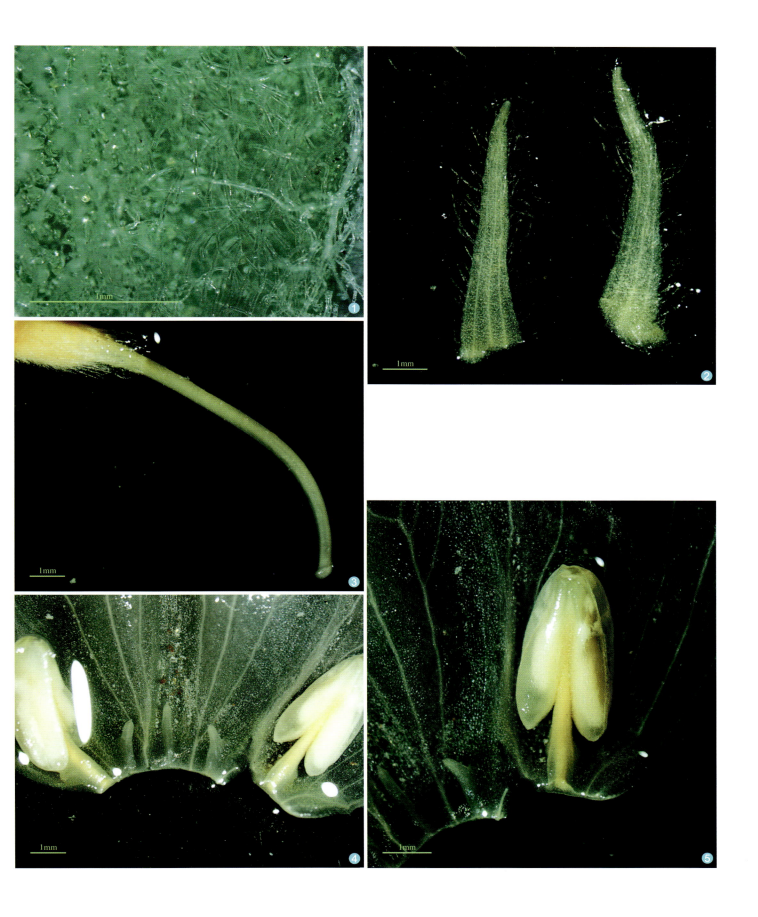

1. 叶片背面被毛　　2. 花萼内面　　3. 雌蕊
4. 雄蕊和退化雄蕊　　5. 雄蕊

1. 雄蕊　　2. 雄蕊　　3. 雌蕊
4. 花丝被毛　　5. 花柱被毛　　6. 子房被毛

7 秋海棠叶石蝴蝶

Petrocosmea begoniifolia C. Y. Wu ex H. W. Li in Bull. Bot. Res. 3（2）：22，photo. 12. 1983；W. T. Wang in Acta Bot. Yunnan. 7（1）：59. 1985 et Fl. Reip. Pop. Sin. 69：316. 1990；W. T. Wang *et al.* in Z. Y. Wu et Raven，Fl. China 18：306. 1998.

多年生草本。根状茎短。叶 7～15，基生；叶片草质，斜卵形或近圆形，长 0.5～4cm，宽 0.5～3cm，先端急尖，基部心形或浅心形，边缘下半部或下部 1/3 处全缘，其余部分有少数小牙齿或浅波状齿，两面被短柔毛，侧脉每侧 3～5 条，上面不明显；叶柄长 0.5～6cm。花序 3～4，每花序具 1～3 花；花序梗长 2.5～6.5cm，与花梗均被白色短柔毛；苞片线形，长 1～4mm，宽 0.5～2mm，先端钝，被短柔毛。花萼 5 裂达基部，裂片线状披针形，长 3～5mm，宽约 0.8mm，先端尖，外面被短柔毛，内面无毛，有 3 脉。花冠白色，外面疏被短柔毛，内面无毛；筒长约 7mm；上唇长 3.5～5mm，2 裂近中部，下唇长 6.5～8mm，3 深裂，裂片圆卵形或椭圆形。雄蕊 2；花丝线形，长约 3mm，密被柔毛；花药近圆形，长约 2.5mm，宽 3mm，无毛，顶端不汇合；退化雄蕊 3，长约 1mm，无毛。雌蕊长 7～10mm；子房圆锥形，长 3.5～5mm，疏被柔毛；花柱长 5～7mm，无毛。蒴果长椭圆形，长约 1.3cm，变无毛。花果期 4～5 月。

产云南（景东）。生于海拔 1600～2200m 的山谷陡崖上或岩石上。模式标本采自云南景东。

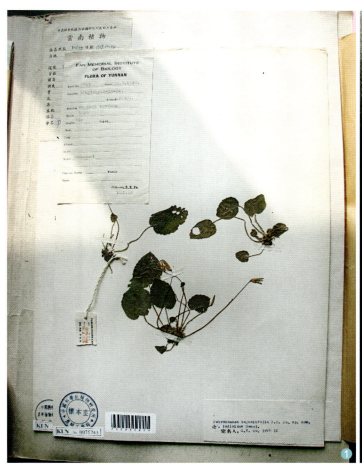 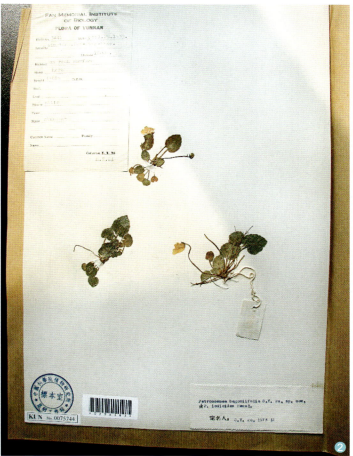

1. 腊叶标本　　2. 腊叶标本

1. 花解剖线条图　　2. 标本－花解剖　　3. 植株群落
4. 植株群落　　5. 植株群落　　6. 植株群落

1. 植株群落　2. 植株　3. 植株
4. 植株　5. 植株　6. 叶片

1. 叶片　2. 开花植株　3. 植株
4. 叶柄被毛　5. 叶柄被毛　6. 叶柄被毛

1. 叶边缘被毛　　2. 叶片正面被毛　　3. 叶片正面被毛
4. 叶片正面被毛　　5. 叶片背面被毛　　6. 叶片背面被毛

8 蓝石蝴蝶

Petrocosmea coerulea C. Y. Wu ex W. T. Wang in Acta Bot. Yunnan. 7(1): 60, fig. 6: 9. 1985 et Fl. Reip. Pop. Sin. 69: 317, tab. 83: 8. 1990; W. T. Wang *et al.* in Z. Y. Wu et Raven, Fl. China 18: 307. 1998.——*P. parryorum* auct. non C. E. C. Fisch.: H. W. Li in Bull. Bot. Res. 3(2): 20. 1983.

多年生草本。根状茎短而粗。叶 8 ～ 20，基生，外方的长达 5 ～ 9.5cm，具稍长柄，内方叶具短柄或近无柄；叶片草质，两侧稍不对称、卵形、长圆形、椭圆形或椭圆状卵形，长 1 ～ 7cm，宽 0.7 ～ 4cm，先端微钝，基部盾形，边缘具波状齿，两面密被短柔毛，背面在叶脉处被毛较明显；侧脉每侧 4 ～ 6 条，下面稍下陷；叶柄长达 1.5 ～ 8cm，密被短柔毛。伞状聚伞花序 1 ～ 6，每花序具 5 ～ 20 花；花序梗长 5 ～ 12cm，被开展短柔毛；苞片披针形，长 3 ～ 8mm；花梗长 2 ～ 5cm。花萼 3 裂达基部，下方 2 萼片披针形，长约 3.5mm，宽约 1.5mm，先端微尖；上方 1 萼片 3 裂达中部，裂片三角形，长约 2mm，先端尖，所有裂片外面被短柔毛，内面无毛，有 3 脉。花冠蓝色，长约 1.5cm，外面被短柔毛，内面无毛；筒长约 7mm；上唇长约 7mm，2 裂达中部，下唇长约 8mm，3 裂近基部，裂片长圆形。雄蕊 2；花丝膝状弯曲，中间膨大，长约 5mm，密被毛；花药长卵形，长约 3.5mm，宽 2.5mm，顶端连着，无毛；退化雄蕊 3，线形，两侧较长，约 2.5mm，中央的较短，约 0.5mm，无毛。雌蕊长约 11mm；子房近卵球形，长约 4mm，被贴伏长柔毛；花柱长约 7mm，无毛。蒴果长椭球形，长 6 ～ 8mm，无毛。花期 7 ～ 8 月，果期 9 ～ 10 月。

产云南（金平）。生于海拔约 500m 的山谷石上。模式标本采自云南金平。

1. 开花植株　2. 开花植株　3. 花序

1. 花序　2. 花序　3. 花序
4. 花序　5. 花序　6. 花－侧面观

1. 花 – 正面观　　2. 花冠筒　　3. 叶片
4. 植株　　　　　5. 植株

1. 叶片正面　　2. 叶片正背面　　3. 叶柄被毛　　4. 叶柄上面被毛

5. 叶柄上面被毛　　6. 叶片背面被毛　　7. 叶片背面被毛

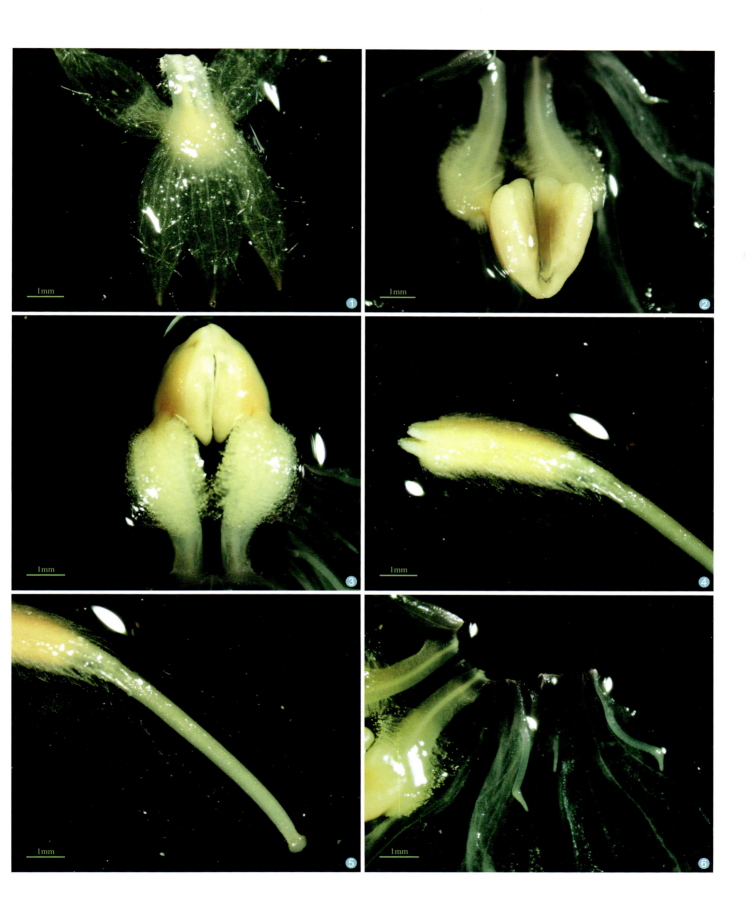

1. 花萼外面被毛　　2. 雄蕊　　　　3. 花丝被毛
4. 子房被毛　　　　5. 花柱被毛　　6. 退化雄蕊

9 黑眼石蝴蝶

Petrocosmea melanophthalma Huan C. Wang，Z. R. He & Li Bing Zhang in Novon 22（4）：486-490. 2013.

多年生草本。根状茎粗短，约 5mm。叶 10～25，基生，内部的叶具短柄或无，外部的叶具长柄，长约 7cm；叶片较软，干时纸质；外部叶片狭椭圆形、椭圆形、或卵状椭圆形，稀披针形，长 4～10cm，宽 1～4cm，内部叶片卵圆形或近圆形，长 1～3.5cm，宽 0.6～2cm，先端急尖，基部盾形，边缘浅波状；上面密被短柔毛，下面呈紫色，被短腺毛，并密被贴伏长柔毛，侧脉每侧 4～8 条；叶柄长 1～7cm，密被贴伏长柔毛，基部常呈锈色。花序 1～10，花序梗长 3～5cm，密被贴伏长柔毛；每花序具 1 花，花梗长 1～1.5cm；苞片 2，对生，线形，长约 3.5mm。花萼两侧对称，长 6～7mm，3 裂达基部，裂片不等大，外面密被柔毛，内面无毛，背部萼片较大，3 裂达中部，宽 4～6mm，腹部萼片 2，较小，所有裂片狭三角形或披针形，宽 1～1.8mm。花冠蓝色，二唇形，长 1.2～1.6cm，外面被短柔毛，内面无毛或偶有短柔毛，上唇比下唇短；筒长 6～8mm，内面在筒下部有 2 个明显的黑色斑点；上唇长 1.5～2cm，宽 0.5～0.7cm，2 裂达中部，先端圆形；下唇长 2～2.8cm，宽 0.6～0.8cm，3 裂超过中部，先端圆形。雄蕊 2；花丝着生于花冠基部，膝状弯曲，中部以上膨大，长约 3.5mm，被短毛；花药卵形，顶端心形，长约 2mm，宽 1mm，顶端有蕊喙；退化雄蕊 3，线形，无毛。雌蕊长约 13mm；子房约 3mm，狭卵球形，被短柔毛，花柱长约 10mm，在基部疏被短柔毛。蒴果椭圆形，长 3～4mm，花期 5～6 月，果期 6～7 月。

产云南（新平）。生于海拔 2100～2300m 的林下岩石上。模式标本采自云南新平。

1. 生境

1. 植株群落　　2. 植株群落　　3. 花序
4. 花　　　　　5. 花解剖

10 汇药石蝴蝶

Petrocosmea confluens W. T. Wang in Bull. Bot. Res. 4（1）：9，pl. 2：9-11. 1984 et Fl. Reip. Pop. Sin. 69：317. 1990；W. T. Wang *et al.* in Z. Y. Wu et Raven，Fl. China 18：306. 1998.

多年生草本。叶 5～20，基生，长 0.5～7cm；叶片心形、宽卵形或近圆形，长 0.8～2cm，宽 0.5～2.1cm，先端圆形或钝，基部浅心形，边缘有浅钝齿，两面密被短柔毛，侧脉每侧 2～4 条，不明显；叶柄长 0.2～5cm，被开展的短柔毛。花序 1～15，每花序具 1 花；花序梗长 1.5～8cm，被开展的短柔毛；苞片线形，长约 1mm，被短柔毛；花梗长 1～5mm。花萼 5 裂达基部，裂片线状披针形，长 2～3mm，宽 0.5～1mm，外面密被短柔毛，内面无毛。花冠蓝色，长 8～12mm，外面被短柔毛，内面无毛；筒长约 4mm；上唇长约 4mm，2 裂近中部处，下唇长 7～8mm，3 裂至中部，裂片卵形或宽卵形。雄蕊 2，无毛；花丝着生于花冠基部，长 2～2.5mm；花药三角形，长约 2.5mm，顶端具突出的短钝头，2 药室在顶端汇合；退化雄蕊 3，线形，长约 0.5mm，无毛。雌蕊长约 8mm，子房卵球形，长约 2mm，密被短柔毛；花柱长约 6mm，无毛。蒴果长椭圆形，长约 0.8mm，无毛。花期 4 月，果期 5 月。

产贵州（望谟、水城）。生于海拔约 1340m 的山谷山坡岩石下。模式标本采自贵州望谟。

1. 模式标本　2. 模式标本－花解剖　3. 模式标本－花解剖

1. 植株群落　　2. 植株群落　　3. 植株群落
4. 植株群落　　5. 花序　　6. 花序

1. 花序　　2. 花序　　3. 花序　　4. 花－正面观
5. 花序　　6. 雄蕊　　7. 雄蕊

11 合溪石蝴蝶

Petrocosmea hexiensis S. Z. Zhang & Z. Y. Liu in Phytotaxa 74：30-38. 2012.

多年生草本。根状茎短。叶片 20～60，均基生，呈莲座状，内方的叶具短柄，外方叶具长柄，长 0.5～3.5cm，密被柔毛；叶片草质，卵状菱形到菱形，长 1～2.5cm，宽 0.5～1.5cm，基部楔形，先端尖，边缘有波状齿或浅圆齿；两面密被短柔毛，侧脉每侧 3 条，不明显。花序 6～15；花序梗长 3～8cm，密被短柔毛，顶端有 1 花。花萼 5 裂达近基部，萼片狭披针形，上方 3 萼片稍长，约 3.5mm，下方 2 萼片稍短，约 3mm，萼片外面被毛，内面无毛。花冠淡紫色，内外皆被短柔毛，筒长 4.5～5.5mm，筒内面在花丝下方有 2 个深紫色斑点；上唇长 1.5～2.5mm，2 裂近基部，裂片卵形；下唇长 4.5～5.5mm，3 裂达中部，裂片卵形。雄蕊 2，长 3.8mm，花丝直，线形，着生于花冠筒基部约 1mm 处，疏被短柔毛，长约 1.9mm；花药卵形，长约 1.9mm，无毛；退化雄蕊 3，着生于花冠筒基部 0.2～0.3mm 处，线形，长 0.3～0.5mm，无毛。雌蕊长约 7mm；子房卵球形，长约 1.5mm；花柱长约 5.5m，在中部以下疏被毛，花柱贴近花冠筒上部；柱头小，头状。蒴果直，棕色，长椭圆形，长约 0.5cm。花期 4～5 月，果期 5～6 月。

该种全草可入药，药品名为止咳还魂丹，有润肺止咳功效，可治疗小儿百日咳和肺结核等。

产重庆（南川、彭水）及贵州（道真）。生于海拔 650～800m 的阴湿沟旁岩石缝中。模式标本采自重庆南川。

1. 植株群落　　2. 植株群落　　3. 植株群落
4. 植株群落　　5. 植株群落　　6. 植株群落

1. 开花植株　　2. 根系　　3. 开花植株
4. 开花植株　　5. 花冠筒

1. 花冠筒
2. 花 - 侧面观
3. 花 - 侧面观
4. 花 - 正面观

1. 花　　　　2. 花-侧面观　　3. 花-正面观　　4. 花-正面观
5. 花-正面观　　6. 花解剖　　　　7. 花解剖

12 石蝴蝶

Petrocosmea duclouxii Craib in Not. Bot. Gard. Edinb. 11：274. 1919；H. W. Li in Bull. Bot. Res. 3（2）：26, in clavi. 1983；W. T. Wang in Acta Bot. Yunnan. 7（1）：57. 1985 et Fl. Reip. Pop. Sin. 69：313, tab. 82：1-3. 1990；W. T. Wang *et al.* in Z. Y. Wu et Raven，Fl. China 18：305. 1998.

多年生草本。叶 5～25，基生，具长或短柄；叶片纸质，宽卵形、心形或近圆形，长 0.5～5cm，宽 0.4～4.5cm，先端圆形或钝，基部浅心形、心形或近截形，边缘有波状浅圆齿，上面被贴伏白色短柔毛，下面密被近开展的白色短柔毛，侧脉每侧 3～5 条，有时明显；叶柄长 1～8cm，与花序梗均被开展的柔毛。花序 1～7；花序梗长 4.5～10cm，被白色柔毛，顶端生 1 花，上部有苞片；苞片狭卵形，长约 1mm，常不明显；花梗长约 1cm。花萼 5 裂达基部，裂片狭披针形，长 2～4mm，宽 0.5～1mm，外面疏被短柔毛，内面无毛。花冠蓝紫色，外面疏被短柔毛，内面无毛，筒长约 5mm，筒内部在花丝下方有 2 个深紫色斑点；上唇长约 2mm，2 裂近基部，裂片半圆形，下唇长约 5mm，3 裂超过中部，裂片卵状圆形。雄蕊 2；花丝着生于花冠基部，长约 2mm，被短柔毛；花药大，卵形，长约 2mm，无毛；退化雄蕊 3，着生于距花冠基部 0.3mm 处，长约 0.3mm，无毛。雌蕊长 6～9mm；子房长 2～3mm，密被贴伏短柔毛；花柱长 4～6mm，下部疏被贴伏毛或近无毛。蒴果直，长约 5mm。花期 5～6 月，果期 6 月。

产云南（昆明、禄劝、富民、景东）。生于海拔 2000～2600m 的山地阴处石上。模式标本采自云南昆明。

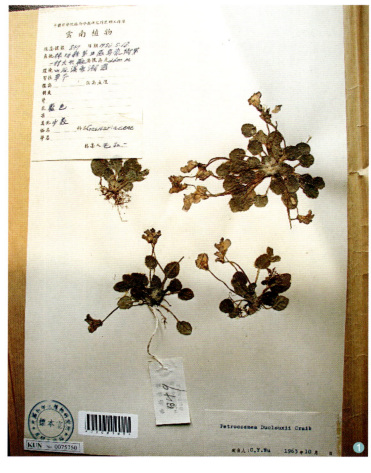

1. 标本　2. 标本－花解剖　3. 野外生境

1. 植株群落　　2. 植株群落　　3. 植株群落
4. 植株群落　　5. 植株群落

1. 植株群落　　2. 植株群落　　3. 植株群落
4. 植株群落　　5. 植株群落

1. 植株群落　　2. 植株群落　　3. 植株群落
4. 花序　　　5. 花序

中国 石蝴蝶属 植物

1. 花序　2. 花序　3. 花序　4. 花序
5. 花序　6. 花序　7. 花序　8. 花序

1. 花－正面观　　2. 花－正面观　　3. 花－正面观　　4. 花冠筒
5. 叶片正面　　6. 叶片正背面　　7. 叶片正背面

1. 叶柄被毛　　2. 叶柄被毛　　3. 叶片正面和叶缘被毛
4. 叶片正面被毛　5. 叶片正面被毛　6. 叶片正面被毛

1. 叶片背面被毛　　2. 花萼外面被毛　　3. 雄蕊
4. 雄蕊　　　　　　5. 雌蕊　　　　　　6. 子房纵切面

13 会东石蝴蝶

Petrocosmea intraglabra（W. T. Wang）Zhi J. Qiu，stat. nov. ——*P. mairei* var. *intraglabra* W. T. Wang in Acta Bot. Yunnan. 7（1）：57. 1985 et Fl. Reip. Pop. Sin. 69：314. 1990；W. T. Wang *et al.* in Z. Y. Wu et Raven，Fl. China 18：305. 1998.

多年生草本。根状茎粗短。叶 10 ～ 20，基生，具长或短柄；叶片草质，卵形、长卵形或椭圆形，长 0.5 ～ 2cm，宽 0.4 ～ 1.8cm，先端微钝，基部浅心形或圆形，边缘有不规则齿或近全缘，两面密被柔毛，侧脉每侧 3 ～ 5 条，不明显；叶柄长 0.2 ～ 5cm，密被短柔毛。花序 1 ～ 10，每花序具 1 花；花序梗长 2 ～ 5cm，被短柔毛；苞片披针形，细小，常不可见。花萼 5 裂达基部，裂片披针形，长 2 ～ 3mm，宽 0.5 ～ 1mm，外面被短柔毛，内面无毛。花冠淡蓝色，长约 10mm，外面被短柔毛，内面无毛；筒长约 4mm；上唇长约 3mm，2 裂达中部，下唇长约 6mm，3 裂达中部，裂片扁圆形或圆形。雄蕊 2；花丝直，长约 1.5mm，无毛；花药长卵形，长约 2mm，顶端钝；退化雄蕊 3。雌蕊长约 7mm；子房卵球形，长约 2mm，被短柔毛；花柱长约 5mm，中部以下被短柔毛。蒴果直，无毛，长约 5mm。花期 5 ～ 6 月，果期 6 ～ 7 月。

产四川（会东）、云南（会泽）。生于海拔约 2000m 的山地岩边阴湿处。模式标本采自四川会东。

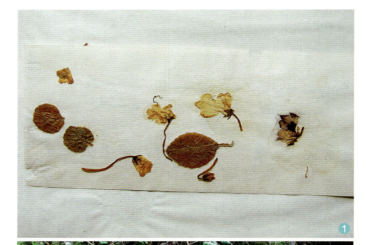

1. 模式标本－花解剖　　2. 野外生境　　3. 植株群落

1. 植株群落 　2. 花序 　3. 花序
4. 花序 　　 5. 花序

1. 叶片正面　　2. 叶片背面　　3. 花－正面观　　4. 花－正面观
5. 花－正面观　　6. 花－背面观　　7. 花－侧面观

1. 花冠筒　　2. 花冠筒　　3. 花 – 正面观
4. 花 – 背面观　　5. 花萼　　6. 花冠解剖

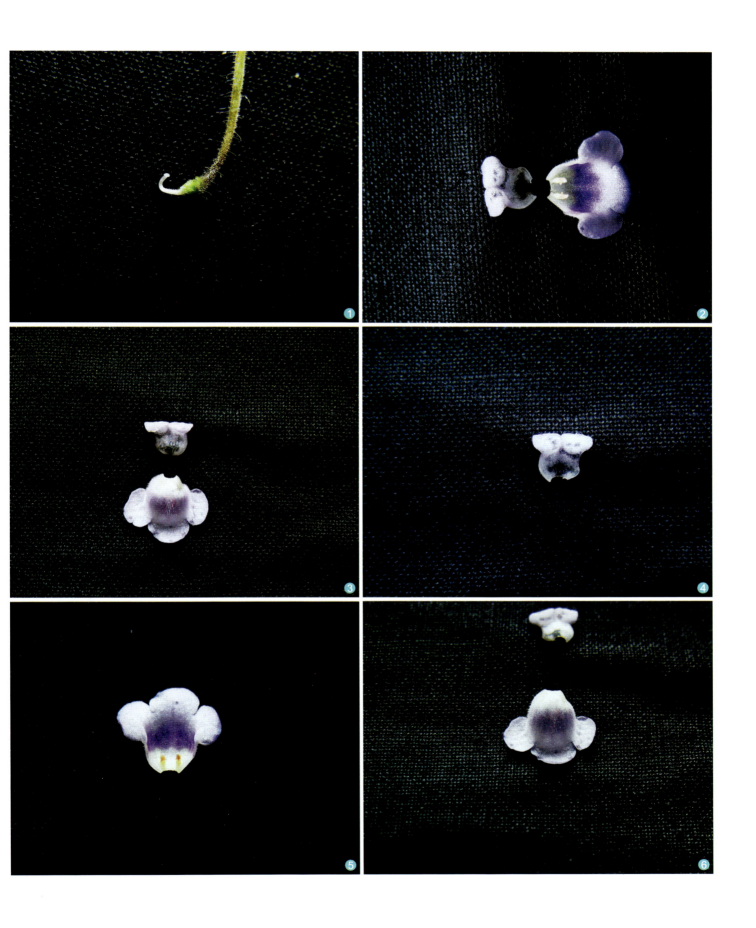

1. 雌蕊　　2. 花冠内面　　3. 花冠外面
4. 上唇内面　　5. 下唇内面　　6. 花冠筒外面

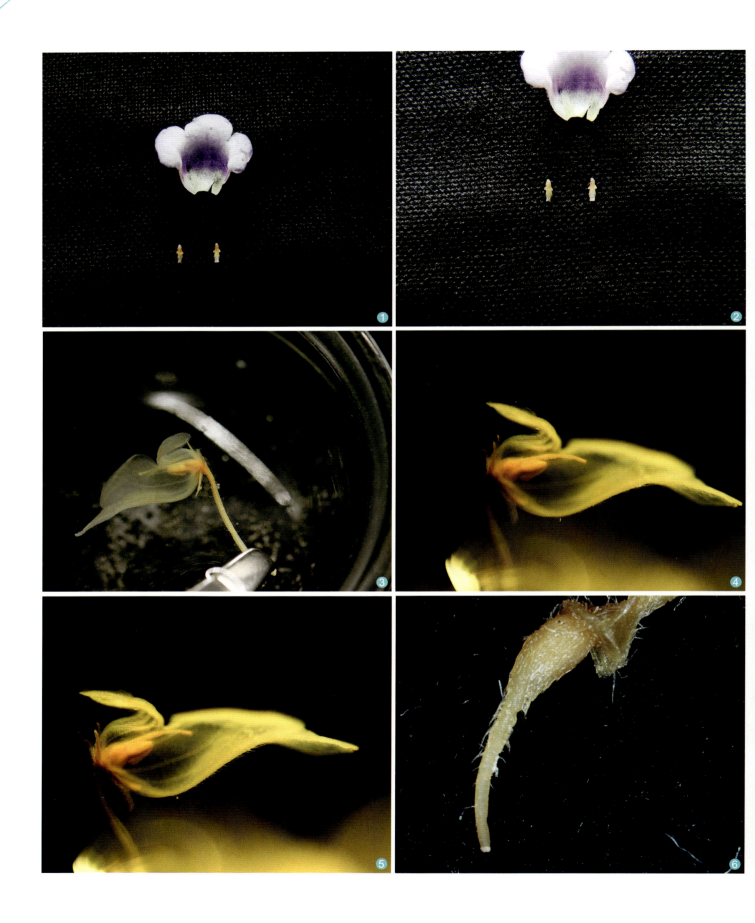

1. 雄蕊　　　2. 雄蕊　　　3. 花－纵切面
4. 花－纵切面　　5. 花－纵切面　　6. 雌蕊被毛

1. 叶柄被毛　　2. 叶片正面被毛　　3. 叶片正面被毛
4. 叶片背面被毛　5. 叶片背面被毛　6. 子房纵切面

14 四川石蝴蝶

Petrocosmea sichuanensis Chun ex W. T. Wang in Bull. Bot. Res. 4(1): 10. 1984 et Fl. Reip. Pop. Sin. 69: 317. 1990; W. T. Wang *et al.* in Z. Y. Wu et Raven，Fl. China 18: 306. 1998.

多年生草本。根状茎粗壮。叶 10～20，基生，具长或短柄；叶片草质，卵形、宽卵形或长卵形，稀心形或椭圆形，长 0.5～3cm，宽 0.5～2.5cm，先端微钝，基部心性、浅心形或圆形，边缘浅波状或近全缘，两面稍密被柔毛，侧脉每侧 3～4 条，不明显；叶柄长 0.3～4cm，被短柔毛。花序 1～15，每花序具 1 花；花序梗长 2～8cm，被短柔毛。花萼 5 裂达基部，裂片披针形，长 2～2.5mm，宽 0.8～1mm，外面被短柔毛，内面无毛。花冠紫蓝色，长约 9mm，外面被短柔毛，内面无毛；筒长约 4mm，筒内部在花丝下方有 2 个深紫色斑点；上唇长 2～3mm，2 裂近中部，裂片向后反折，下唇长 5～6mm，3 浅裂，裂片扁圆形。雄蕊 2；花丝长约 1.2mm，上部密被极短的毛；花药近长圆形，长约 2.5mm，顶端钝；退化雄蕊 3。雌蕊长约 6mm；子房宽卵球形，长约 1.5mm，被短柔毛；花柱长约 4.5mm，无毛。蒴果直，无毛，长约 5mm。花果期 5～6 月。

产四川（越西）。生于海拔 500～2200m 的山谷石上。模式标本采自四川越西。

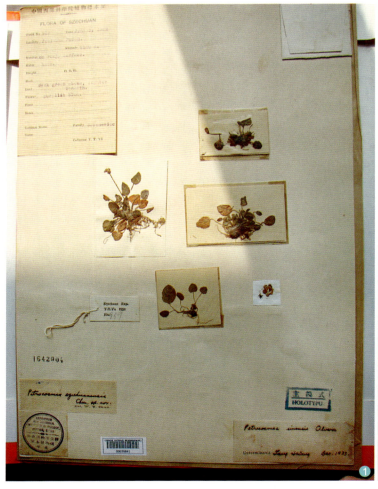

1. 模式标本　　2. 模式标本　　3. 野外生境

1. 植株　　2. 植株　　3. 植株群落　　4. 植株群落
5. 植株群落　　6. 蒴果　　7. 蒴果　　8. 植株

1. 植株　　　2. 植株　　　3. 植株群落　　　4. 植株群落
5. 植株群落　　6. 蒴果　　　7. 蒴果　　　8. 植株

1. 植株群落　2. 植株　3. 花序
4. 花序　5. 花冠筒

小石蝴蝶组
sect. **Minor** Zhi J. Qiu

Zhi J. Qiu, sect. nov. Anthers not constricted near apex. Adaxial corolla lip indistinctly 2-lobed or emarginated. Adaxial corolla lip shorter or at least 1 × shorter than abaxial.

花药不缢缩。上唇 2 浅裂或微凹，上唇比下唇稍短或短 1 倍以上。

共 13 种，全部产于中国，分布于云南、贵州和广西。

 15 长蕊石蝴蝶

Petrocosmea longianthera Z. J. Qiu & Y. Z. Wang in Journal of Systematics and Evolution 49（5）: 449-463.

多年生草本。根状茎粗短。叶 8 ～ 20，基生，莲座状，外方叶具较长柄；叶片草质，长卵形、卵形或菱形，长 0.5 ～ 3cm，宽 0.5 ～ 3cm，先端钝，基部宽楔形、圆形或截形，边缘有浅波状齿，上面密被白色长柔毛，下面有时紫红色，密被红褐色长柔毛，侧脉每侧约 4 条，明显；叶柄细圆，长 0.5 ～ 5cm，叶柄、花序梗及花梗皆呈紫红色，皆密被开展红褐色长柔毛。花序 3 ～ 15，每花序具 1 ～ 3 花；花序梗长 5 ～ 10cm；在中部有 2 苞片，披针形，长 0.5 ～ 1.2mm，被柔毛；花梗长 3 ～ 5cm。花萼 5 裂达基部，紫红色，裂片披针形，长约 5mm，宽 1 ～ 2mm，先端尖，外面被开展的红褐色长柔毛，内面无毛。花冠蓝紫色，外面被白色柔毛，内面无毛；筒长 3.5 ～ 4mm，在内部花丝下方有 2 个紫色斑点；上唇长约 8mm，2 浅裂，裂片长圆形，先端圆形，

下唇长约 11mm，3 裂超过中部，裂片长圆形，先端圆形，中央裂片稍长。雄蕊 2，长约 8mm；花丝着生于花冠筒近基部处，长约 2mm，密被白色短柔毛；2 花药顶端聚合，成熟时裂开；花药从基部往上渐尖，呈喙形，顶端汇合，先端锐尖，基部不叉开，长约 6mm，宽 1 ～ 2mm，正面被淡红色短腺毛，背面被短腺毛；退化雄蕊 3，着生于距花冠基部 0.2 ～ 0.4mm 处，中央的长 0.5 ～ 1mm，两侧的长 1.5 ～ 2mm，无毛。雌蕊长约 1cm；子房卵球形，长约 2mm，密被白色长柔毛和短腺毛；花柱长约 8mm，基部疏被短腺毛或变无毛。蒴果长圆形，长 1 ～ 1.5cm。花果期 10 ～ 11 月。

产云南（砚山）及贵州（兴义）。生于海拔 1500 ～ 1800m 的石灰岩山谷岩石上。模式标本采自云南砚山。

1. 野外生境　2. 植株群落　3. 植株群落
4. 植株群落　5. 植株群落

1. 植株群落　　2. 花－正面观　　3. 花－正面观　　4. 植株
5. 花－正面观　　6. 花－正面观　　7. 花冠筒内部斑点

1. 花序　　　2. 花型对比　　　3. 花型对比
4. 雄蕊和雌蕊　　5. 雄蕊和雌蕊　　6. 雄蕊和雌蕊

1. 雄蕊和雌蕊　2. 植株　3. 花序和花苞
4. 花－正面观　5. 植株　6. 花－正面观

1. 花型对比　　2. 花萼和雌蕊　　3. 花解剖
4. 雄蕊和花冠　　5. 叶片排列　　6. 叶片正面

1. 叶片背面　　2. 叶片正面　　3. 叶片背面
4. 花萼外面　　5. 雌蕊被毛　　6. 花丝被毛

1. 雄蕊和退化雄蕊　　2. 子房纵切面　　3. 雄蕊
4. 雌蕊纵切面　　5. 雌蕊被毛　　6. 子房被毛

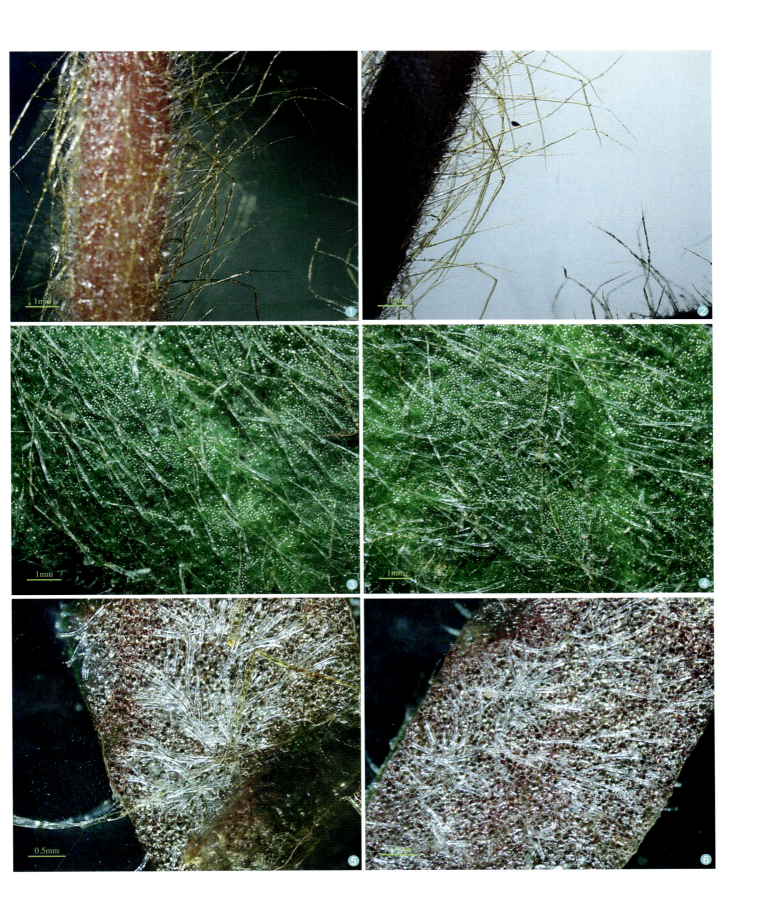

1. 叶柄被毛　　　2. 叶柄被毛　　　3. 叶片正面被毛

4. 叶片正面被毛　　5. 叶片背面被毛　　6. 叶片背面被毛

1. 叶片背面被毛
2. 花萼被毛
3. 叶片被毛类型
4. 叶片被毛类型
5. 叶片正面被毛
6. 叶片正面被毛
7. 叶片背面被毛
8. 叶片背面被毛

16 环江石蝴蝶

Petrocosmea huangjiangensis Yan Liu & W. B. Xu in Novon 21：385-387. 2011.

多年生草本。根状茎短。叶 5 ～ 10，基生，具长柄；叶片草质，卵形、宽卵形或近圆形，长 1.5 ～ 3.5cm，宽 1.5 ～ 2.5cm，先端圆形或钝，基部盾形，边缘有浅圆齿或波状，两面皆被长柔毛，侧脉每侧 3 ～ 4 条，明显；叶柄长 6 ～ 12cm，与花序梗及花梗被开展短柔毛。花序 1 ～ 8，每花序具 1 ～ 3 花；花序梗长 5 ～ 6.5cm；苞片 2，对生，线形或狭披针形，长 2 ～ 4mm，被开展柔毛；花梗长 4 ～ 12mm。花萼 5 裂达基部，裂片狭披针形，长 4 ～ 6mm，宽 1.5 ～ 2mm，外面被开展柔毛，内面无毛。花冠蓝色，外面被短柔毛，内面无毛；筒长 5 ～ 7mm，内面在花丝下方有 2 个黄褐色斑点；上唇长约 5mm，不明显 2 浅裂，下唇长约 12mm，3 裂达中部，中间裂片近圆形，侧裂片宽卵形。雄蕊 2；花丝着生于近花冠基部处，长 6 ～ 7.2mm，线形，密被开展腺毛；花药心状卵形，长约 2.5mm，无毛，顶端有蕊喙；退化雄蕊 3，着生于距花冠基部 0.5mm 处，狭线形，中央的长约 1mm，两侧的长约 2mm，无毛。雌蕊长 8 ～ 13mm；子房长 2.5 ～ 3.5mm，长椭球形，密被短柔毛；花柱长 5 ～ 6.5mm，中部之下被短柔毛；柱头，头状，小。蒴果长约 6mm，无毛。花期 5 ～ 6 月，果期 7 ～ 8 月。

产广西（环江）。生于海拔约 750m 的石灰岩山地岩石上。模式标本采自广西环江。

1. 野外生境

1. 植株群落　　2. 植株群落　　3. 植株群落
4. 植株群落　　5. 植株群落　　6. 植株群落

1. 植株群落　　2. 植株群落　　3. 植株群落　　4. 膨大的子房
5. 花序　　　　6. 花序　　　　7. 花－侧面观　　8. 花冠筒

17 兴义石蝴蝶

Petrocosmea xingyiensis Y. G. Wei & F. Wen in Novon 19: 261-262. 2009.

多年生草本。根状茎粗短。叶 16 ～ 30，基生，内方叶具短柄或近无柄，外方叶具长柄；叶片纸质，狭倒披针形，长 0.3 ～ 3cm，宽 0.2 ～ 0.7cm，先端圆，基部楔形；边缘全缘，两面皆被短柔毛，侧脉每侧 2 ～ 3 条，不明显；叶柄长 0.6 ～ 2.5cm，密被短柔毛。花序 2 ～ 8，每花序具 1 花；花序梗长 3 ～ 4.4cm，被短柔毛；花序梗中部有 2 ～ 3 苞片，卵形，长 1 ～ 2mm，被短柔毛；花梗长 0.5 ～ 2cm。花萼 5 裂达基部，裂片三角形到卵形，长约 4mm，宽约 2mm，外面被毛，内面无毛。花冠蓝色，外面疏被短柔毛，内面无毛；筒长约 3mm；上唇长约 5mm，不明显 2 浅裂或微凹，下唇长约 8mm，3 裂至中部，裂片卵形。雄蕊 2，长约 5mm；花丝着生于距花冠基部约 1mm 处，长 4mm，被短柔毛；花药卵形，长约 3mm，无毛；退化雄蕊 3，着生于距花冠基部 1mm 处，狭线形，中央的长约 1mm，两侧的长约 2mm，无毛。雌蕊长约 8mm；子房卵球形，长约 2mm，被短柔毛；花柱长约 6mm，被短柔毛。蒴果长 5 ～ 6mm。花期 9 ～ 10 月，果期 10 ～ 11 月。

产贵州（兴义）。生于海拔 930 ～ 1000m 的石灰岩上。模式标本采自贵州兴义。

1. 野外生境
2. 花－正面观
3. 花序
4. 花序
5. 花－上面观
6. 花－上面观

1. 花－正面观　　2. 花－侧面观　　3. 花－侧面观　　4. 花－背面观
5. 花萼　　　　　6. 花萼和雌蕊　　7. 花解剖

1. 花冠解剖　2. 下唇　　3. 叶片　　4. 叶片
5. 花丝被毛　6. 叶柄被毛　7. 叶片正面被毛

1. 叶片正面被毛　　2. 叶片正面被毛　　3. 叶片背面被毛
4. 叶片背面被毛　　5. 叶片背面被毛　　6. 叶片正面被毛

石林石蝴蝶

Petrocosmea shilinensis Y. M. Shui & H. T. Zhao in Acta Bot. Yunnan. 32（4）：328-330. 2010.

多年生草本。根状茎粗短。叶 10～20，基生，莲座状。叶片草质，圆形或卵形，长 1～3.5cm，宽 0.5～3cm，顶端圆形或钝，基部心形或浅心形，边缘有极浅圆齿或近全缘；叶上面被稀疏白色绢毛，下面被较密的长约 1.5mm 的白色倒生绢毛；侧脉每侧 4～5 条，在下面明显；叶柄长 1～8cm，密被由叶背延伸的倒生毛。聚伞花序 5～10 条，每花序具 1～5 花；花序梗长 3～6cm，密被长柔毛；苞片线形，长约 3mm，被白色短柔毛；花梗长 0.3～2cm，密被长柔毛。花萼 5 裂达基部，裂片狭三角形，长约 6mm，宽 1～1.5mm，外面被开展的柔毛，内面无毛。花冠蓝紫色，外面被短柔毛，内面无毛；筒长约 3mm；上唇长约

5mm，极不明显 2 浅裂，裂片长约 0.5mm；下唇长约 12mm，3 裂达中部，裂片卵形或长圆形。雄蕊 2，着生于距花冠基部 0.8mm 处；花丝膝状弯曲，长约 2.5mm，中部膨大，密生长 1.5mm 的白色髯毛；花药长卵形，长约 2.5mm，无毛；退化雄蕊 3，狭线形，长 0.2～0.6mm，无毛。雌蕊长约 7.5mm；子房长约 3.5mm，被短柔毛；花柱长约 4mm，基部疏被短柔毛。蒴果长约 5mm。花期 9～10 月，果期 10～11 月。

产云南（石林）。生于海拔约 2000m 的石灰岩山地陡崖阴湿处。模式标本采自云南石林。

1. 花 - 正面观　　2. 雄蕊
3. 叶片背面　　4. 雌蕊

1. 植株群落　　2. 植株群落　　3. 植株群落
4. 植株群落　　5. 野外生境

1. 野外生境　　2. 花－上面观
3. 花－侧面观　　4. 花序

19 小石蝴蝶

Petrocosmea minor Hemsl. in Hook. Icon. Pl. ser. 4, 6: pl. 2600. 1899; Craib in Not. Bot. Gard. Edinb. 11: 274. 1919; W. T. Wang in Acta Bot. Yunnan. 7 (1): 62. 1985 et Fl. Reip. Pop. Sin. 69: 320. 1990; W. T. Wang *et al.* in Z. Y. Wu et Raven, Fl. China 18: 307. 1998. —— *P. henryi* Craib in Not. Bot. Gard. Edinb. 10: 216. 1918, 11: 272. 1919.

多年生草本。叶 15 ～ 40，基生，内方的具短柄或无柄，密集，外方的具长柄；叶片纸质，椭圆状菱形、椭圆形、卵形或倒卵形，稀近圆形，长 0.5 ～ 5cm，宽 0.5 ～ 3cm，先端微尖，基部宽楔形或楔形，稀圆形，上面密被长、短两种柔毛，下面密被短柔毛，侧脉每侧 3 ～ 5 条；叶柄长 0.5 ～ 7cm，密被柔毛。花序 1 ～ 5，每花序具 1 花；花序梗长 3.5 ～ 7.5cm，被开展短柔毛；苞片线形，长 2 ～ 4mm，密被柔毛。花萼 5 裂达基部，裂片线状三角形，长 3 ～ 6mm，宽 0.6 ～ 1.2mm，先端尖，外面被柔毛，内面无毛。花冠紫色，基部淡白色，外面被短柔毛，内面无毛；筒长 2.5 ～ 3.5mm；上唇长约 5mm，正三角形，先端不明显 2 浅裂或微凹，下唇长 8 ～ 10mm，3 裂近基部，中裂片长圆形，侧裂片卵形，先端圆形。雄蕊 2，长约 6mm；花丝膝状弯曲，长约 2.5mm，红褐色，密被短柔毛；花药狭卵形，长约 3mm，基部箭形；退化雄蕊 3，着生于距花冠基部 0.2 ～ 0.4mm 处，长 1 ～ 2mm，无毛。雌蕊长 8 ～ 11mm；子房卵球形，长 2 ～ 3mm，密被贴伏长柔毛；花柱长约 8mm，通常基部被贴伏短柔毛，其他部分无毛或偶尔被毛。蒴果长椭圆形，长 5 ～ 10mm，被短柔毛。花期 9 ～ 10 月，果期 10 ～ 11 月。

该种全草可入药，味微涩，有清热解表、健脾和胃功效，可治疗感冒和小儿疳积等。

产云南（蒙自，广南、砚山、麻栗坡、西畴、广南、富宁、石林）。生于海拔 1000 ～ 2200m 的林边或林中石灰岩上。模式标本采自云南蒙自。

1. 模式标本　2. 模式标本－花　3. 模式标本－花解剖

1. 植株群落　　2. 植株群落
3. 植株群落　　4. 花－正面观

1. 花序　　　2. 花序　　　3. 花－侧面观　　4. 花－侧面观
5. 花－正面观　6. 植株群落　7. 植株群落

1. 植株　　2. 花－正面观　　3. 植株　　4. 叶片正面
5. 叶片背面　6. 花序　　7. 花萼

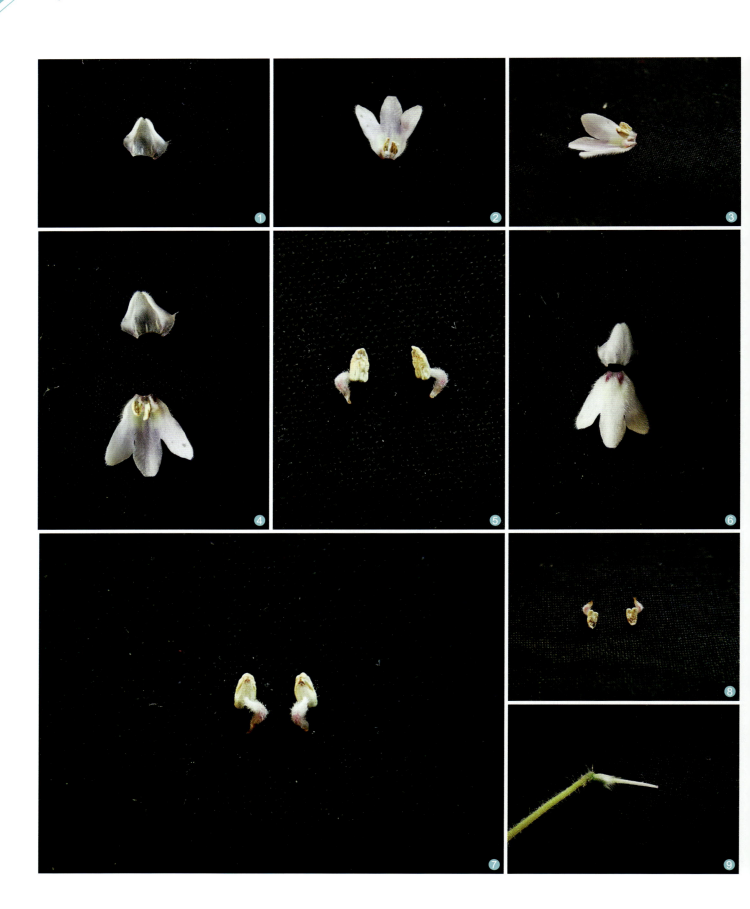

1. 花冠上唇　2. 花冠下唇　3. 花冠下唇　4. 花冠上、下唇　5. 雄蕊
6. 花冠外面　7. 雄蕊　8. 雄蕊　9. 雌蕊

1. 叶柄被毛　　　2. 叶缘被毛　　　3. 叶片正面被毛
4. 叶片正面被毛　　5. 叶片背面被毛　　6. 叶片背面被毛

20 旋涡石蝴蝶

Petrocosmea cryptica J. M. H. Shaw in Plantsman Sep. : 177-179. 2011.

多年生草本。叶片多数，最多达 160 枚，基生，具长柄；叶片纸质，椭圆形，长 2.5～4cm，宽 1.3～1.7cm，先端急尖，基部楔形，边缘在中部之上有细锯齿，上面疏被短柔毛，下面密被短柔毛，叶脉上的毛较长，侧脉每侧 3～4 条，下面明显；叶柄长 0.5～3cm，被短柔毛。花序 1～15，每花序具 1 花，偶尔 2～4 花；花序梗长 5～7cm，被短柔毛；苞片线形，长 3～4mm，被短柔毛；花梗长 1.6～2.8cm，被短柔毛。花萼 5 裂达基部，裂片狭披针形，长约 3mm，宽约 0.8mm，外面疏被短柔毛，内面无毛。花冠白色，外面疏被短柔毛，内面无毛；筒长约 3mm；上唇长 4.5～5mm，不明显 2 浅裂，下唇长约 9mm，3 裂至中部，裂片圆形。雄蕊 2，长 6～8mm，疏被短毛；花丝着生于近花冠基部处，长 3.5～4mm，稍弯曲，被短柔毛；花药卵形，长 3～

3.5mm，无毛；退化雄蕊 3，着生于花冠基部，狭线形，长约 0.6mm，无毛。雌蕊长 8～8.5mm；子房长约 2.5mm，密被长柔毛；花柱在中部以下被短柔毛。蒴果长约 5mm，无毛。花果期 9～12 月。

产云南。生于石灰岩山地石上。模式标本采自云南。

1. 模式标本
2. 叶片排列
3. 花序
4. 雄蕊
5. 花序

1. 花序　2. 植株　3. 花序
4. 花序　5. 植株　6. 花序

21 光蕊石蝴蝶

Petrocosmea leiandra（W. T. Wang）Zhi J. Qiu，stat. nov. ——*P. martinii* var. *leiandra* W. T. Wang in Bull. Bot. Res. 4（1）：11. 1984 et Fl. Reip. Pop. Sin. 69：319. 1990；W. T. Wang *et al.* in Z. Y. Wu et Raven，Fl. China 18：307. 1998.

多年生草本。叶 5～10，基生，具长柄；叶片纸质，圆卵形或卵形，长 0.7～3cm，宽 0.5～2cm，先端圆形或钝，基部浅心形或圆形，边缘有浅圆齿，上面被稍密短柔毛，下面密被白色短毛，侧脉每侧 3～4 条，不明显；叶柄长 0.5～3.5cm，与花序梗及花梗被开展短柔毛。花序 1～5，每花序具 1～3 花；花序梗长 3～5cm；苞片线形，长 1～2mm，被短柔毛；花梗长 0.3～2cm。花萼 5 裂达基部，裂片狭披针形，长 2.5～3mm，宽 0.8～1.5mm，外面被短柔毛，内面无毛。花冠蓝紫色，外面被短柔毛，内面无毛；筒长约 3mm；上唇长约 3mm，2 浅裂，下唇长约 8mm，3 裂达中部，裂片宽卵形。雄蕊 2，长约 4.2mm；花丝着生于近花冠基部处，长 2～3mm，无毛；花药宽长圆形，长约 2mm，无毛；退化雄蕊 3，着生于花冠基部，狭线形，长约 0.8mm，无毛。雌蕊长 6～8mm；子房长 1.5～2mm，被短柔毛；花柱长 4～6mm，无毛。蒴果长 3.5～7mm。花果期 5～6 月。

产贵州（清镇）。生于海拔约 1500m 的石灰岩山地阴湿处。模式标本采自贵州清镇。

1. 模式标本－花解剖和叶片

1. 野外生境　2. 植株群落　3. 植株群落
4. 植株群落　5. 植株群落

1. 植株群落   2. 植株群落   3. 植株群落
4. 植株群落   5. 植株群落   6. 植株群落

1. 叶片正面　　2. 叶片背面　　3. 叶柄被毛　　4. 叶柄被毛
5. 叶片正面被毛　6. 叶片正面被毛　7. 叶片正面被毛

1. 叶片正面被毛　2. 叶片正面被毛　3. 叶片正面被毛
4. 叶片正面被毛　5. 叶片背面被毛　6. 叶片背面被毛

22 蒙自石蝴蝶

Petrocosmea iodioides Hemsl. in Hook. Icon. Pl. ser. 4, 6: pl. 2599. 1899; Craib in Not. Bot. Gard. Edinb. 11: 275. 1919; W. T. Wang, Ic. Cormophyt. Sin. 4: 142，fig. 5698. 1975; W. T. Wang in Acta Bot. Yunnan. 7（1）: 61. 1985 et Fl. Reip. Pop. Sin. 69: 318. 1990; W. T. Wang *et al.* in Z. Y. Wu et Raven，Fl. China 18: 307. 1998.

多年生草本。叶 5～18，基生，具长柄；叶片草质，卵形、宽卵形、圆卵形或宽椭圆形，长 1.5～6cm，宽 1～4.5cm，先端微尖，基部心形，边缘有多数小牙齿或小浅钝齿，两面密被白色短柔毛，侧脉每侧 4～5 条；叶柄长 2～6.5cm，密被柔毛。花序 2～8，每花序具 1～4 花；花序梗长 4～7.5cm，与花梗均被开展的长柔毛；苞片线形，长 2.5～4mm，被柔毛；花梗长 0.4～1.6cm。花萼 5 裂达基部，裂片稍不等长，狭披针形，长约 5mm，宽约 1mm，外面密被长柔毛，内面无毛。花冠蓝紫色，长 1.2～1.5mm，外面疏被短柔毛，内面无毛；筒长约 6.5mm；

上唇长约 3mm，不明显 2 浅裂，裂片向后翻卷，下唇长约 1.2cm，宽约 1.5cm，3 裂达中部，裂片近圆形，有时互相覆压。雄蕊 2，长约 4.5mm；花丝着生于近花冠基部处，膝状弯曲，长约 2.5mm，被短腺毛；花药圆卵形，长约 4mm，无毛，顶端有蕊喙；退化雄蕊 3，着生于距花冠基部约 0.5mm 处，线形，长约 1mm，无毛。雌蕊长约 10mm；子房长约 4mm，密被长柔毛；花柱长约 6.5mm，无毛。蒴果椭圆形，长 0.7～1.1cm。花期 5 月，果期 6 月。

产云南（蒙自，屏边）及广西（那坡）。生于海拔 1100～2300m 的石灰岩山地林中或阴处岩壁上。模式标本采自云南蒙自。

1. 模式标本　2. 模式标本－花序　3. 模式标本－花序

1. 模式标本 – 花　　2. 模式标本 – 花解剖示意图　　3. 植株群落　　4. 植株群落
5. 植株群落　　　　　6. 植株群落　　　　　　　　　　7. 植株群落

1. 植株群落　　2. 植株群落　　3. 植株群落
4. 植株群落　　5. 植株群落　　6. 植株群落

1. 植株群落　　2. 花序　　　　3. 花序
4. 花序　　　5. 花－正面观　6. 花－正面观

1. 花－正面观　　2. 花－正面观　　3. 花－正面观
4. 花－正面观　　5. 花－正面观　　6. 花－正面观

1. 花药背面　　2. 柱头　　3. 花冠上唇内面
4. 花冠上唇外面　　5. 雄蕊　　6. 雄蕊

1. 雄蕊被毛　　2. 雄蕊被毛　　3. 花梗被毛
4. 花梗被毛　　5. 叶柄被毛　　6. 叶柄被毛

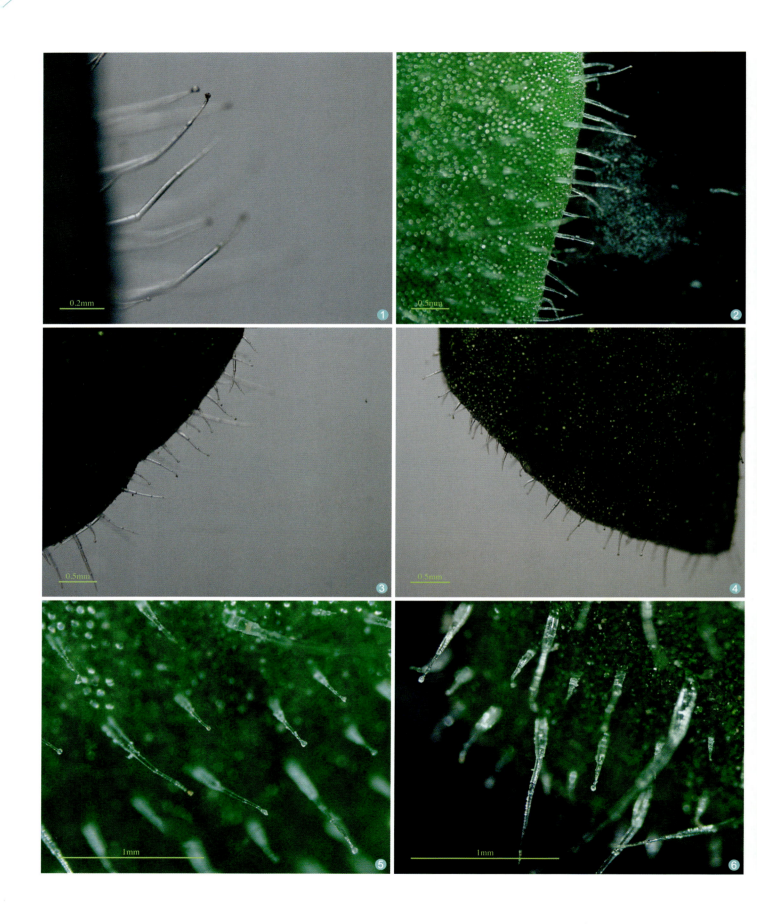

1. 叶缘被毛　　2. 叶片正面被毛　　3. 叶片正面被毛
4. 叶片正面被毛　　5. 叶片背面被毛　　6. 叶片正面被毛

1. 雄蕊被毛 2. 雄蕊被毛 3. 花梗被毛
4. 花梗被毛 5. 叶柄被毛 6. 叶柄被毛

1. 叶缘被毛　　2. 叶片正面被毛　　3. 叶片正面被毛
4. 叶片正面被毛　　5. 叶片背面被毛　　6. 叶片正面被毛

1. 叶片背面被毛　　2. 叶片背面被毛　　3. 叶片背面被毛
4. 叶片背面被毛　　5. 叶片背面被毛

23 富宁石蝴蝶

P etrocosmea funingensis Q. Zhang & B. Pan in Phytotaxa 77（1）：5-8. 2013.

多年生草本。根状茎 2～5.5cm 长，莲座状。叶 5～20，基生，具长柄；叶片草质，圆卵形、卵形或宽椭圆形，长 5～15cm，宽 4～8cm，先端急尖，基部心形，有时偏斜，边缘有锯齿，上面被短柔毛，下面沿叶脉被褐色腺毛和长柔毛，侧脉每侧 5～8 条，下面明显；叶柄长 4～12cm，被短柔毛。花序多条，每花序具 2～4 花；花序梗长 6～10cm，被短柔毛；苞片 1，线形，长 5～7mm，被短柔毛；花梗长 1.5～2.5cm，被短柔毛。花萼红色或紫色，5 裂达基部，裂片狭披针形，长约 6mm，宽约 1mm，外面被短柔毛，内面无毛。花冠蓝紫色，长 1.2～1.5cm，外面被短柔毛，内面无毛；筒长约 6mm，内面在花丝下方有 2 个黄褐色斑点；上唇长约 5mm，2 浅裂，下唇长约 10mm，3 裂达中部，中裂片近圆形，侧裂片宽卵形。雄蕊 2，长约 5mm；花丝着生于近花冠基部处，膝状弯曲，长约 4mm，密被长腺毛；花药椭圆形，长约 3mm，背着药，无毛；退化雄蕊 3，着生于距花冠基部约 1mm 处，狭线形，长约 2mm。雌蕊长 12mm；子房长约 4mm，宽 2mm，被短柔毛；花柱长约 7mm，在基部疏被短柔毛。蒴果长约 7mm，无毛。花期 5～6 月，果期 6～7 月。

产云南（富宁）。生于海拔约 1400m 的石灰岩山地岩石上。模式标本采自云南富宁。

1. 植株群落
2. 花序

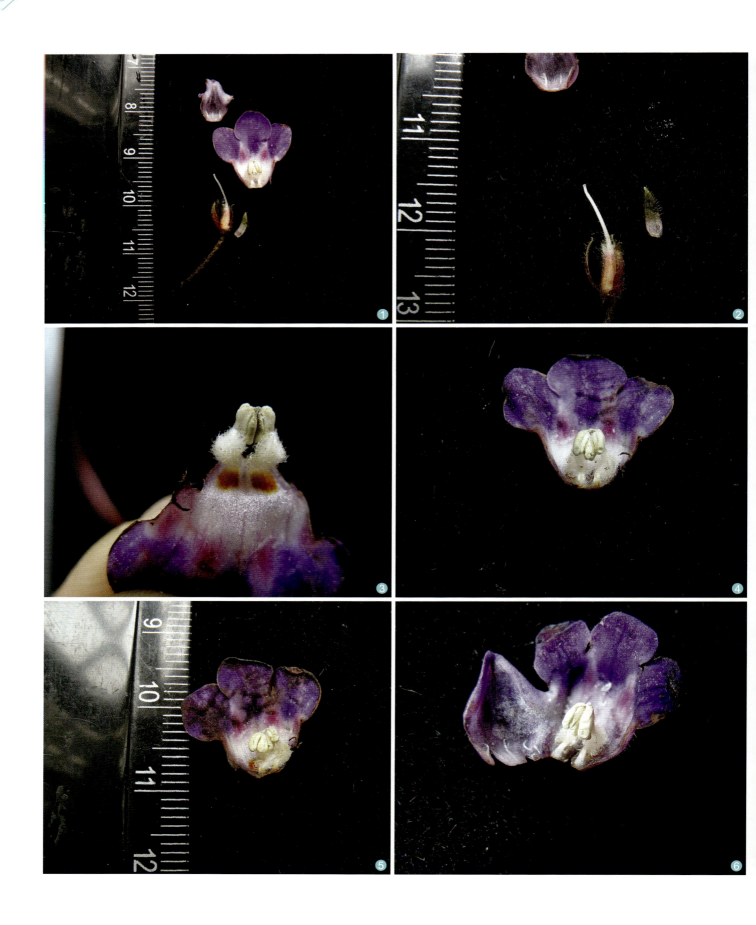

1. 花解剖　　　2. 花萼和雌蕊　　　3. 花冠筒内部和雄蕊
4. 花冠下唇内部　　5. 花冠下唇内部　　6. 雄蕊和退化雄蕊

24 滇黔石蝴蝶

Petrocosmea martinii Lévl. in Repert. Sp. Nov. 9：329. 1911；Craib in Not. Bot. Gard. Edinb. 11：275. 1919；Lauener et Burtt in l. c. 38（3）：427. 1980；H. W. Li in Bull. Bot. Res. 3（2）：20. 1983. W. T. Wang in Acta Bot. Yunnan. 7（1）：61. 1985 et Fl. Reip. Pop. Sin. 69：318. 1990；W. T. Wang *et al.* in Z. Y. Wu et Raven，Fl. China 18：307. 1998.——*Vaniotia martinii* Lévl. in Bull. Acad. Géogr. Bot. 12：166. 1903.

多年生草本。叶 8～15，基生，具长柄；叶片草质，圆卵形或卵形，长 0.7～5cm，宽 0.5～4cm，先端圆形或钝，基部浅心形或圆形，有时盾形，边缘有浅圆齿，上面被稍密短柔毛，下面密被白色短毛，侧脉每侧 3～4 条，不明显；叶柄长 0.5～5cm，与花序梗及花梗被短柔毛。花序 1～10，每花序具 1～5 花；花序梗长 3～10cm；苞片线形，长 1～2mm，被短柔毛；花梗长 0.3～2.5cm。花萼 5 裂达基部，裂片狭披针形，长 2.5～3mm，宽 0.8～1.5mm，外面被短柔毛，内面无毛。花冠蓝紫色，外面被短柔毛，内面无毛；筒长约 3mm；上唇长约 3mm，2 浅裂，裂

片向后翻卷；下唇长约 6.5mm，3 裂达基部，裂片宽卵形。雄蕊 2，长约 4.2mm；花丝着生于近花冠基部处，膝状弯曲，中部稍膨大，长 2～3mm，密被短腺毛；花药卵形，长约 2mm，背面被稀疏短毛；退化雄蕊 3，着生于花冠基部，狭线形，长约 1mm，无毛。雌蕊长 6～8mm；子房长 2～3mm，被短柔毛；花柱长约 5mm，无毛。蒴果长 5～7mm。花期 9 月，果期 10 月。

产云南（砚山、麻栗坡、富宁）及贵州（平坝、龙里、清镇、荔波）。生于海拔 1000～1250m 的山谷崖壁上。模式标本采自贵州平坝。

1. 植株群落　2. 植株群落　3. 植株群落
4. 植株群落　5. 植株群落

1. 植株群落　　2. 植株群落　　3. 植株群落　　4. 植株群落
5. 花序　　6. 花－正面观　　7. 花－侧面观

1. 花－正面观　　2. 花型对比　　3. 花－正面观
4. 花萼和雌蕊　　5. 花解剖　　6. 花解剖

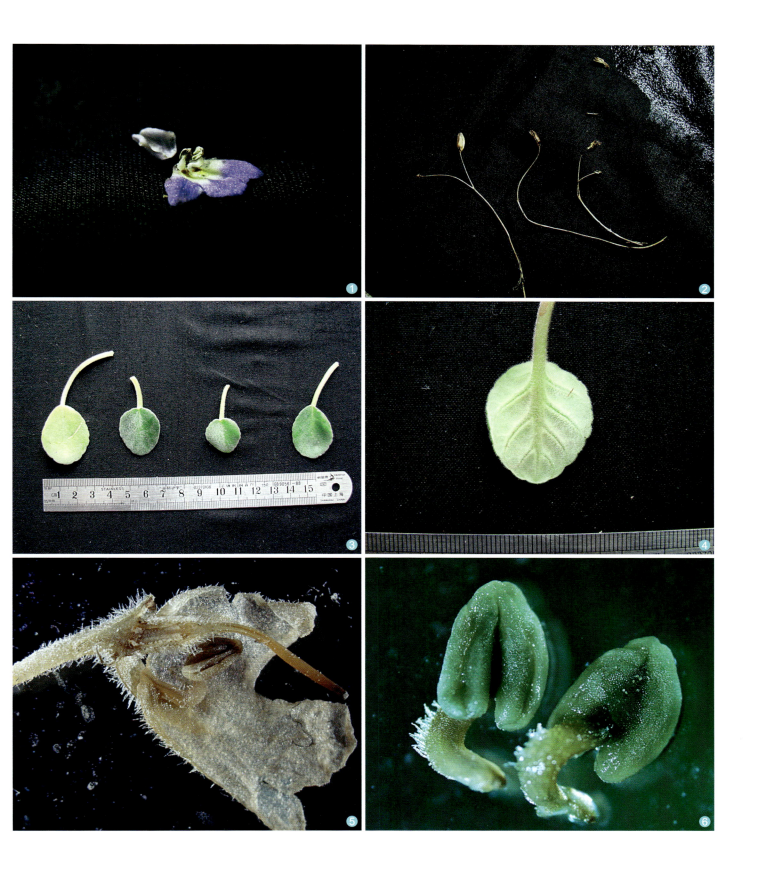

1. 花解剖　　2. 果实　　3. 叶片正面
4. 叶片背面　　5. 子房纵切面　　6. 雄蕊

1. 雌蕊被毛　　2. 花丝被毛　　3. 叶柄被毛
4. 叶片正面被毛　　5. 叶片正面被毛　　6. 叶片背面被毛

1. 花解剖　　2. 果实　　3. 叶片正面
4. 叶片背面　　5. 子房纵切面　　6. 雄蕊

1. 雌蕊被毛　　2. 花丝被毛　　3. 叶柄被毛
4. 叶片正面被毛　5. 叶片正面被毛　6. 叶片背面被毛

25　丝毛石蝴蝶

Petrocosmea sericea C. Y. Wu ex H. W. Li in Bull. Bot. Res. 3（2）：21，photo. 11. 1983. W. T. Wang in Acta Bot. Yunnan. 7（1）：62. 1985 et Fl. Reip. Pop. Sin. 69：319. 1990；W. T. Wang *et al.* in Z. Y. Wu et Raven，Fl. China 18：307. 1998.

多年生草本。根状茎粗短。叶 10～20，基生，外方叶具长柄；叶片草质，狭椭圆形或长卵形，长 1.5～6.5cm，宽 0.5～4.5cm，先端急尖，基部楔形或宽楔形，稍偏斜，边缘近全缘或有不明显浅波状小齿，两面被绢状贴伏短柔毛，侧脉每侧 4～7 条；叶柄长 1～4cm，密被贴伏短柔毛。花序 1～10，每花序具 1～8 花；花序梗长 5.5～7cm，与花梗密被贴伏短柔毛；苞片线形，长 3～6mm，宽不及 1mm，密被短柔毛；花梗长 0.4～3cm。花萼 5 裂达基部，裂片线形，长 5.5～6mm，宽约 1mm，先端急尖，外面密被短柔毛，内面无毛。花冠蓝紫色，长约 1.2cm，外面疏被短柔毛，内面无毛；筒长约 5mm；上唇长约 5mm，不明显 2 浅裂，裂片长约 0.5mm，向后翻卷；下唇长约 8mm，3 深裂，裂片卵状长圆形。雄蕊 2；花丝膝状弯曲，中部膨大，被贴伏短柔毛，长约 2.5mm；花药长约 2.5mm，无毛，基部叉开。雌蕊长约 11mm；子房狭卵球形，长约 4mm，被贴伏短伏毛；花柱长约 7mm，基部疏被短柔毛。蒴果长圆形，长 0.9～1.2cm，被短柔毛。种子椭圆形，长约 0.5mm。花期 10 月，果期 11 月。

产云南（屏边、西畴、麻栗坡、广南）。生于海拔 1000～1700m 的石灰岩山谷林下岩缝。模式标本采自云南屏边。

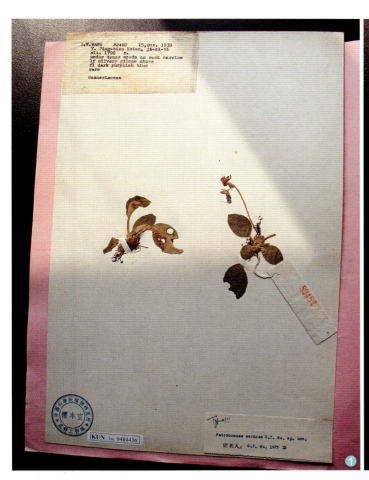

1. 模式标本　　2. 模式标本

1. 植株群落　　2. 植株群落

1. 野外生境 2. 植株群落 3. 植株群落
4. 植株群落 5. 植株

1. 花序 　　　　2. 植株 　　　　3. 植株
4. 花 – 正面观 　5. 花 – 正面观 　6. 花 – 正面观

1. 花－正面观　　2. 花－正面观　　3. 花－侧面观
4. 变异花　　　　5. 变异花　　　　6. 花－侧面观

1. 花序　　2. 花解剖　　3. 花解剖
4. 花解剖　　5. 花冠下唇　　6. 雄蕊

1. 花解剖　　　2. 雄蕊　　　3. 雌蕊　　　4. 叶片正面　　　5. 叶片正面
6. 叶柄被毛　　7. 叶柄被毛　　8. 叶片正面被毛　　9. 叶片背面被毛　　10. 叶片背面被毛

26 砚山石蝴蝶

Petrocosmea yanshanensis Z. J. Qiu & Y. Z. Wang in Journal of Systematics and Evolution 49（5）：449-463.

多年生草本。根状茎粗短。叶 8～20，基生，外方叶具长柄；叶片草质，椭圆形、菱形或倒卵形，长 0.5～2cm，宽 0.5～1.5cm，先端钝，基部楔形、圆形或截形，边缘近全缘或有不明显浅波状小齿，两面密被白色长柔毛，侧脉每侧 3～4 条；叶柄长 0.5～3cm，被开展白色长柔毛。花序 2～10，每花序具 1 花；花序梗长 2～8cm，与花梗被开展柔毛和短腺毛；在中部之上有 2 苞片，宽披针形，其中一个较大，长约 6mm，宽约 2.5mm，另一个较小，长约 3mm，宽约 1.2mm，被白色柔毛；花梗长 2～3cm。花萼 5 裂达基部，裂片披针形，长约 5mm，宽 1～2mm，先端急尖，外面被短柔毛，内面无毛。花冠蓝紫色，外面被短柔毛和腺毛，内面无毛；筒长 4～5mm；上唇长约 7mm，2 浅裂，裂片半圆形，下唇长约 10mm，3 裂达基部，裂片长圆形。雄蕊 2；花丝中部膨大，长约 2.5mm，淡红色，密被白色短柔毛；两花药基部聚合在一起，顶部分开；花药三角形，长约 2.5mm，先端钝，顶端汇合，向外弯曲，基部不叉开，背部被红褐色短腺毛，药隔被红褐色极短腺毛；退化雄蕊 3，线形，中央的长约 0.2mm，两侧的长约 0.5mm，无毛。雌蕊长约 4.5mm；子房卵球形，长约 1.5mm，密被长柔毛和短腺毛；花柱长约 3mm，基部疏被短腺毛；柱头小，球形，呈红褐色。蒴果长圆形，长 0.5～1cm，被短柔毛。花果期 10～11 月。

产云南（砚山）。生于海拔 1500～1600m 的石灰岩山谷林下岩缝。模式标本采自云南砚山。

1. 植株群落

1. 花 – 正面观　　2. 花 – 正面观　　3. 花 – 正面观
4. 花 – 正面观　　5. 花型对比　　6. 花 – 正面观

1. 花解剖－内面   2. 花解剖－外面   3. 花冠下唇内面   4. 花冠上唇内面
5. 花冠下唇外面   6. 花冠上唇外面   7. 雌蕊   8. 雄蕊

1. 雄蕊　　2. 雄蕊　　3. 雄蕊被毛　　4. 雄蕊被毛
5. 苞片　　6. 苞片　　7. 叶片正面　　8. 叶片正背面

1. 花梗被毛　　　2. 花丝被毛　　　3. 叶柄被毛
4. 叶片正面被毛　5. 叶片正面和叶缘被毛　6. 叶片背面被毛

1. 雄蕊　　2. 雄蕊　　3. 雄蕊和退化雄蕊
4. 花柱基部　5. 花柱顶部　6. 花药药隔

27 大花石蝴蝶

Petrocosmea grandiflora Hemsl. in Kew Bull. 1895：115. 1895 et in Hook. Icon. Pl. 25：pl. 2410. 1895；Craib in Not. Bot. Gard. Edinb. 11：270. 1919；W. T. Wang，Ic. Cormophyt. Sin. 4：142，fig. 5697. 1975 et in Acta Bot. Yunnan. 7（1）：56. 1985 et Fl. Reip. Pop. Sin. 69：311. 1990；W. T. Wang *et al.* in Z. Y. Wu et Raven，Fl. China 18：305. 1998.

多年生草本。叶多数，基生，外部叶具长柄，内部叶小，具短柄或近无柄；叶片干时纸质，椭圆形、披针形、卵形或宽卵形，长 1.2 ～ 6.5cm，宽 0.8 ～ 5cm，先端急尖或钝，基部楔形、心形、圆形或截形，有时盾状，边缘具浅钝齿，两面被绢状柔毛，沿背脉具硬毛，侧脉每侧 4 ～ 6 条；叶柄长达 0.2 ～ 8.5cm，被柔毛。花序 1 ～ 10，每花序具 1 ～ 3 花；花序梗长 2.5 ～ 8cm，被柔毛；苞片 2，小，线形，长约 5mm；花梗长 1 ～ 1.4cm。花萼 5 裂达基部，裂片稍不等大，披针形，长约 6mm，宽约 1.1mm，外面有短柔毛。花冠蓝色，外面被短柔毛，内面无毛；筒长约 6mm；上唇长 0.9 ～ 1.2cm，2 浅裂，下唇长 1.3 ～ 1.5cm，3 深裂，裂片狭卵形。雄蕊 2；花丝着生于近花冠基部处，长约 4mm，有短柔毛；花药长圆形，长约 2mm，2 药室顶端不汇合；退化雄蕊 3，小。雌蕊长 9 ～ 10mm；子房长约 2mm，和花柱基部均被短柔毛；花柱长 7 ～ 8mm。花期 5 月。

产云南（蒙自，麻栗坡）。生于海拔 1800 ～ 2100m 的山地石灰岩上及山洞岩壁上。模式标本采自云南蒙自。

1. 模式标本　　2. 模式标本 - 花

1. 模式标本－植株　　2. 模式标本－花　　3. 模式标本－植株　　4. 模式标本－花
5. 模式标本－花解剖　　6. 植株群落　　　7. 植株群落

1. 植株群落　　2. 植株群落
3. 植株群落　　4. 植株群落

1. 植株群落　　2. 植株群落　　3. 植株群落
4. 花－侧面观　5. 花－正面观　6. 花－正面观

髯毛石蝴蝶组
sect. **Barbatae** Zhi J. Qiu

Anthers not constricted near apex. Adaxial corolla lip about 1× shorter than abaxial. Two yellow spots at the base of abaxial lip.

花药不缢缩。花冠上唇比下唇短约 1 倍，下唇基部有两个鲜黄色斑点。

共 8 种，全部产于中国，分布于云南、贵州和重庆。

 28 光喉石蝴蝶

Petrocosmea glabristoma Z. J. Qiu & Y. Z. Wang in Plant Diverdity and Resources. 2015, 37（5）: 551-556.

多年生草本。叶 10 ～ 30，基生，外部的具长柄，内部的具短柄或近无柄；叶片草质，近三角形，三角状卵形，长 0.5 ～ 3.5cm，宽 0.5 ～ 3cm，先端钝，基部浅心形、楔形、圆形或截形，边缘全缘，两面皆密被白色短柔毛，侧脉每侧约 3 条，不明显；叶柄细圆，长 0.5 ～ 6cm，被开展的白色长柔毛。花序 3 ～ 10，每花序具 1 ～ 3 花；花序梗长 5 ～ 15cm，被开展的白色开展长柔毛和腺毛，在中部有 2 苞片，披针形，长 0.5 ～ 1.2mm，被白色柔毛；花梗长 2 ～ 5mm，被白色开展长柔毛。花萼 5 裂达基部，裂片披针形，长约 5mm，宽 1 ～ 2mm，先端尖，外面被白色短柔毛，内面无毛。花冠淡蓝色，外面被白色短柔毛，内面无毛；筒长约 3mm，在下唇基部有 2 个黄色斑点；上唇长约 5.5mm，2 裂至基部，裂片卵形，先端圆形；下唇长约 10mm，3 裂至中部，裂片长圆形，先端圆形。雄蕊 2，长约 3.5mm，无毛；花丝着生于花冠近基部处，长约 1.5mm，无毛；花药斜卵形，长约 2mm，宽 1.5mm，顶端汇合，基部不叉开；退化雄蕊 3，着生于花冠近基部处，中央的长约 0.2mm，两侧的长约 0.5mm，无毛。雌蕊长约 9mm；子房卵球形，长约 2mm，密被白色长柔毛和短腺毛；花柱长约 7mm，基部疏被短腺毛。蒴果长圆形，长 5 ～ 8mm，变无毛。花果期 9 ～ 10 月。

产云南（西双版纳，景谷）。生于海拔 800 ～ 900m 的山地岩石上。模式标本采自云南景谷。

1. 野外生境　　2. 植株群落
3. 植株群落　　4. 植株群落

1. 植株群落　　2. 花序　　3. 花序

1. 花－侧面观　　2. 植株群落　　　3. 花序　　　　4. 花－正面观
5. 花－侧面观　　6. 花解剖－内面　　7. 花解剖－外面　　8. 花萼和雌蕊

1. 雌蕊　　　2. 雄蕊和退化雄蕊　　3. 雄蕊　　　4. 叶片正面　　　5. 叶片背面　　　6. 叶柄被毛
7. 叶柄被毛　　8. 叶片正面被毛　　9. 叶片正面被毛　　10. 叶片背面被毛　　11. 叶片背面被毛

29 大理石蝴蝶

Petrocosmea forrestii Craib in Not. Bot. Gard. Edinb. 11：273. 1919；W. T. Wang in Acta Bot. Yunnan. 7（1）：57. 1985 et Fl. Reip. Pop. Sin. 69：314. 1990；W. T. Wang *et al.* in Z. Y. Wu et Raven，Fl. China 18：305. 1998.

多年生草本。叶 15 ～ 60，基生，外部的具长柄，内部的具短柄或近无柄；叶片草质，菱状椭圆形、菱状宽椭圆形或近圆形，长 0.5 ～ 4cm，宽 0.4 ～ 3cm，先端微钝、钝或圆形，基部宽楔形，边缘有不明显浅波状小齿或全缘，两面密或疏被绢状柔毛，侧脉每侧约 3 条，不明显；外部叶的叶柄长达 1.5 ～ 6cm，被开展的白色柔毛。花序 6 ～ 18；花序梗长 4 ～ 7cm，疏被开展的白色短柔毛，在中部之上有 2 苞片，顶生 1 花；苞片线形，长约 2mm，被短柔毛；花梗长 1 ～ 2cm。花萼钟状，5 裂达基部，裂片披针形，长 3 ～ 4mm，宽 0.7 ～ 1mm，外面被短柔毛。花冠蓝紫色，外面疏被短柔毛，内面在上唇中部密被白色短柔毛；筒长 3.5 ～ 4mm，内面被短柔毛，内面在下唇基部有两个鲜黄色斑点，在退化雄蕊着生处有 3 个黄色小斑点；上唇长 3.5 ～ 5mm，2 裂超过中部，下唇长 7 ～ 10mm，3 裂近中部，裂片宽卵形，先端圆形。雄蕊 2，长约 3.5mm，无毛；花丝着生于距花冠基部 0.3mm 处，长 1.5 ～ 2mm；花药长圆形，长 1 ～ 2mm；退化雄蕊 3，着生于距花冠基部 0.5mm 处，长 0.2 ～ 0.5mm，无毛。雌蕊长 5 ～ 7.5mm；子房长 2 ～ 3mm，上部密被白色开展柔毛；花柱长约 4mm，中部以下疏被短柔毛；柱头小。蒴果椭圆形，长 4 ～ 5mm，变无毛。花期 7 ～ 8 月，果期 9 ～ 10 月。

产云南（大理，景东、巧家、禄劝、武定）。生于海拔 1200 ～ 2000m 的山地石上。模式标本采自云南大理。

1. 模式标本
2. 模式标本 – 花解剖

1. 野外生境　　2. 植株群落　　3. 植株群落
4. 植株群落　　5. 植株群落

1. 植株群落　　2. 植株群落　　3. 植株群落
4. 植株群落　　5. 植株群落

1. 植株群落　2. 植株群落　3. 花－侧面观　4. 植株群落
5. 植株群落　6. 花解剖　7. 植株群落

1. 植株群落　　2. 植株群落　　3. 花－正面观
4. 花解剖　　5. 花－正面观　　6. 花－正面观

1. 花解剖－内面　　2. 花萼　　　　3. 花冠上、下唇－内面　　4. 花冠上、下唇－外面
5. 雌蕊　　　　　　6. 雄蕊和退化雄蕊　　7. 花冠上唇内面被毛

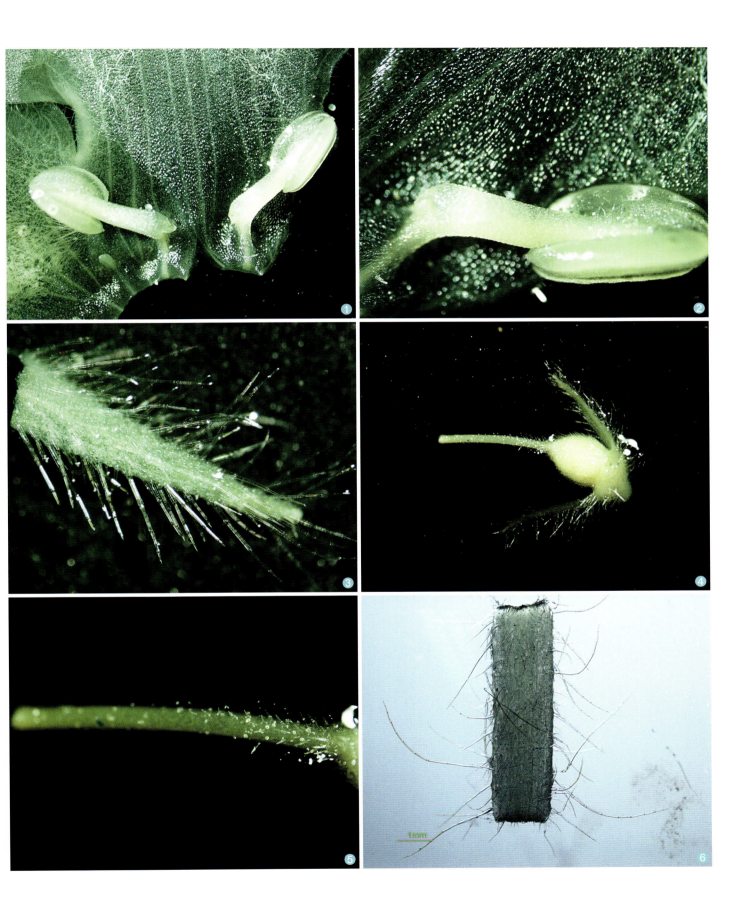

1. 雄蕊　2. 雄蕊　3. 花萼
4. 雌蕊　5. 花柱　6. 叶柄被毛

1. 叶柄被毛　　2. 叶片正面被毛　　3. 叶片正面被毛

4. 叶片正面被毛　　5. 叶片背面被毛　　6. 叶片背面被毛

1. 植株群落　2. 植株群落　3. 花－正面观
4. 花解剖　5. 花－正面观　6. 花－正面观

1. 花解剖 – 内面   2. 花萼   3. 花冠上、下唇 – 内面   4. 花冠上、下唇 – 外面
5. 雌蕊   6. 雄蕊和退化雄蕊   7. 花冠上唇内面被毛

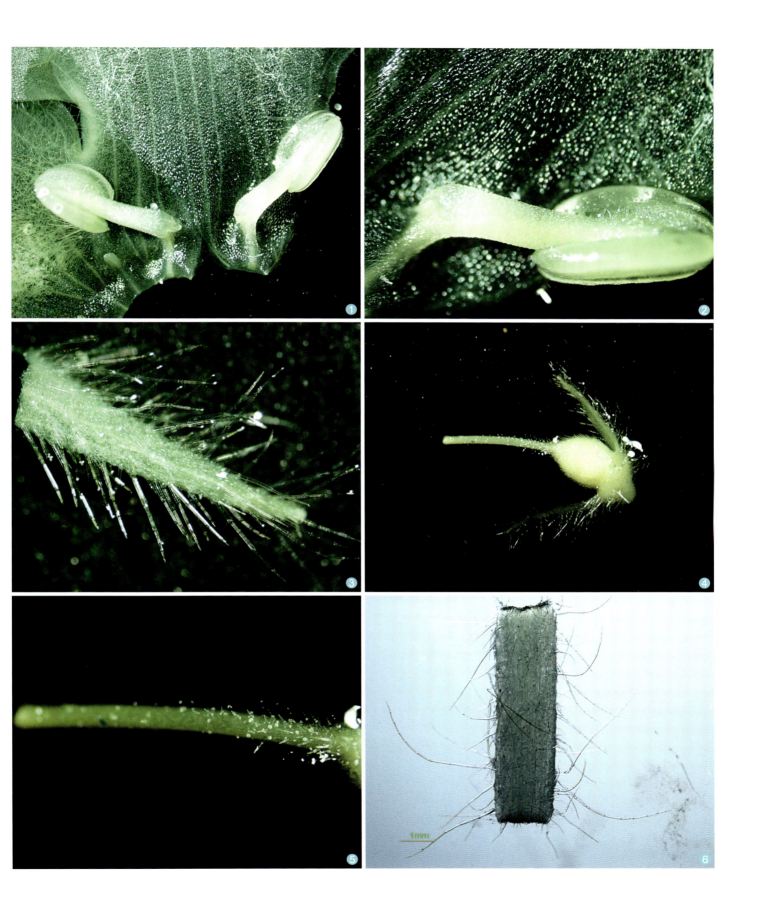

1. 雄蕊　　2. 雄蕊　　3. 花萼
4. 雌蕊　　5. 花柱　　6. 叶柄被毛

1. 叶柄被毛　　2. 叶片正面被毛　　3. 叶片正面被毛
4. 叶片正面被毛　　5. 叶片背面被毛　　6. 叶片背面被毛

30　东川石蝴蝶

Petrocosmea mairei Lévl. in Bull. Acad. Géogr. Bot. 12：166. 1903；Craib in Not. Bot. Gard. Edinb. 11：274. 1919；W. T. Wang in Acta Bot. Yunnan. 7（1）：57. 1985 et Fl. Reip. Pop. Sin. 69：313. 1990；W. T. Wang *et al.* in Z. Y. Wu et Raven，Fl. China 18：305. 1998.

多年生草本。叶 7～20，基生，具长和短柄；叶片纸质，卵形、椭圆形，少数宽卵形或近圆形，长 0.5～2.5cm，宽 0.5～2cm，先端钝，稀微尖或圆形，基部稍偏斜，浅心形或圆形，边缘下部全缘，上部有不规则浅牙齿，上面有稍长的白色柔毛，下面密被白色短柔毛，侧脉每侧 2～3 条，不明显；叶柄长 0.3～5cm，与花序梗均稍密被开展的柔毛。花序 1～8，每花序具 1 花；花序梗长 2.6～7cm，在中部有苞片，苞片小，线形，长约 0.8mm；花梗长约 6mm。花萼 5 裂达基部，裂片披针状线形，长 2.5～3mm，宽 0.5～1.5mm，外面被短柔毛，内面无毛。花冠淡蓝色，外面被短柔毛，裂片内面被短柔毛；筒长 3～4mm；上唇长约 5mm，2 裂近基部，裂片狭卵形，先端具浅缺刻；下唇长约 7mm，3 深裂，裂片倒卵形，先端圆形或偶有缺刻。雄蕊 2；花丝直，着生于花冠近基部处，长 1.5～2mm，无毛；花药近圆形，长约 1.3mm，顶端钝，2 药室顶端不汇合。雌蕊长 5.2～6.5mm；子房宽卵形，长 1.5～2mm，被短柔毛；花柱长约 5mm，近基部疏被短柔毛。蒴果长 4～6mm。花期 5～6 月，果期 7～8 月。

产云南（会泽）及四川（峨边）。生于海拔约 2600m 的山地石上。模式标本采自云南会泽。

1. 模式标本　　2. 模式标本－花解剖　　3. 植株

1. 花冠下唇内面　　2. 花冠上唇内面　　3. 花冠上、下唇外面
4. 花萼　　　　　　5. 雌蕊　　　　　　6. 花冠下唇内面

1 叶片　　　2. 叶片　　　3. 叶片
4 花－侧面观　5. 花－侧面观　6. 花－正面观

1. 花萼被毛　　2. 花梗被毛　　3. 花梗被毛　　4. 花柱基部被毛
5. 花柱顶部被毛　　6. 花冠内部被毛　　7. 花冠背部被毛　　8. 叶柄被毛

1. 叶片正面被毛　　2. 叶片正面被毛　　3. 叶片正面被毛
4. 叶片正面被毛　　5. 叶片背面被毛　　6. 叶片背面被毛

31 南川石蝴蝶

Petrocosmea nanchuanensis Z. Y. Liu, Z. Yu Li & Zhi J. Qiu sp. nov.

多年生草本。叶8～30，基生，外部的具长柄，内部的具短柄或近无柄；叶片草质，圆卵形、宽卵形、心形或圆形，长0.5～2cm，宽0.5～2.2cm，先端圆形，基部心形，边缘浅波状，两面密被贴伏短柔毛，侧脉每侧约3条，不明显；叶柄长0.5～6cm，被开展的白色柔毛。花序5～15，每花序有1～3花；花序梗长3～10cm，密被开展的白色短柔毛，在中部之上有2苞片，线形，长约1.2mm，被短柔毛；花梗长1～5cm，密被开展柔毛。花萼5裂达基部，裂片狭披针形，长4～5mm，宽0.7～1mm，外面被短柔毛，内面无毛。花冠淡紫色，有时白色，外面被短柔毛，内面在上唇和下唇被短柔毛，在筒内面密被短柔毛；筒长约3mm；上唇长3.4～4mm，2裂达基部，下唇长7～8mm，3深裂，

裂片椭圆形，先端圆形。雄蕊2，长约2.2mm，无毛；花丝着生于距花冠基部1mm处，长约1.2mm；花药宽卵形，长约1mm；退化雄蕊3，着生于距花冠基部0.4mm处，长0.3～0.6mm，无毛。雌蕊长约4.5mm；子房长约1.5mm，卵球形，上下不均匀发育，致使子房向上倾斜，密被白色柔毛；花柱长约3mm，在中部之下密被长柔毛。蒴果椭圆形，长4～5mm，变无毛。花期9～11月，果期11～12月。

该种全草可入药，药材名为小石藤，有清热解表、止咳止血功效，可治疗感冒咳嗽和咯血等。

产重庆（南川）。生于海拔约700m的山溪边阴湿岩石上。模式标本采自重庆南川。

1. 野外生境

1. 植株群落　　2. 植株群落　　3. 植株群落
4. 植株群落　　5. 植株　　　　6. 根系

1. 花序　　　2. 花 - 正面观　　　3. 花 - 正面观
4. 花 - 正面观　　　5. 叶片正面　　　6. 叶片背面

1. 花萼和雌蕊　　2. 花解剖－内面　　3. 花解剖－下唇内面　　4. 花解剖－上唇内面
5. 雌蕊被毛　　6. 雄蕊背面　　7. 雄蕊正面　　8. 雄蕊

1. 叶柄被毛　　2. 叶片正面被毛　　3. 叶片正面被毛

4. 叶片正面被毛　　5. 叶片背面被毛　　6. 叶片背面被毛

32 髯毛石蝴蝶

Petrocosmea barbata Craib in Not. Bot. Gard. Edinb. 11：273. 1919；W. T. Wang in Acta Bot. Yunnan. 7（1）：58. 1985 et Fl. Reip. Pop. Sin. 69：315. 1990；W. T. Wang *et al.* in Z. Y. Wu et Raven，Fl. China 18：30. 1998.

多年生草本。根状茎短。叶 10 ～ 20，基生，具长柄；叶片草质、卵形、宽卵形或近圆形，长 0.6 ～ 4cm，宽 0.5 ～ 4cm，先端钝或圆形，基部心形、浅心形、近截形或宽楔形，边缘有浅圆齿，上面疏被贴伏短柔毛，下面稍密被白色短柔毛，侧脉每侧约 3 条，不明显；叶柄长 1.4 ～ 6cm，被开展的白色柔毛。花序 1 ～ 10，每花序具 1 ～ 4 花；花序梗长 6 ～ 9cm，疏被短柔毛；苞片线形，长约 2mm，被柔毛；花梗长 1 ～ 3cm，被短柔毛。花萼 5 裂达基部，裂片披针状线形或狭披针形，长 2 ～ 3.5mm，宽 0.5 ～ 1mm，外面被短柔毛，内面无毛。花冠淡紫色，外面被白色极短柔毛，内面在上唇中部和筒上部密被白色短柔毛；筒长约 2.8mm；上唇长约 4mm，2 裂至近中部，裂片圆卵形，下唇长 8 ～ 9mm，3 裂至近中部，中部裂片近菱形，侧裂片宽卵形，先端圆形。雄蕊 2，无毛；花丝着生于距花冠基部 0.5mm 处，长约 2mm，花药圆卵形，长约 1.2mm；退化雄蕊 3，长 0.2 ～ 0.4mm，无毛。雌蕊长约 7mm；子房长约 2mm，密被贴伏短柔毛；花柱长约 5mm，下部密被长约 1.2mm 的柔毛；柱头小，头状。蒴果长 4 ～ 6mm。花期 10 月，果期 10 ～ 11 月。

产云南（昆明，石林、嵩明、雷民、江川、峨山）。生于海拔 1800 ～ 2100m 的山地岩石上。模式标本采自云南昆明。

1. 模式标本　　2. 野外生境　　3. 植株群落

1. 植株群落　　2. 植株群落　　3. 花 – 正面观
4. 花 – 正面观　　5. 花 – 正面观　　6. 花 – 正面观

1. 花 – 正面观　　2. 植株群落　　3. 花 – 正面观
4. 花冠筒内部　　5. 花柱被毛

1. 雄蕊　2. 花柱被毛　3. 花柱被毛
4. 雄蕊　5. 子房被毛　6. 花萼

33 长梗石蝴蝶

Petrocosmea longipedicellata W. T. Wang in Acta Bot. Yunnan. 7（1）：58. 1985 et Fl. Reip. Pop. Sin. 69：315. 1990；W. Y. Wang *et al.* in Z. Y. Wu et Raven，Fl. China 18：306. 1998.

多年生小草本。叶 10 ～ 25，基生，外方叶具较长柄；叶片草质，圆卵形、近圆形、正三角状卵形或正三角形，长 0.6 ～ 3cm，宽 0.6 ～ 3cm，先端圆形，基部心状截形或截形，边缘浅波状，两面稍密被短柔毛，侧脉每侧 2 ～ 3 条，不明显；叶柄长达 1.4 ～ 4cm，疏被短柔毛。花序 2 ～ 15，每花序具 1 ～ 3 花；花序梗长达 7 ～ 12cm，被白色开展的短柔毛；苞片线形，长 1.5 ～ 2mm，被短柔毛；花梗长 2 ～ 4cm，被短柔毛。花萼 5 裂达基部，裂片披针形，长 2 ～ 4mm，宽 0.5 ～ 0.8mm，先端急尖，外面被短柔毛，内面无毛。花冠淡蓝色，外面疏被短柔毛，内面在上面有短柔毛，在下唇有稀疏短柔毛；筒长 2mm；上唇长约 4.5mm，2 裂超过中部，裂片卵形，先端圆形，下唇长约 9mm，3 裂近中部，中裂片倒卵状长圆形，侧裂片卵形，先端圆形。雄蕊 2；花丝着生于花冠近基部处，被短毛，长约 2mm；花药正三角形，长约 1.5mm，顶端不汇合；退化雄蕊 3，着生于距花冠基部 0.3 ～ 0.4mm 处，长约 0.5mm，无毛。雌蕊长约 8mm；子房卵球形，长约 2mm，上部被开展的长约 1mm 的柔毛；花柱除顶部外被开展白色柔毛。蒴果椭圆球形，长约 5mm，疏被柔毛。种子暗紫色，狭椭圆形，长约 0.3mm。花期 9 ～ 10 月，果期 10 月。

产云南（绥江）。生于海拔约 1100m 的山地林下石上。模式标本采自云南绥江。

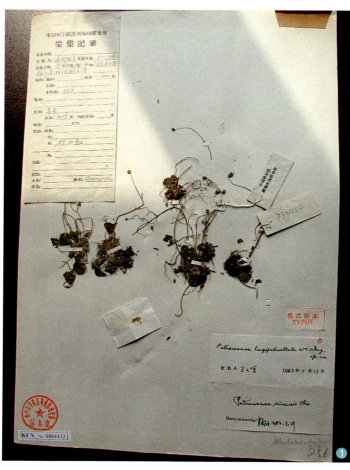

1. 模式标本　　2. 模式标本

1. 模式标本－花解剖　　2. 野外生境　　3. 野外生境
4. 植株群落　　　　　　5. 植株群落

1. 模式标本－花解剖　　2. 野外生境　　3. 野外生境
4. 植株群落　　　　　　5. 植株群落

1. 植株群落
2. 植株群落
3. 植株群落
4. 植株群落
5. 植株群落

1. 花－正面观　　2. 花－正面观　　3. 花－侧面观　　4. 花－侧面观
5. 花－正面观　　6. 花萼和雌蕊　　7. 花解剖－内面

1. 花解剖－下唇内面　　2. 花解剖－下唇外面　　3. 花解剖－雄蕊
4. 花梗被毛　　　　　　5. 叶柄被毛　　　　　　6. 叶柄被毛

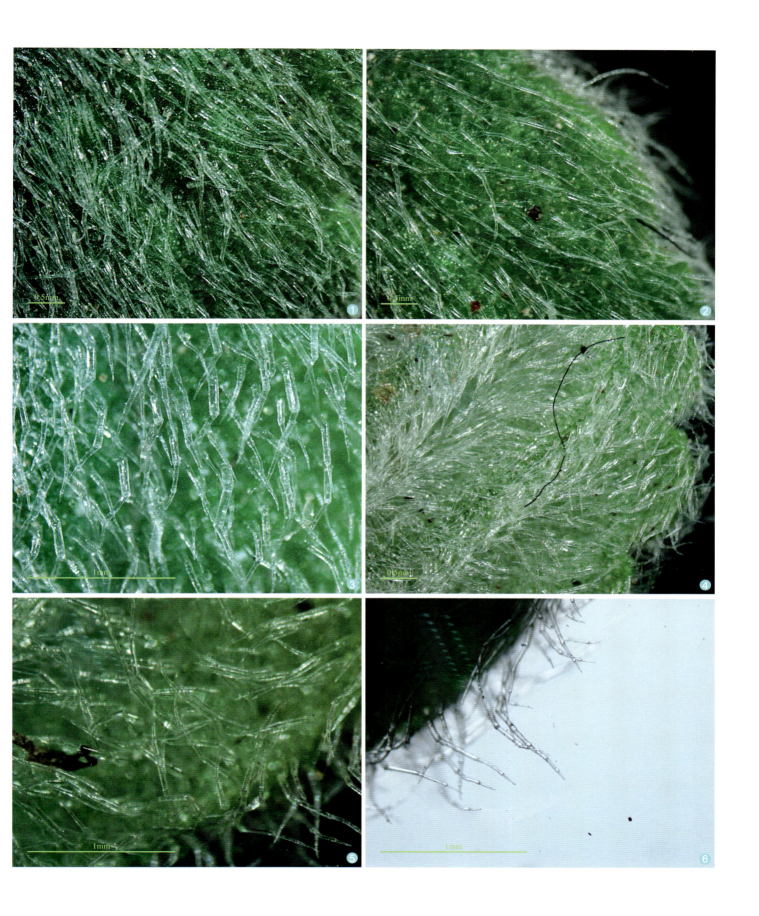

1. 叶片正面被毛　　2. 叶片正面被毛　　3. 叶片正面被毛
4. 叶片背面被毛　　5. 叶片背面被毛　　6. 叶片背面被毛

34 贵州石蝴蝶

Petrocosmea cavaleriei Lévl. in Repert. Sp. Nov. 9：329. 1911；Craib in Not. Bot. Gard. Edinb. 11：273. 1919；W. T. Wang in Acta Bot. Yunnan. 7（1）：59. 1985 et Fl. Reip. Pop. Sin. 69：316，tab. 82：4. 1990；W. T. Wang *et al.* in Z. Y. Wu et Raven，Fl. China 18：306. 1998.

多年生草本。叶 10～15，基生，具细长柄；叶片草质，正三角状卵形、圆卵形或宽卵形，长 0.6～2cm，宽 0.7～2.2cm，先端钝或圆形，基部浅心形或心状截形，边缘有波状浅钝齿，上面被贴伏短柔毛，下面有较密的毛，侧脉每侧约 3 条，不明显；叶柄细，长 1～4cm，与花序梗均被白色短柔毛。花序 3～8，每花序具 1 花；花序梗长 3.5～7cm，在中部之上有 2 苞片；苞片线形，长约 2mm；花梗长 1.2～1.5cm。花萼 5 裂达基部，裂片狭披针形，长 1.8～3mm，宽 0.3～0.6mm，外面被短柔毛。花冠淡紫色，外面下部和内面上唇被短柔毛；筒长 2～3mm；

上唇长 2～4mm，2 裂达中部，下唇比上唇长约 1 倍，长 5～8mm，3 深裂，裂片长圆形，先端圆形。雄蕊 2；花丝直，无毛，着生于花冠近基部处，长约 1mm，疏被短毛；花药扁圆形，长 0.5～0.6mm，宽约 1mm。雌蕊长 4～4.5mm；子房长 1～1.5mm，被开展柔毛；花柱长约 3mm，中部之下被开展的白色长柔毛（毛长约 1mm）。蒴果长约 5mm。花果期 10～11 月。

产贵州（清镇、惠水、兴义，平坝、赫章、罗甸）。生于海拔 1200～2000m 的山地林下石缝中。模式标本采自贵州平坝。

1. 模式标本　　2. 模式标本

1. 植株群落　　2. 植株群落
3. 植株群落　　4. 野外生境

1. 植株群落　　2. 植株群落　　3. 植株群落　　4. 植株群落
5. 植株群落　　6. 植株群落　　7. 花－侧面观

1. 植株群落 2. 植株群落

1. 植株群落　2. 植株群落
3. 植株群落　4. 花－侧面观

1. 花－正面观　2. 花－正面观　3. 花－侧面观　4. 花－侧面观
5. 植株　6. 雄蕊和退化雄蕊　7. 雄蕊和退化雄蕊

1. 雄蕊和退化雄蕊　　2. 雌蕊　　　3. 花解剖 – 内部
4. 叶柄被毛　　　　　5. 叶片背面　　6. 叶片正面

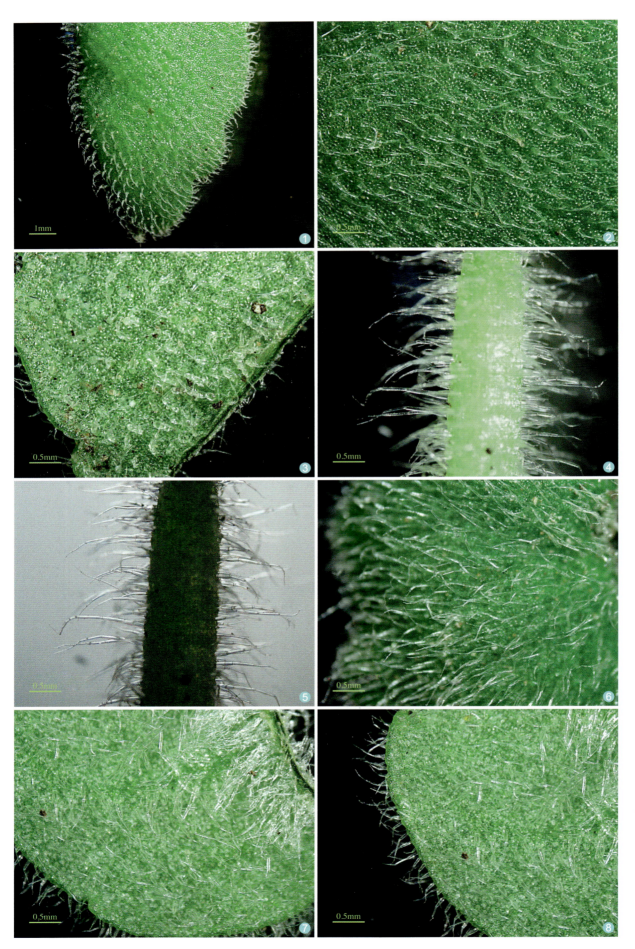

1. 叶片正面被毛
2. 叶片正面被毛
3. 叶片背面被毛
4. 叶柄被毛
5. 叶柄被毛
6. 叶片正面被毛
7. 叶片背面被毛
8. 叶片背面被毛

35 黄斑石蝴蝶

Petrocosmea xanthomaculata G. Q. Gou et X. Y. Wang in Bulletin of Botanical Research 30（4）：394-396. 2010.

多年生草本。叶 20 ～ 40，基生，具长柄；叶片草质，宽卵形、长圆状卵形或圆卵形，长 0.3 ～ 2cm，宽 0.4 ～ 2.5cm，先端钝或圆形，基部心形，边缘浅波状齿，上面密被短柔毛，灰绿色，下面有较密的长柔毛，紫红色，侧脉每侧约 3 条，在下面明显；叶柄细，长 1 ～ 4cm，被白色柔毛。花序 1 ～ 15，每花序具 1 花；花序梗长 3 ～ 7cm，被白色长柔毛；在中部之上有 2 苞片，狭披针形，长约 1mm；花梗长 1 ～ 2cm。花萼 5 裂达基部，裂片狭披针形，长 2 ～ 4mm，宽 0.4 ～ 0.7mm，外面被长柔毛。花冠淡紫色，有时白色，两面被短柔毛，在下唇基部有 2 个鲜黄色斑点；筒长 4 ～ 5mm；上唇长 3 ～ 4mm，2 裂达基部，下唇长 6 ～ 8mm，3 深裂，裂片长圆形，先端圆形。雄蕊 2，无毛；花丝着生于花冠近基部处，长 1.5 ～ 2mm；花药宽卵形，长 0.7 ～ 1mm，宽约 1mm。雌蕊长约 7mm；子房长约 2mm，被长柔毛；花柱长约 5mm，除上部外密被开展的白色长柔毛。蒴果长椭圆形，长约 5mm。种子褐色，椭圆形，长 0.3mm。花期 9 ～ 10 月，果期 10 ～ 11 月。

产贵州（沿河）及重庆（彭水）。生于海拔 760 ～ 1500m 的山地林下石缝中。模式标本采自贵州沿河。

该种与贵州石蝴蝶很相似，在原始描述中，本种花冠为白色，但作者在野外观察时发现本种的花冠为淡紫色，有时白色，与贵州石蝴蝶无法区别。

1. 野外生境
2. 野外生境

1. 野外生境　　2. 野外生境　　3. 植株群落

4. 植株群落　　5. 植株群落　　6. 植株群落

中华石蝴蝶组
sect. **Petrocosmea** Craib

W. T. Wang in Acta Bot. Yunnan. 7（1）：54. 1985 et Fl. Reip. Pop. Sin. 69：307. 1990. —— sect. *Eupetrocosmea* Craib in Not. Bot. Gard. Edinb. 11：269. 1919.

花药不缢缩，花冠上唇与下唇近等长，花萼辐射对称，5裂至基部。

共7种，分布于中国、泰国北部及越南南部。中国有5种，分布于云南、四川、湖北西部及陕西南部。

 显脉石蝴蝶

Petrocosmea nervosa Craib in Not. Bot. Gard. Edinb. 11：272. 1919；Hand. -Mazz. Symb. Sin. 7：876. 1936；Burtt in Curtis's Bot. Mag. 163：tab. 9610. 1940；W. T. Wang in Acta Bot. Yunnan. 7(1)：54. 1985 et Fl. Reip. Pop. Sin. 69：307，tab. 81：1-3. 1990；W. T. Wang *et al.* in Z. Y. Wu et Raven，Fl. China 18：303. 1998.

多年生草本。叶10～25，基生，具长或短柄；叶片草质或薄纸质，宽卵形、菱状宽卵形、宽倒卵形或近圆形，长1～5cm，宽1.2～5.2cm，先端钝或圆形，基部宽楔形、近截形或浅心形，边缘全缘或有波状浅钝齿，上面被贴伏的短和长柔毛，下面被短柔毛，沿叶脉明显，侧脉每侧3～4条，在下面明显；叶柄扁粗，长0.3～8cm，被开展柔毛。花序3～14，每花序具1～4花；花序梗长3～5cm，被短柔毛；苞片线形，长0.8～4mm；花梗长0.6～3.2cm，被短柔毛。花萼5裂达基部；裂片披针状狭线形，长2～4.5mm，宽0.8～2mm，外面被短柔毛。花冠蓝紫色，外面被贴伏短柔毛，内面无毛；筒长约3mm；上唇

长约5mm，2深裂超过中部，下唇和上唇近等长，3裂近基部，所有裂片长圆形，先端圆形。雄蕊2，无毛；花丝直，着生于花冠基部，长0.7～1.2mm；花药卵形，长2～2.8mm；退化雄蕊3，着生于距花冠基部约0.5mm处，两侧的较长，约0.5mm，中央的极短，约0.2mm，无毛。雌蕊长7～10mm；子房长约2mm，疏被短柔毛；花柱长约8mm，下部有疏被极短柔毛。蒴果长5～6.5mm。花期8～9月，果期9～10月。

产云南（洱源、永胜）及四川（会理）。生于海拔1200～3100m的山地林中石上或阴湿处。模式标本采自云南永胜。

203

1. 模式标本　2. 植株群落　3. 花－侧面观
4. 野外生境　5. 植株群落

1. 植株　2. 花 - 正面观　3. 根系
4. 根系　5. 植株群落　6. 植株群落

1. 植株群落　2. 植株群落
3. 野外生境　4. 野外生境

1. 花 – 正面观　　2. 花 – 正面观　　　　3. 花萼　　　4. 花解剖 – 内面
5. 雌蕊　　　　6. 花解剖 – 花冠下唇内面　　7. 叶片正面　　8. 叶片背面

1. 叶柄被毛　　2. 叶片正面被毛　　3. 叶片正面被毛
4. 叶片背面被毛　　5. 叶片背面被毛　　6. 花柱被毛

37 中华石蝴蝶

Petrocosmea sinensis Oliv. in Hook. Icon. Pl. 18：pl. 1716. 1887；Forb. et Hemsl. in Joum. Linn. Soc. Bot. 26：229. 1890；Craib in Not. Bot. Gard. Edinb. 11：272. 1919；Hand.-Mazz. Symb. Sin. 7：876. 1936；W. T. Wang，Ic. Cormophyt. Sin. 4：143，fig. 5699，1975 et in Acta Bot. Yunnan. 7（1）：56. 1985 et Fl. Reip. Pop. Sin. 69：310. 1990；W. T. Wang *et al.* in Z. Y. Wu et Raven，Fl. China 18：304. 1998.

多年生草本。叶 10 ～ 20，基生，常具长柄；叶片草质，宽菱形、宽菱状倒卵形或近圆形，长 1 ～ 3.5cm，宽 0.7 ～ 3cm，先端圆形或钝，基部宽楔形、圆形或截形，边缘全缘或在中部之上有不明显波状浅齿，两面被短柔毛，侧脉每侧 2 ～ 3 条，不明显；叶柄长 0.5 ～ 4.5cm，被短柔毛。花序 4 ～ 10，每花序具 1 ～ 3 花；花序梗长 3 ～ 7.5cm，被开展的短柔毛；苞片生花葶中部稍上处，线形，长 2.5 ～ 4mm；花梗长 1.5 ～ 4cm。花萼 5 裂达基部，辐射对称；裂片狭三角状线形，长约 4mm，宽 1mm，外面疏被短柔毛，内面无毛。花冠蓝色或紫色，外面被短柔毛，内面无毛；筒长 3 ～ 3.5mm；上唇长 6.5 ～ 8mm，2 裂超过中部，下唇长 6.5 ～ 8mm，3 深裂，所有裂片均长圆形，顶端圆形。雄蕊 2，无毛；

花丝着生于花冠基部，长 1 ～ 1.2mm；花药长圆形，长约 2.5mm；退化雄蕊 3，着生于距花冠基部 0.3mm 处，长约 0.4mm，无毛。雌蕊长约 10mm；子房长约 3mm，和花柱基部被贴伏短柔毛；花柱长约 7mm，除基部外无毛。蒴果椭圆球形，长约 4mm，被短柔毛。种子褐色，狭椭圆形，长约 0.4mm。花期 8 ～ 9 月，果期 9 ～ 10 月。

该种全草可入药，有清热解表、健胃等功效，可治疗感冒、疳积等。

产云南（大姚）、四川（乐山）、湖南（保靖）及湖北（宜昌、秭归）。生于海拔 400 ～ 1000m 的低山阴处石上。模式标本采自湖北宜昌。

1. 野外生境

1. 植株群落　　2. 植株群落　　3. 植株群落　　4. 植株群落
5. 植株群落　　6. 植株群落　　7. 植株群落

1. 植株群落　　2. 植株群落　　3. 植株群落　　4. 植株群落
5. 植株群落　　6. 植株群落　　7. 植株群落

1. 花 – 正面观　　2. 花 – 正面观　　3. 花 – 正面观
4. 花 – 正面观　　5. 雌蕊　　6. 花药正面

1. 花药背面　　2. 退化雄蕊　　3. 雄蕊
4. 柱头　　　　5. 子房　　　　6. 花萼

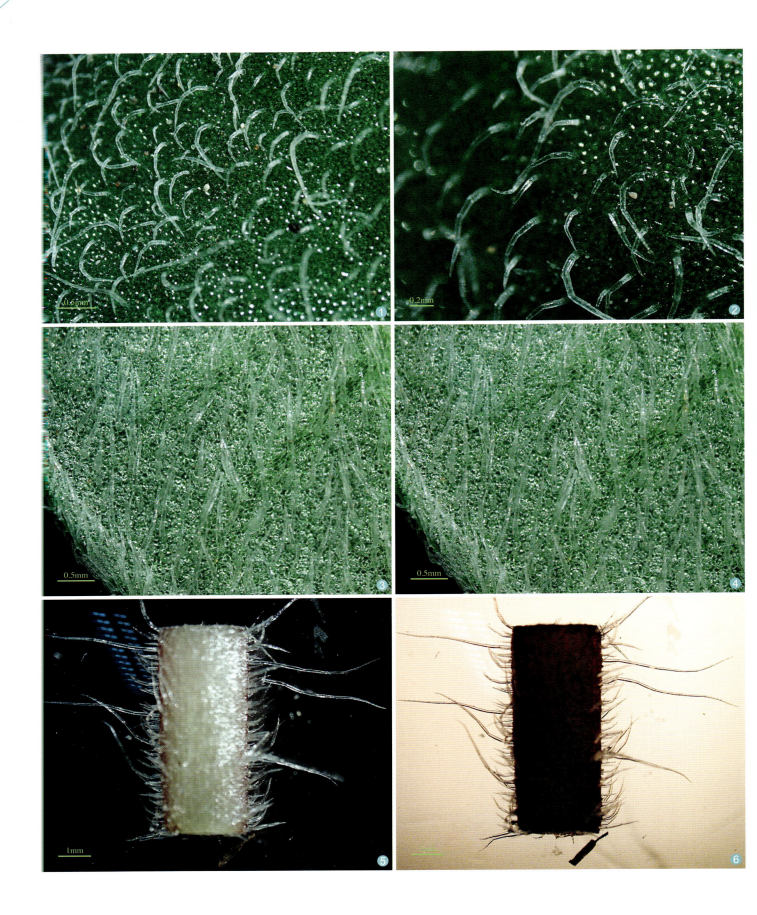

1. 叶片正面被毛　　2. 叶片正面被毛　　3. 叶片背面被毛

4. 叶片背面被毛　　5. 叶柄被毛　　　　6. 叶柄被毛

秦岭石蝴蝶

Petrocosmea qinlingensis W. T. Wang in Bull. Bot. Res. 1（4）: 36. 1981 et in Acta Bot. Yunnan. 7（1）: 56. 1985 et Fl. Reip. Pop. Sin. 69: 310. 1990; W. T. Wang *et al.* in Z. Y. Wu et Raven, Fl. China 18: 304. 1998.

多年生草本。叶 8 ～ 20，基生，具长或短柄；叶片草质，卵形、宽卵形、菱状卵形或近圆形，长 0.7 ～ 3.5cm，宽 0.7 ～ 3cm，先端圆形或钝，基部宽楔形，边缘浅波状或有不明显圆齿，两面疏被贴伏短柔毛，侧脉每侧约 3 条，不明显；叶柄长 0.5 ～ 4cm，与花序梗疏被开展的白色柔毛。花序 2 ～ 6；花序梗长 3 ～ 5cm，中部之上有 2 苞片，顶生 1 花；苞片线状披针形，长 1.6 ～ 2mm，疏被柔毛；花梗长 1.5 ～ 3cm。花萼 5 裂达基部，裂片狭三角形，先端尖，长约 4mm，宽约 1mm，外面疏被短柔毛，内面无毛。花冠蓝紫色，外面疏被贴伏短柔毛，内面在上唇密被白色长柔毛，在下唇被短柔毛；筒长约 3mm；上唇长约 6mm，2 裂近基部，下唇与上唇近等长，3 深裂，所有裂片近长圆形，先端圆形。雄蕊 2；花丝直，着生于花冠近基部处，被短柔毛，长约 1.2mm；花药长圆状卵形，长约 2mm，无毛；退化雄蕊 3，着生于距花冠基部 0.2mm 处，狭线形，长 0.4 ～ 0.8mm，无毛。雌蕊长 6mm；子房卵球形，长约 2.5mm，与花柱密被开展白色长柔毛；花柱长约 4mm，顶部毛较少；柱头小，球形。花期 8 ～ 9 月，果期 9 ～ 10 月。

产陕西（勉县）。生于海拔 650 ～ 670m 的山地岩石上。模式标本采自陕西勉县。

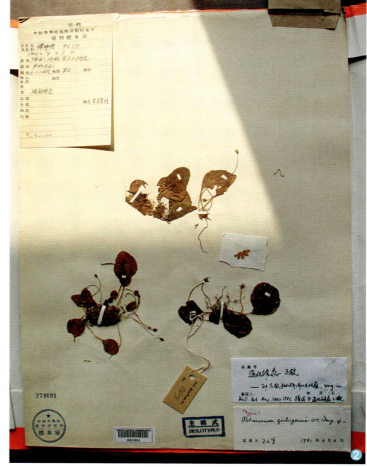

1. 模式标本－花解剖
2. 模式标本

1. 植株群落　　2. 植株群落　　3. 植株群落　　4. 植株群落
5. 植株群落　　6. 植株群落　　7. 植株群落

1. 植株群落　　2. 植株群落　　3. 植株群落
4. 植株群落　　5. 植株群落　　6. 幼苗植株

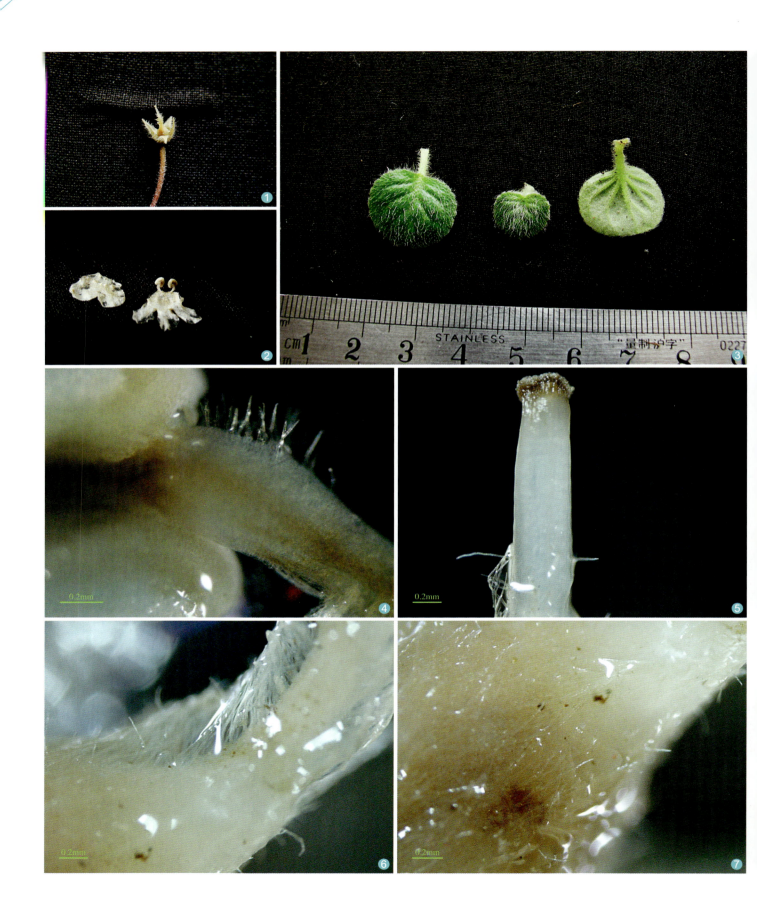

1. 花萼和雌蕊　　2. 花解剖－雄蕊　　3. 叶片正背面　　4. 花丝被毛
5. 花柱顶部和柱头　　6. 花柱被毛　　7. 子房被毛

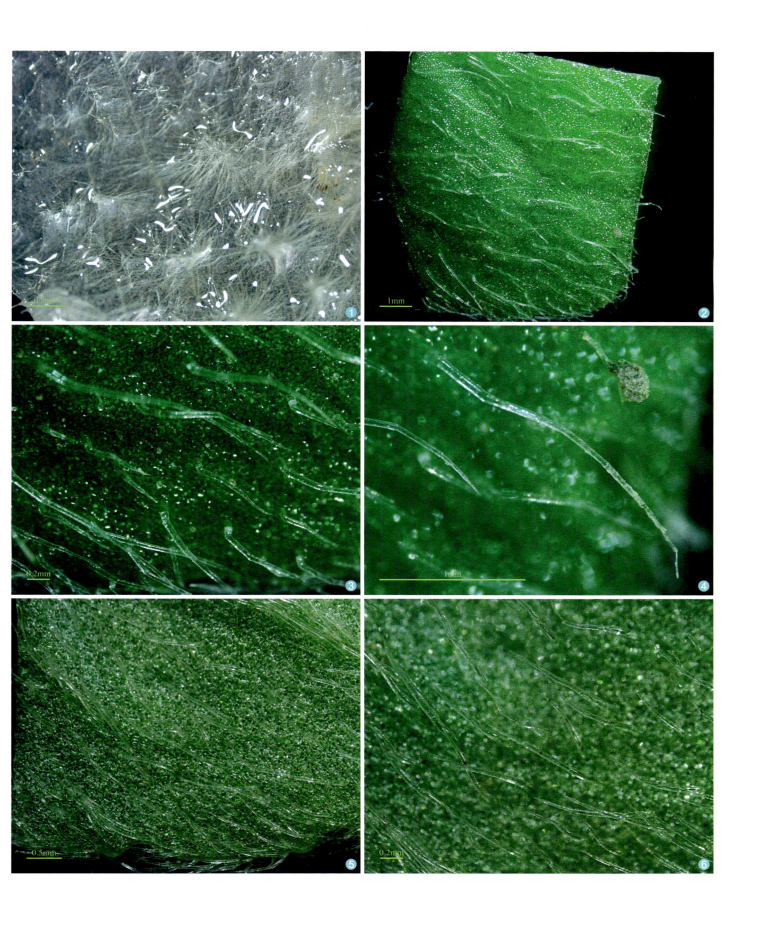

1. 花冠上唇内部被毛　　2. 叶片正面被毛　　3. 叶片正面被毛
4. 叶片正面被毛　　5. 叶片背面被毛　　6. 叶片背面被毛

39 萎软石蝴蝶

Petrocosmea flaccida Craib in Not. Bot. Gard. Edinb. 11: 270. 1919; W. T. Wang in Acta Bot. Yunnan. 7 (1): 55, fig. 5: 1-2. 1985 et Fl. Reip. Pop. Sin. 69: 308, tab. 81: 4-6. 1990; W. T. Wang *et al.* in Z. Y. Wu et Raven, Fl. China 18: 304. 1998.

多年生草本。叶 6～15，基生，具长柄；叶片草质，扁圆形、宽卵形、圆菱形或近圆形，长 1～3.8cm，宽 1.2～4.4cm，先端圆形，基部宽楔形，边缘全缘或浅波状，两面疏被短柔毛，侧脉每侧约 3 条；叶柄扁，长 0.5～6cm，疏被开展的短柔毛。花序 5～12；花序梗长 3.4～8.5cm，被开展的白色短柔毛，在中部附近有 2 苞片，顶生 1 花；苞片小，狭线形，长 1～2mm；花梗长 1.7～2.8cm。花萼 5 裂达基部，辐射对称，裂片狭三角形或披针形，长 3.2～4.2mm，宽 0.8～1.5mm，先端微钝，外面被开展的白色柔毛，在中部之下毛较密。花冠蓝紫色，长 9～13mm，外面疏被短柔毛，内面无毛，裂片边缘有缘毛；筒长约 3mm；上唇长约 8mm，2 裂稍超过中部，裂片长圆形，裂片向后反折；下唇长约 9mm，3 裂近基部，裂片长圆状倒卵形，先端圆形。雄蕊 2，无毛；花丝直，着生于花冠基部，线形，长约 1.5mm；花药三角形或卵圆形，长约 3mm；退化雄蕊 3，着生于距花冠基部 0.5mm 处，中央退化雄蕊长约 0.3mm，侧生的长约 0.6mm。雌蕊长 7～10mm；子房长约 3mm，被短柔毛；花柱长约 6mm，下部被短柔毛。蒴果长约 5mm。花期 8～9 月，果期 9～10 月。

产云南（丽江）及四川（盐边、木里）。生于海拔 2800～3100m 的高山岩壁上。模式标本采自四川木里。

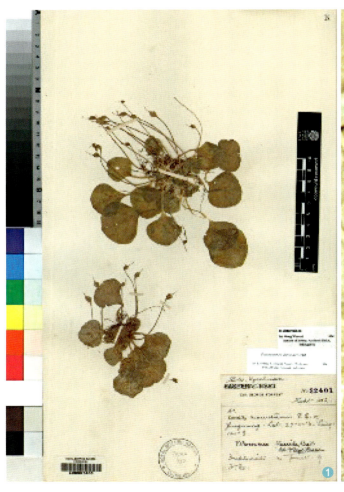

1. 模式标本　　2. 植株

1. 植株群落　2. 花序　3. 植株群落
4. 植株群落　5. 花序　6. 花序

1. 花 – 侧面观　　2. 花 – 背面观　　3. 花 – 侧面观

4. 花 – 背面观　　5. 花 – 侧面观

1. 花－正面观　　2. 花－侧面观　　3. 花序
4. 花－正面观　　5. 蒴果　　　　　6. 蒴果

1. 雄蕊和退化雄蕊　　2. 雄蕊　　　3. 雄蕊　　　　4. 花柱基部被毛
5. 花柱中部被毛　　6. 子房被毛　　7. 花柱顶部和柱头　　8. 花药正面

40 扁圆石蝴蝶

Petrocosmea oblata Craib in Not. Bot. Gard. Edinb. 11：270. 1919；W. T. Wang in Acta Bot. Yunnan. 7（1）：55. 1985 et Fl， Reip. Pop. Sin. 69：308. 1990；W. T. Wang *et al.* in Z. Y. Wu et Raven，Fl. China 18：303. 1998.——*P. oblata* var. *latisepala*（W. T. Wang）W. T. Wang in Acta Bot. Yunnan. 7（1）：55. 1985 et Fl. Reip. Pop. Sin. 69：308，tab. 82：5-7. 1990；W. T. Wang *et al.* in Z. Y. Wu et Raven，Fl. China 18：304. 1998.——*P. latisepala* W. T. Wang in Bull. Bot. Res. 1（4）：37. 1981.——*P. oblata* auct. non. Craib：H. W. Li in Bull. Bot. Res. 3（2）：19. 1983.

多年生草本。根状茎粗短。叶 6 ～ 15，基生，具长柄；叶片扁圆形、圆卵形或近圆形，长 0.7 ～ 2.8cm，宽 0.9 ～ 3.2cm，先端圆形或截形，基部浅心形、截状心形或宽楔形，边缘不明显浅波状，被短缘毛，两面有稀疏的贴伏短柔毛或变无毛，侧脉每侧约 2 条，不明显；叶柄长 0.7 ～ 4cm，被短柔毛或变无毛。花序 3 ～ 8；花序梗长 3.5 ～ 8.5cm，被短柔毛，常带紫色，在中部或中部之上有 2 苞片；苞片小，互生，线形或狭三角形，长约 1.5mm，顶生 1 花；花梗长 2 ～ 4cm。花萼 5 裂达基部，辐射对称，裂片狭披针形或三角状卵形，长 1 ～ 3mm，宽 0.3 ～ 1mm，有时较宽，2 ～ 3mm，先端微钝，外面疏生短柔毛，或变无毛，内面无毛。花冠蓝色，花冠裂片交界处呈深蓝色，上唇有时变淡蓝色或白色，

无毛，裂片边缘疏被短髯毛；筒长 2.5 ～ 3mm；上唇长约 6mm，宽 8mm，2 深裂，裂片近半圆形，向后反折；下唇长 6 ～ 8mm，3 裂近中部，裂片长圆形，先端圆形，顶部有缺刻。雄蕊 2，无毛；花丝长约 1.5mm；花药卵形，长 1.5 ～ 2.5mm，先端钝；退化雄蕊 3，长 0.5 ～ 1mm。雌蕊长 7 ～ 8.8mm；子房卵形，长约 2.5mm，疏被白色贴伏短柔毛；花柱长约 6mm，基部疏被短柔毛；柱头小，圆形。蒴果长约 4mm。花期 8 ～ 9 月，果期 9 ～ 10 月。

产四川（木里、盐边、会东）及云南（大姚、禄劝）。生于海拔 2300 ～ 3500m 的山地岩石上。模式标本采自四川木里。

1. 模式标本
2. 野外生境
3. 野外生境

1. 植株群落
2. 植株群落
3. 花 – 侧面观
4. 植株群落
5. 植株群落

1. 植株群落
2. 花 - 侧面观
3. 植株群落
4. 花 - 正面观
5. 花 - 侧面观

1. 花－背面观　2. 花－侧面观　3. 花－侧面观
4. 花－侧面观　5. 花－侧面观　6. 植株

1. 花－侧面观　　2. 花－正面观　　3. 花萼和雌蕊　　4. 花解剖－内面
5. 花解剖－花冠上、下唇内面　　6. 蒴果　　7. 蒴果

1. 雄蕊　　2. 雌蕊　　3. 子房被毛
4. 花柱被毛　5. 花柱顶端　6. 退化雄蕊

1. 雄蕊正面　　2. 雄蕊背面　　3. 叶片正面
4. 叶片背面　　5. 叶片正面被毛　　6. 叶片背面和叶缘

中国石蝴蝶属分子系统学研究

第一节 材料和方法

一、取样

（一）内类群的选择

我们选取了 36 个野外采集的种（3 变种），2 个标本材料，除了个别种未取样外，几乎涵盖了石蝴蝶属所有的种。研究的材料和凭证标本的详细信息见表 2-1。

表 2-1　植物材料一览表

分类群	凭证标本、采集地和存放地点
Ingroups	
Petrocosmea barbata Craib	QZJ-2007-009，Yunnan，China（PE）
Petrocosmea begoniifolia C. Y. Wu ex H. W. Li	QZJ-2007-051，Yunnan，China（PE）
Petrocosmea cavaleriei H. Lévl.	QZJ-2007-082，Guizhou，China（PE）
Petrocosmea coerulea C. Y. Wu ex W. T. Wang	991000，Yunnan，China（KUN）
Petrocosmea confluens W. T. Wang	1385，Guizhou，China（PE）
Petrocosmea duclouxii Craib	Q06100101，Yunnan，China（PE）
Petrocosmea flaccida Craib	Q060921-1，Sichuan，China（PE）
Petrocosmea forrestii Craib	QZJ-2008-58，Yunnan，China（PE）
Petrocosmea glabristoma Z. J. Qiu & Y. Z. Wang	QZJ-2007-061，Yunnan，China（PE）
Petrocosmea grandiflora Hemsl.	Hancock 115，Yunnan，China（K）
Petrocosmea grandifolia W. T. Wang	QZJ-2007-037，Yunnan，China（PE）
Petrocosmea hexiensis S. Z. Zhang & Z. Y. Liu	Z. Y. Liu 110128，Chongqing，China（SZG）
Petrocosmea huangjiangensis Yan Liu & W. B. Xu	QZJ-1344，Guangxi，China（SZG）
Petrocosmea iodioides Hemsl.	QZJ-2007-074，Yunnan，China（PE）
Petrocosmea kerrii Craib	04603，Yunnan，China（KUN）
Petrocosmea crinita（W. T. Wang）Zhi J. Qiu	QZJ-2007-084，Yunnan，China（PE）
Petrocosmea longianthera Z. J. Qiu & Y. Z. Wang	QZJ-2007-079，Yunnan，China（PE）
Petrocosmea longipedicellata W. T. Wang	QZJ-2007-083，Yunnan，China（PE）
Petrocosmea mairei H. Lévl.	019140，Yunnan，China（KUN）
Petrocosmea intraglabra（W. T. Wang）Zhi J. Qiu	QZJ-2007-068，Yunnan，China（PE）
Petrocosmea martinii H. Lévl.	QZJ-2007-078，Yunnan，China（PE）
Petrocosmea leiandra（W. T. Wang）Zhi J. Qiu	QZJ-2008-33，Guizhou，China（PE）
Petrocosmea melanophthalma Huan C. Wang，Z. R. He & Li Bing Zhang	QZJ-1409，Yunnan，China（SZG）
Petrocosmea menglianensis H. W. Li	QZJ-2007-026，Yunnan，China（PE）
Petrocosmea minor Hemsl. Hook.	QZJ-2008-54，Yunnan，China（PE）
Petrocosmea nanchuanensis Z. Y. Liu，Z. Yu. Li & Zhi J. Qiu	2002016，Chongqing，China（PE）
Petrocosmea nervosa Craib	QZJ-2008-45，Sichuan，China（PE）
Petrocosmea oblata Craib	Q060923-1，Sichuan，China（PE）
Petrocosmea parryorum C. E. C. Fisch.	050801，Yunnan，China（KUN）
Petrocosmea qinlingensis W. T. Wang	QZJ-2008-38，Shanxi，China（PE）
Petrocosmea rosettifolia C. Y. Wu ex H. W. Li	QZJ-2007-049，Yunnan，China（PE）
Petrocosmea sericea C. Y. Wu ex H. W. Li	991104，Yunnan，China（KUN）
Petrocosmea shilinensis Y. M. Shui & H. T. Zhao	QZJ-1333，Yunnan，China（SZG）
Petrocosmea sichuanensis Chun ex W. T. Wang	Q060912-1，Sichuan，China（PE）
Petrocosmea sinensis Oliver	QZJ-2008-41，Sichuan，China（PE）
Petrocosmea xanthomaculata G. Q. Gou et X. Y. Wang	QZJ-1077，Guizhou，China（SZG）
Petrocosmea xingyiensis Y. G. Wei & F. Wen	QZJ-1337，Guizhou，China（SZG）
Petrocosmea yanshanensis Z. J. Qiu & Y. Z. Wang	QZJ-2007-077，Yunnan，China（PE）
Outgroups	
Raphiocarpus begoniifolius（Lévl.）Burtt	QZJ-2008-026，Guizhou，China（PE）
Raphiocarpus petelotii（Pellegr）Burtt	GX_NP_1，Guangxi，China（PE）

注：右列括号中为存放地，各简称的含义分别为：PE，中科院植物所标本馆；KUN，中科院昆明植物研究所标本馆；K，英国邱园皇家植物园标本馆；SZG，深圳市中国科学院仙湖植物园标本馆

（二）外类群的选择

首先选取了除了内类群之外的长蒴苣苔族的其他 20 个属（Mayer *et al.*，2003；Smith *et al.*，1997；Wang and Li，1998；Möller *et al.*，2009；Wang *et al.*，2010）、苦苣苔族的 3 个属、芒毛苣苔族的 1 个属、浆果苣苔族的 1 个属、尖舌苣苔族的 1 个属，

包括石蝴蝶属在内共 87 个种，选取玄参科的金鱼草（*Antirrhinum majus*）和墨西哥毛地黄（*Tetranema mexicanum*）作为外类群，基于 *trn*L-F 和 ITS 序列来初步分析这 87 个种中哪些种适合作为石蝴蝶属系统分析的最终外类群（结果见图 2-1）。结果显示，

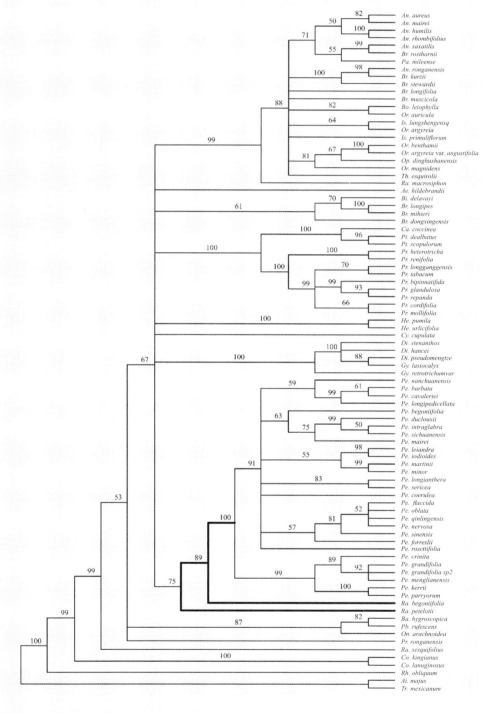

图 2-1　基于 ITS 和 *trn*L-F 序列的 1035 棵最大简约树的严格一致树（L = 3325，CI = 0.4，RI = 0.693）

分支上部数值表示 MP 分析中 bootstrap 分析对该分支的支持强度（>50%）。Ae. = *Aeschynanthus*，Ai. = *Antirrhinum*，An. = *Ancylostemon*，Ba. = *Boea*，Bi. = *Briggsiopsis*，Br. = *Briggsia*，Bo. = *Bournea*，Ca. = *Calcareoboea*，Co. = *Corallodiscus*，Cy. = *Cyrtandra*，Di. = *Didymocarpus*，Gy. = *Gyrocheilos*，He. = *Henckelia*，Is. = *Isometrum*，Op. = *Opithandra*，On. = *Ornithoboea*，Or. = *Oreocharis*，Pa. = *Paraisometrum*，Pb. = *Paraboea*，Pe. = *Petrocosmea*，Pr. = *Primulina*，Pt. = *Petrocodon*，Ra. = *Raphiocarpus*，Rh. = *Rhynchoglossum*，Th. = *Thamnocharis*，Tr. = *Tetranema*

石蝴蝶属是一个自然的单系类群，漏斗苣苔属的两个种，即大苞漏斗苣苔（*Raphiocarpus begoniifolius*）和合萼漏斗苣苔（*R. petelotii*）被选为石蝴蝶属分子系统分析的最终的外类群。

（三）分子标记的选择

我们选取了 2 个核基因 DNA 分子标记和 6 个叶绿体 DNA 分子标记：核 DNA（nrDNA）ITS 片段，核基因 *PeCYC1D*，叶绿体 DNA（cpDNA）非编码区 *trn*L-F（包括 *trn*L 内含子和 *trn*L-F 间隔区），叶绿体基因间隔区 *atp*I-H、*trn*H-*psb*A、*trn*T-L，叶绿体基因内含子 *rps*16，以及叶绿体基因 *mat*K，开展石蝴蝶属的组间及种间的系统关系研究。

1. nrDNA ITS 序列

nrDNA 是在系统发育研究中广泛应用的重要核基因片段。典型的高等植物核 rDNA 包括外转录间隔区（external transcribed spacer，ETS）、18S 基因、第一内转录间隔区（internal transcribed spacer，ITS1）、5.8S 基因、第二内转录间隔区（ITS2）和 26S 基因，以及重复单元之间属于非编码区（non-transcribed spacer，NTS）的基因间隔区（intergenic spacer，IGS）。由于这些片段所受的选择压不同，因此可以提供各个不同分类等级的系统信息，如 18S、5.8S 和 26S 基因是编码区，选择压大，高度保守，适用于种、属以上层次的系统学研究；ITS 选择压中等，属中度保守区，适用于种下和种间系统发育关系的研究（Hamby and Zimmer，1992）。本文进行属间的系统发育研究适宜选取第一内转录间隔区（ITS1）、5.8S 基因和第二内转录间隔区（ITS2）共约 700bp 大小的片段进行扩增分析（图 2-2）。

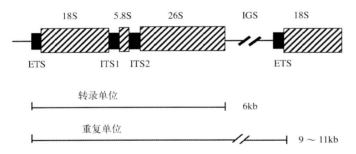

图 2-2　典型被子植物 nrDNA ITS 重复单位结构示意图（引自 Hamby and Zimmer, 1992）

ETS：外转录间隔区；18S、5.8S 和 26S：基因编码区；ITS1：第一内转录间隔区；ITS2：第二内转录间隔区；IGS：基因间隔区

ITS 最初由 White 等（1990）利用真菌的 nRNA 序列，设计出通用的引物和扩增方法而引入系统学。因为这个片段具有的一系列特性而使它在系统学中被广泛应用。首先，和其他的 nrDNA 多基因家族成员一样，ITS 在核染色体组中高度重复，成百上千 nrDNA 拷贝以串联重复的方式排列在染色体的一个或多个位点上。这种高拷贝数便于扩增、克隆和测序。其次，nrDNA 基因家族有着快速的致同进化（concerted evolution），从而促进了染色体组重复单元之间，甚至是非同源染色体的 nrDNA 位点之间的一致性。这个特点从系统重建角度尤为重要。

再次，ITS 片段的长度通常较短（在被子植物中小于 700bp），

两个间隔区的侧翼都是高度保守的序列，容易利用 White 等（1990）设计的通用引物对多数类群进行扩增，而且对模板 DNA 的要求不高，甚至可以从干标本中扩增出目的片段。

对于多倍体杂交种，ITS 片段有时可以提供网状进化的直接证据。例如，如果杂交事件是近期的、nrDNA 重复单元在亲本中位于不同的位点（不同染色体）和杂交时基因位点间的转换没有起作用、杂种由无性生殖产生等。并且 ITS 序列在多倍体中常表现出不同的进化模式，如保持双亲拷贝、位点间的双向致同进化和致同进化等，使这个片段在探讨多倍体同源序列的分子进化方面也很有潜力。

PeCYC1D 基因为控制花对称性的 *TCP* 基因家族的一员，*TCP* 基因家族包括玉米（*Zea mays*）中的 *TB1* 基因，金鱼草（*Antirrhinum majus*）的 *CYCLOIDEA*（*CYC*）基因及水稻（*Oryza sativa*）中的 *PCF* 基因（Cubas *et al*.，1999a，1999b；Cubas，2002；Wang *et al*.，2004），苦苣苔科中的 *CYC*-like 基因在花对称性的形态建成具有重要的作用（Gao *et al*.，2008；Song *et al*.，2009；Zhou *et al*.，2008），*CYC* 基因已经被很好地应用在一些系统发育研究中，并且直系同源和旁系同源都能得到很好的确认（Baum，1998；Baum *et al*.，2002；Eisen，1998）。

2. 叶绿体基因组片段

植物叶绿体基因组（cpDNA）为闭环双链 DNA，其编码区和非编码区序列进化速率相差较大，适于不同分类阶元的系统发育研究。编码区的核苷酸替代速率相对较低，如 *rbc*L、*mat*K、*ndh*F 和 *atp*B 等，适用于较高分类阶元的系统关系研究；非编码区表现出更快的进化速率，能提供更多的、具有系统学意义的信息位点，故多用于较低分类阶元及近期分化类群间的系统学研究中。

叶绿体 *trn*T（UGU）—*trn*L（UAA）—*trn*F（GAA）基因片段最早被 Taberlet 等（1991）引入植物系统学，他们设计的 3 对引物适用于许多不同的类群，在藻类、苔藓、蕨类、裸子植物和被子植物中均能成功地扩增出目的片段。另外，此片段还有一个显著的特点是结构的优势。这个目的片段包括两个基因间隔区和一个内含子（图 2-3）。基因间隔区片段长度在不同类群中会有变化，并且具有较多的插入缺失和高比例的置换突变，适用于解决相关种间甚至种下居群间的进化问题。而 *trn*L 内含子相对变异要少，可用于高级分类等级的系统学研究。但是，针对不同的植物类群，*trn*L-F 基因片段积累的变异量并不相同。

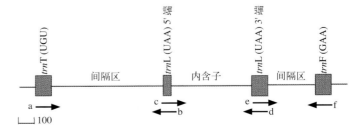

图 2-3　叶绿体 *trn*L-F 片段结构示意图（引自 Taberlet *et al*., 1991）

Kelchner（2000）评述使用叶绿体非编码区 DNA 片段在植物分子系统学中的应用，并根据其二级结构提出序列同源排列的策略及数据分析的方法。Bremer 等（2002）和 Borsch 等（2003）使用 trnT-F 分别重建菊类和基部被子植物类群的系统发育关系。但 trnT-F 序列潜在系统信息位点多位于 trnL 内含子和 trnL-F 间隔区（Borsch et al.，2003），Borsch 等在他们后来关于基部真双子叶植物的系统发育重建工作中就仅使用 trnL-F 序列。Borsch 等（2003）和 Worberg 等 2007 年的工作为我们的研究提供了参考，使我们进行序列同源性比对（alignment）和确定 trnL-F 序列的突变热点区（mutational hotspots）变得相对容易。因此我们对 trnT-L、trnL 内含子和 trnL-F 间隔区进行扩增和测序（图 2-2）。

matK 基因位于叶绿体 trnK 基因内含子中，长约 1500bp，编码一种成熟酶（maturase），这种成熟酶参与 RNA 转录物中 II 型内含子的剪切（图 2-4）。与其他叶绿体基因相比，matK 基因具有相对高的碱基置换率，因此被有效用于各个分类等级的系统学研究（Johnson and Soltis，1995；Sang et al.，1997）。

由于叶绿体 matK 基因进化速率快［如在虎耳草科（Saxifragaceae）植物中，其进化速率是 rbcL 的 3 倍］（Johnson and Soltis，1995）和相对其他功能基因受到的选择限制较小（Hilu and Liang，1997）等特点，被广泛应用于科内属间、种间的系统发育重建。Hilu 等 2003 年使用 matK 基因重建整个被子植物的系统发育与以前单基因、多基因的结果高度一致，显示该基因在被子植物系统发育重建中巨大的应用价值。

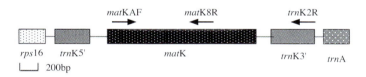

图 2-4　叶绿体 matK 基因结构示意图（修改自 Hilu and Liang，1997）

叶绿体 rps16 基因的非编码区是指在两个的外显子中间包括一个内含子，rps16 内含子在探讨属间关系也证明是一个较为理想的分子标记（Neuhaus et al.，1989；Bremer et al.，2002）。rps16 内含子的结构区域的内含子的长度及结构参照 Solanum tuberosum L.，见图 2-5。

图 2-5　叶绿体 rps16 内含子区域（仿照 Solanum tuberosum L. 的结构域，引物参照 Bremer et al.，2002）

叶绿体基因间隔区 atpI-H 和 trnH-psbA 也常被用于属间及种间的系统发育研究（Böhle et al.，1994；Kelchner，2000；Kress et al.，2005；Shaw et al.，2005）。我们根据前人的研究选取了这两个基因间隔区。

二、实验方法

（一）总 DNA 的提取

用于 DNA 材料提取的叶片为硅胶干燥的叶片或新鲜叶片，提取方法为调节 NaCl、Tris-HCL 和 EDTA 三者的浓度改良后的 CTAB 法（Rogers and Bendich，1988）。步骤如下：

（1）在 2ml EP 管中加入 900μl CTAB 提取液，预热至 65℃，加入 6μl 巯基乙醇，备用；

（2）叶片置于研钵中，加入液氮，立即将叶片研磨成粉末，酌量加入预热的提取液中，混匀，65℃保温 45～60min；

（3）向混合液中加入 900μl C：I［氯仿（chloroform）：异戊醇（isoamylalcohol），24：1，V/V］摇匀，10 000r/min，10℃，离心 10min；

（4）用剪过的枪头小心移出上清；

（5）重复步骤（3）和（4）一次；

（6）加入 2/3 体积预冷（-20℃）异丙醇，混匀后 -20℃放置半小时以上；

（7）12 000r/min，4℃，离心 6min，弃上清；

（8）加 150～200μl 75% 乙醇，洗涤沉淀（将沉淀摇起）；

（9）10 000r/min，4℃，离心 4min；

（10）重复步骤（8）和（9）1～2 次；

（11）自然风干沉淀后加 100～200μl 1XTE（或 0.1XTE）溶解 DNA，用 0.8% 的琼脂糖凝胶电泳，凝胶成像系统（BIO-RAD 公司）检测定量。

（二）序列扩增和测序

PCR 在 Tpersonal Thermocycle 和 T1 Thermocycle（Biometra，Goettingen，Germany）热循环仪上完成。PCR 反应体系为 20μl，内含总 DNA 10～50ng，ITS1 和 ITS4 引物各 6pmol，dNTP 各 0.2mmol/L，MgCl₂ 0.2mmol/L，Taq DNA 聚合酶 0.75U。扩增程序为：70℃ 4min；94℃ 60s，53℃ 30s，72℃ 60s，2 个循环；94℃ 30s，55℃ 30s，72℃ 60s，34 个循环；最后，72℃延伸 10min。扩增 atpI-H、matK、trnH-psbA、rps16 内含子、trnL-F、trnT-L 及 ITS 序列所用的 PCR 扩增引物分别为：atpI/atpH（Shaw et al.，2007），matK-AF/trnK-2R（Johnson and Soltis，1994；Ooi et al.，1995），trnH/psbA（Sang et al.，1997；Tate and Simpson，2003），rps16-2F/rps16-R3（Bremer et al.，2002），c/f（Taberlet et al.，1991），a/b（Taberlet et al.，1991），ITS-1/ITS-4（White et al.，1990），扩增 PCYC1D 基因所用的引物为：正向 PD1（5′-CCC ACA AGA AAT AAT GCT TAG C-3′），反向 PD2（5′-AGC ACA GAT GCC AAA AGA TTC - 3′）。

扩增后将 PCR 产物送测序公司测序。

（三）系统发育分析

序列排列用 CLUSTAL W 1.83（Thompson et al.，1997）软件完成，并在 BioEdit 5.0.9.1（Hall，1999）软件上经过手工适当调整，以减少缺失或插入。ITS1 始端和 ITS2 末端的边界根据 GenBank 中已有的近缘类群序列确定。排好的各个片段序列和联合数据矩阵在 PAUP*4.0b10 软件（Swofford，2003）用最大简约法进行分析，最大简约法分析中，采用启发式搜索（heuristic searches）法进行。启发式搜索对所有核苷酸性状状态等同加权处理（即无序状态），gap 作为 missing，不参与运算，Random 数据加入顺序，树等分与重连（tree-bisection-reconnection，TBR）分支交换法获取系统树。系统发育树拓扑结构的可靠性用 1000 次重复（replicates）的自展（bootstrap，BS）分析来评估。

在 ML 分析中，用 Modeltest 3.06 计算最适合的模型，用 Phyml 2.4.3 来计算最大似然树，系统发育树的拓扑结构可靠性用 1000 次重复的自展分析来评估。

贝叶斯分析利用 MrBayes version 3.0b4（Ronquist and Huelsenbeck，2003）构建，通过 Modeltest 3.06（Posada and Crandall，1998），从 56 种 DNA 替代模型中筛选出最优替代模型。系统发生的后验概率（PP）是通过运行蒙特卡罗（MCMC）模拟及对后验概率分布树取样进行估计的。从任意一个树开始，运行 4 个链，每次运行 100 万代，每次运行的前 50 棵树作为损耗（burn-in samples）被去除以保证每条链达到稳态。

（四）不一致检验和联合数据分析

为了评价核 DNA 片段和 cpDNA 片段的联合数据之间的一致性，在 PAUP*4.0b10（Swofford，2002）上进行不一致差异性（ILD）检验（Farris et al.，1994）。100 次重复，每次重复开始于 10 个任意增加而进行进化树对分重接（TBR）。P 值是用来衡量两数据之间是否有显著差异（<0.05）。

（五）形态树分析及 DNA 和形态数据联合树分析

选取了 41 个形态性状进行编码，组成形态矩阵，其中 25 个为花部特征，并且是石蝴蝶属传统分类中常用的性状。用 MP 和贝叶斯方法分别分析形态数据和形态 -DNA 联合数据。

（六）关键性状的祖先状态重建

我们选取了 12 个关键的形态性状，分别为：植株生长习性、花冠上下唇长度比较、花冠上唇裂片形态、花冠内部斑点和斑带情况、雌蕊背腹部是否等大、花冠筒与檐部长度比较、花冠筒下方是否膨大、可育雄蕊个数、花柱与花冠筒的位置关系及花柱顶部的弯曲情况、花药开裂方式、花药顶端是否缢缩及花丝是否膝状弯曲。用软件 Mesquite ver. 2.74（http://mesquiteproject.org）对其进行了祖先状态重建，以 cpDNA 和 nDNA 的联合树作为指导树，祖先状态重建的方法选择 "Likelihood Ancestral States" 中的 Mk1 模型，根据结果讨论每个性状在石蝴蝶属内的演化趋势及性状之间相关性。

第二节　研　究　结　果

一、cpDNA 系统发育树分析

trnL-F、matK、rps16、atpI-H、trnH-psbA 和 trnT-L 6 个 cpDNA 序列的联合矩阵的总长度为 5622bp，其中 4719bp（占总长度的 83.35%）是相同序列，560bp 为变异但无信息的位点（占总长度的 9.89%），信息位点 383bp（占总长度的 6.76%）。Modeltest 检测 GTR+G 为 cpDNA 数据的最优化模型。最大简约法分析得到 6 颗等长的最大简约树［步长 L=1182，一致性指数 CI（Consistency Index）=0.884，保持性指数 RI（Retention Index）= 0.873］。MP 树的严格一致树与 ML 树及贝叶斯树的拓扑结构基本一致（图 2-6）。

cpDNA 的严格一致树共划分为 5 个大的分支（clade），位于最基部的一支是 clade A，且与其他类群构成姐妹群关系，得到了较好的支持（MP Bootstrap [MP-BS] value = 81%，ML Bootstrap [ML-BS] value = Posterior probability [PP] = 100%）。它包括 5 个类群，分别为滇泰石蝴蝶组（sect. Deinanthera）的全部类群，即大叶石蝴蝶（P. grandifolia）、孟连石蝴蝶（P. menglianensis）、绵毛石蝴蝶（P. crinita）、滇泰石蝴蝶（P. kerrii）和印缅石蝴蝶（P. parryorum）。它们又分为互为姐妹群的两支，其中大叶石蝴

蝶、孟连石蝴蝶和绵毛石蝴蝶以最大的支持率聚在一起，滇泰石蝴蝶与印缅石蝴蝶也以最高的支持率聚为一支。clade B 也得到了较高的支持（MP-BS = 91%，ML-BS = 96%，PP = 100%），并且与其余的类群形成姐妹群关系。clade B 包括 7 个类群，全部来自于石蝴蝶组（sect. Anisochilus），其中会东石蝴蝶（P. intraglabra）和四川石蝴蝶（P. sichuanensis）以最大的支持率在一起，然后再与合溪石蝴蝶（P. hexiensis）以较高支持率聚在一起，然后再与石蝴蝶（P. duclouxii）以最大的支持率聚在一起，它们与这一支的另外 3 个种秋海棠叶石蝴蝶（P. begoniifolia）、黑眼石蝴蝶（P. melanophthalma）和蓝石蝴蝶（P. coerulea）互为姐妹群，并且得到了较高支持率。蓝石蝴蝶与黑眼石蝴蝶以中等支持率聚在一起，然后再与秋海棠叶石蝴蝶聚在一起（MP-BS = 67%，ML-BS = 69%，PP = 100%）。Clade C 是最大的一支，并且与剩余的类群以中度的支持（MP-BS = 78%，ML-BS = 94%，PP = 99%）互为姐妹群。Clade C 包括 12 个类群，位于这一支最基部的是一个长蕊石蝴蝶（P. longianthera），它以较高的支持率（MP-BS = 92%，ML-BS = 93%，PP = 100%）与其余类群互为姐妹群。其次是莲座石蝴蝶（P. rosettifolia），但是没有得到 MP 树的支持，ML 和贝叶斯树的支持率也较低（ML-BS

= 54%，PP = 87%）。其余的 10 个类群又以较低的支持率（ML-BS = 53%，PP = 89%）分成了 3 个并列的小支。第一个小支包括蒙自石蝴蝶（*P. iodioides*）和变种光蕊石蝴蝶（*P. leiandra*）（MP-BS = ML-BS = PP = 100%），第二个小支以较高的支持率包括滇黔石蝴蝶（*P. martinii*）、丝毛石蝴蝶（*P. sericea*）、砚山石蝴蝶（*P. yanshanensis*）和大花石蝴蝶（*P. grandiflora*），它们之间的系统关系也得到了中度到高度的支持，第三个小支包括小石蝴蝶（*P. minor*）、环江石蝴蝶（*P. huanjiangensis*）、石林石蝴蝶（*P. shilinensis*）和兴义石蝴蝶（*P. xingyiensis*），它们之间的系统关系没有得到很好的解决。其余的 13 个类群以较高的支持（MP-BS = 93%，ML-BS = 99%，PP = 98%）分为了两大支，即 clade D 和 clade E。clade D 包括 8 个种，其中大理石蝴蝶（*P. forrestii*）、光喉石蝴蝶（*P. glabristoma*）和东川石蝴蝶（*P. mairei*）关系密切，以较高支持率聚在一起（MP-BS = 93%，ML-BS = 96%，PP = 100%），并与其他类群以较高支持率（MP-BS = 90%，ML-BS = 94%，PP = 100%）互为姐妹群关系。在剩余的 5 个类群中，贵州石蝴蝶（*P. cavaleriei*）、黄斑石蝴蝶（*P. xanthomaculata*）、长梗石蝴蝶（*P. longipedicellata*）及髯毛石蝴蝶（*P. barbata*）关系较近，以稍低支持率聚在一起（MP-BS = 73%，ML-BS = 80%，PP = 95%），随后再与疑似新种南川石蝴蝶（*P. nanchuanensis*）以最大支持率聚在一起。clade E 中的种全部来自于中华石蝴蝶组（sect. *Petrocosmea*），包括 5 个种，菱软石蝴蝶（*P. flaccida*）和扁圆石蝴蝶（*P. oblata*）以最大支持率聚在一起，中华石蝴蝶（*P. sinensis*）和秦岭石蝴蝶（*P. qinlingensis*）聚在一起（MP-BS = 89%，ML-BS = 96%，PP = 100%），这两小支又以很强的支持（MP-BS = 97%，ML-BS = 98%，PP = 100%）聚在一起，然后再和显脉石蝴蝶（*P. nervosa*）以最大支持率聚在一起。

二、核 DNA 树分析

核 DNA（nDNA）分析中所包括的类群比叶绿体多一个种，即汇药石蝴蝶（*P. confluens*），ITS 与 *PeCYC1D* 基因单独所构建的系统发育树的梳子结构较多，对单个基因所构建的系统树进行分析的意义不大，所以我们直接把这两个基因联合起来进行建树，联合之前，我们对这两个核基因进行了不一致差异性（ILD）检验，

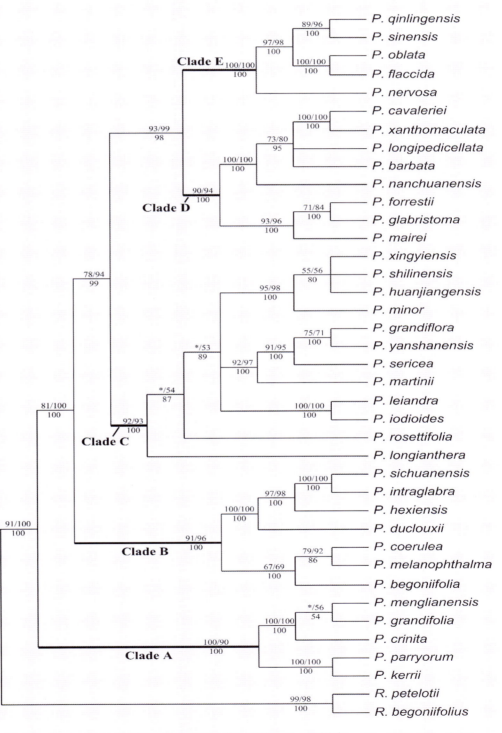

图 2-6　基于 cpDNA 数据分析的 6 棵最大简约树的严格一致树（length = 1182；CI = 0.884；RI = 0.873）

分支上部数值表示 MP 分析和 ML 分析中 bootstrap 分析对该分支的支持强度（>50%），分支下部数值是贝叶斯后验率（posterior probabilities）（>50%），* 表示支持率 <50%

检测的 P 值为 0.42，说明这两个基因之间没有很大的冲突，可以合并，合并后的核 DNA 矩阵总长度为 1662bp，其中 1213bp（占整个分析数据 72.98%）为不变位点，可变但无信息的位点为 228 个（占整个分析数据 13.72%），以及 221 个信息位点（占整个分析数据 13.3%）。Modeltest 3.06（Posada and Crandall，1998）显示 GTR + G 为核 DNA 数据的最优进化模型。最大简约法分析得出 8 棵最简约树，严格一致树（图 2-7）树长为 642，一致性指数（CI）为 0.872，保持性指数（RI）为 0.849。8 颗最简约树

的严格一致树和 ML 树及贝叶斯树拓扑结构高度一致。核 DNA 的严格一致树与 cpDNA 的严格一致树的拓扑结构大体上一致，主要区别在于大支内一些小分支上的差别，以及莲座石蝴蝶（P. rosettifolia）和长蕊石蝴蝶（P. longianthera）的系统位置分歧上。

在 clade A 中，相对于 cpDNA 树，大叶石蝴蝶（P. grandifolia）、孟连石蝴蝶（P. menglianensis）和绵毛石蝴蝶（P. crinita）的关系得到了解决，大叶石蝴蝶与孟连石蝴蝶关系最近，然后再和绵毛石蝴蝶（P. kerrii var. crinita）聚在一起，支持率都较高。在 clade B 中，秋海棠叶石蝴蝶（P. begoniifolia）与黑眼石蝴蝶（P. melanophthalma）的位置关系未得到解决。莲座石蝴蝶（P. rosettifolia）单独一支，与 clade C-E 并列。在 clade C 中，长蕊石蝴蝶（P. longianthera）与砚山石蝴蝶（P. yanshanensis）具有最近的亲缘关系，它们以几乎最大的支持率聚在一起，然后再与大花石蝴蝶（P. grandiflora）聚为一支。剩余的类群聚为了一大支，这一大支又分为 2 小支（MP-BS = 62%，ML-BS = 78%，PP =99%），即 clade D 和 clade E。

对比 nDNA 树和 cpDNA 树可以看出，长蕊石蝴蝶（P. longianthera）和莲座石蝴蝶（P. rosettifolia）的系统位置存在较大的冲突。在 cpDNA 树中，长蕊石蝴蝶位于 clade C 的最基部，与砚山石蝴蝶（P. yanshanensis）的关系较远，莲座石蝴蝶在 clade C 中，而在 nDNA 树中，长蕊石蝴蝶与砚山石蝴蝶的关系很近，并且得到了 MP、ML 和贝叶斯树的最大支持，莲座石蝴蝶跟 clade C、clade D 和 clade E 并列，而不是在 clade C 内。

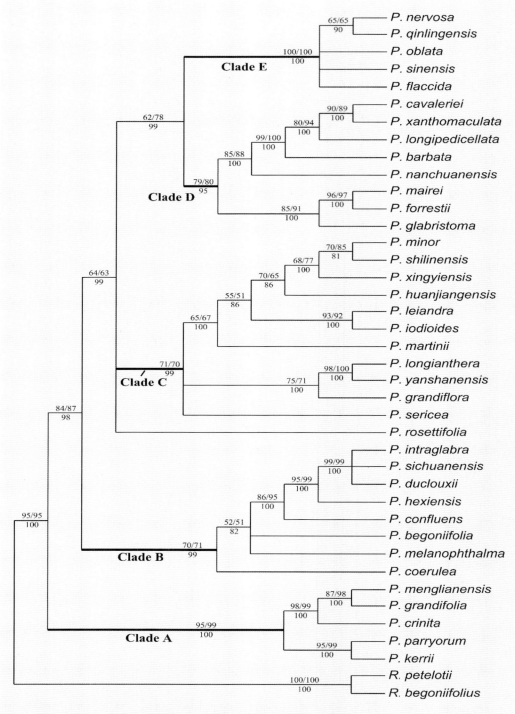

图 2-7　基于 nDNA 数据分析的 8 棵最大简约树的严格一致树（length = 642；CI = 0.872；RI = 0.849）

分支上部数值表示 MP 分析和 ML 分析中 bootstrap 分析对该分支的支持强度（>50%），分支下部数值是贝叶斯后验率（posterior probabilities）（>50%）

三、核基因和叶绿体基因联合树分析

对于 cpDNA 序列和 nDNA 序列联合数据的不一致检验显示 $P = 0.002$，说明这两个数据之间有极其显著的差异，根据上面对 cpDNA 树和 nDNA 树的比对可以看出，造成叶绿体基因数据和核基因数据冲突的主要原因是莲座石蝴蝶（ *P. rosettifolia* ）和长蕊石蝴蝶（ *P. longianthera* ）在两个基因组中的系统位置不一致造成的。去除这两个种后，再对 cpDNA 序列和 nDNA 序列进行联合数据的不一致检验，结果显示 $P = 0.25$，说明删除莲座石蝴蝶和长蕊石蝴蝶后的 cpDNA 数据和 nDNA 数据之间并不冲突，于是我们删除这两个种后进行 cpDNA 和 nDNA 的联合建树。联合数据矩阵的序列总长度为 7320bp，其中可变但无信息的位点为 774 个（占整个分析数据 10.57%），以及 587 个信息位点（占整个分析数据的 8.02%）。Modeltest 3.06（ Posada and Crandall，1998）显示 GTR+G 为联合数据矩阵的最优进化模型。最大简约法分析得出 1 棵树长为 1767 的最简约树，一致性指数（ CI ）为 0.886，保持性指数（ RI ）为 0.872。最简约树和贝叶斯树的拓扑结构完全一致。联合数据最简约树与单个基因系统树没有太大的区别，只是在各个节点的支持率比单个基因系统树上的支持率较高。在联合数据最大简约树上（图 2-8），仍然分为 5 个大支，并且每一个大支都得到了很强的支持（ MP-BS = 97% ～ 100%，ML-BS = 97% ～ 100%，PP = 100%），而且每一大支的内部关系也得到了很好的解决。相对于单独的 cpDNA 树和 nDNA 树，联合树在 clade A-E 上的支持率都有提高，在 clade D 和 clade E 之间及 clade C 和 clade D/E 之间的支持率也有了较大的提高。在各个大支的内部，联合树综合了 cpDNA 树和 nDNA 树的特征，使大支内部的几乎每个种的系统关系都得到了解决（图 2-6 ～图 2-8）。

四、形态树分析

形态数据矩阵的总长度为 41，全部为信息位点，Modeltest 3.06（ Posada and Crandall，1998）显示 TIM + G 为联合数据矩阵的最优进化模型。最大简约法分析得出 125 棵树长为 82 的最简约树，一致性指数（ CI ）为 0.842，保持性指数（ RI ）为 0.972。最简约树和贝叶斯树的拓扑结构基本一致，主要区别在于贝叶斯树在 clade C 上没有支持率（图 2-9）。形态数据的严格

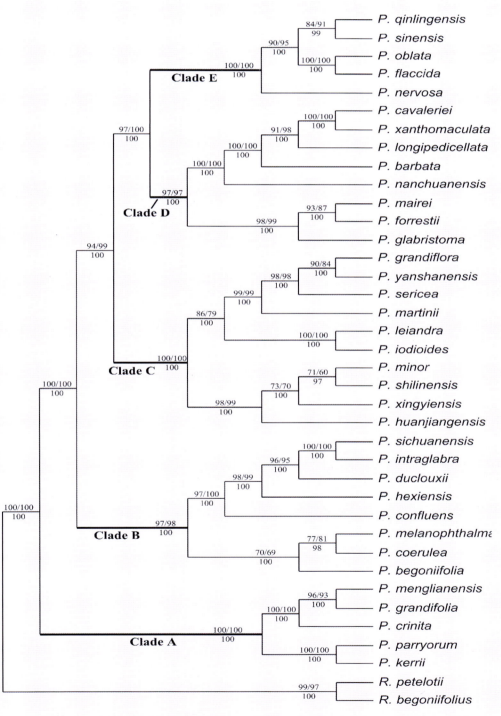

图 2-8　基于 cpDNA 和 nDNA 数据联合分析的 1 棵最大简约树（ length = 1767；CI = 0.886；RI = 0.872）

分支上部数值表示 MP 分析和 ML 分析中 bootstrap 分析对该分支的支持强度（ >50% ），分支下部数值是贝叶斯后验率（ posterior probabilities ）（ >50% ）

中国 石蝴蝶属 植物

一致树与 DNA 数据树在 5 个大支的划分上基本一致，但是形态树并没有很好的解决这 5 大支之间的关系，只是显示了 clade D 和 clade E 的近缘关系（MP-BS = PP = 100%），在各个大支的内部系统关系上，clade B、clade C 和 clade D 基本都是梳子结构，clade A 的内部关系与 cpDNA 树一致，clade C 中莲座石蝴蝶（*P. rosettifolia*）和长蕊石蝴蝶（*P. longianthera*）各自成为一支，其

余的 11 个类群聚在一起（MP-BS = 78%，PP = 85%），其中砚山石蝴蝶（*P. yanshanensis*）和大花石蝴蝶（*P. grandiflora*）单独成枝，剩余的 9 个类群基本以梳子结构聚为一支，得到较高的支持（MP-BS = 95%，PP = 100%），其中仅蒙自石蝴蝶（*P. iodioides*）和光蕊石蝴蝶（*P. leiandra*）的近缘关系得到了支持（MP-BS = 70%，PP = 79%）。

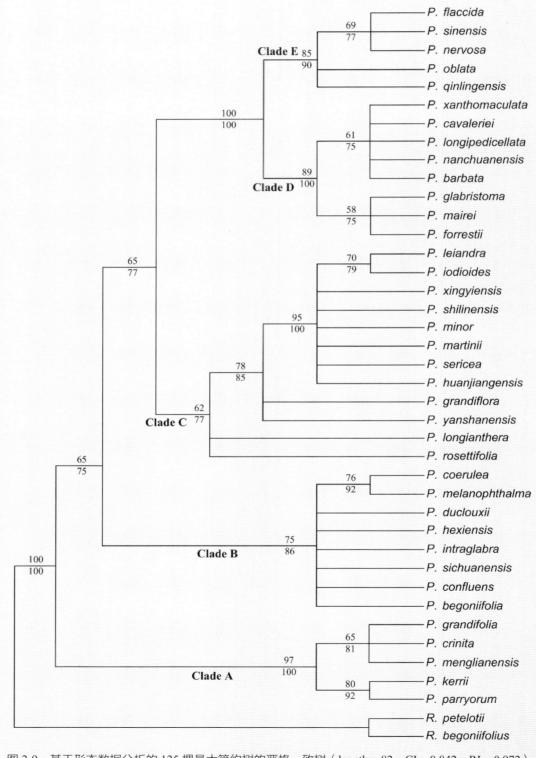

图 2-9　基于形态数据分析的 125 棵最大简约树的严格一致树（length = 82；CI = 0.842；RI = 0.972）
分支上部数值表示 MP 分析中 bootstrap 分析对该分支的支持强度（>50%），分支下部数值是贝叶斯后验率（posterior probabilities）（>50%）

五、DNA 和形态数据联合树分析

去除莲座石蝴蝶（*P. rosettifolia*）和长蕊石蝴蝶（*P. longianthera*）后，DNA 数据和形态数据之间的不一致检验显示 *P* = 0.082，说明分子数据和形态树据可以联合建树。分子和形态联合数据矩阵的序列总长度为 7361bp，其中可变但无信息的位点为 774 个（占整个分析数据 10.51%），以及 628 个信息位点（占整个分析数据的 8.53%）。最大简约法分析得出 1 棵树长为 1853 的最简约树，一致性指数（CI）为 0.882，保持性指数（RI）为 0.888。最简约树和贝叶斯树的拓扑结构完全一致（图 2-10）。分子和形态联合树与分子树的拓扑结构完全一致，只是在个别支持率上稍有上升或下降。

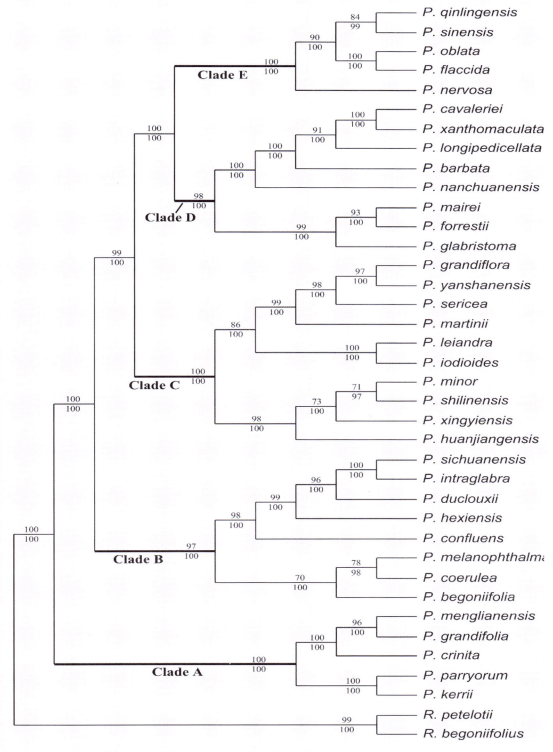

图 2-10　基于形态数据和 DNA 数据联合分析的 1 棵最大简约树（length = 1853；CI = 0.882；RI = 0.888）
分支上部数值表示 MP 分析中 bootstrap 分析对该分支的支持强度（>50%），分支下部数值是贝叶斯后验率（posterior probabilities）（>50%）

六、关键性状的祖先状态重建

根据外类群和上述 cpDNA 和 nDNA 树图分支情况，我们对石蝴蝶属植物形态性状的祖先状态及进化趋势作出系列判断。性状的祖先状态重建结果见图 2-11A-F，结果显示，石蝴蝶属的原始类群的植株叶片向上直立生长，而叶片呈莲座状，贴地面生长

的是稍进化的类群（图 2-11A）。花冠上唇比下唇稍短是石蝴蝶属的原始状态，然后上唇逐渐缩短到比下唇短约两倍甚至更短，然后再逐渐增长比下唇短约一倍，再到与下唇近等长（图 2-11B）。上唇裂片向前伸展是原始的，然后上唇裂片向后反折，然后上唇裂片向前延伸并横向折叠成龙骨状，然后再到上唇裂片向后反折（图 2-11B）。花冠筒内花丝下方有斑点是原始的，其实是下唇基部有斑点，花冠筒和下唇基部没有斑点或斑带是进化的

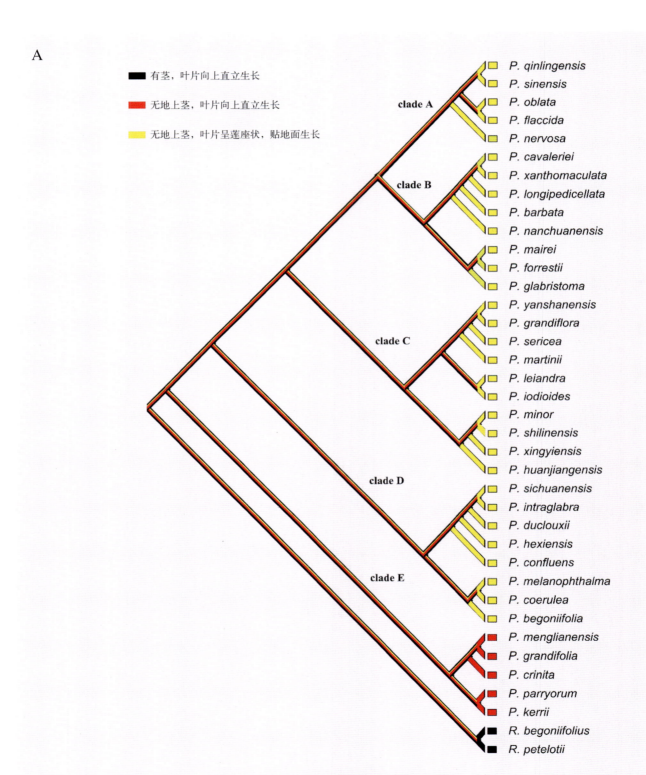

图 2-11　形态性状的祖先状态重建

A. 植株生长习性；B. 花冠上下唇长度比较及上唇裂片形态；C. 花冠内部斑点和斑带情况，雌蕊背腹部是否等大；D. 花冠筒与檐部长度比较，花冠筒下方是否膨大，可育雄蕊个数，花柱与花冠筒的位置关系及花柱顶部的弯曲情况；E. 花药顶端是否缢缩；F. 花丝是否膝状弯曲

（图2-11C）。雌蕊背腹部等大或稍不等大是原始的，而雌蕊背腹部明显不等大是进化的（图2-11C）。花冠筒比檐部稍长是石蝴蝶属的原始状态，而花冠筒远短于檐部则是进化的（图2-11D）。花冠筒在下方膨大是原始的，而花冠筒在下方不膨大是进化的（图2-11D）。花药孔裂是原始的，而花药纵裂是次生的（图2-11D）。具有4个可育雄蕊是原始的，而具有2个可育雄蕊是进化的（图2-11D）。花柱从花冠筒的上方伸出，顶部向下弯曲是原始的，而花柱从花冠筒中央或下方伸出，顶部直或向上弯曲时进化的特征（图2-11D）。花药在顶端之下缢缩是原始的状态，花药在顶部之下不缢缩是进化的（图2-11E）。花丝在石蝴蝶的原始类群中是不弯曲的，但是在中部膨大，随后进化出了花丝中部膨大的膝状弯曲的花丝，从图中可以看到花丝的膝状弯曲分别在clade A、clade B和clade C中独立起源了3次，较进化的类群的花丝稍弯曲，但中部不膨大（图2-11F）。

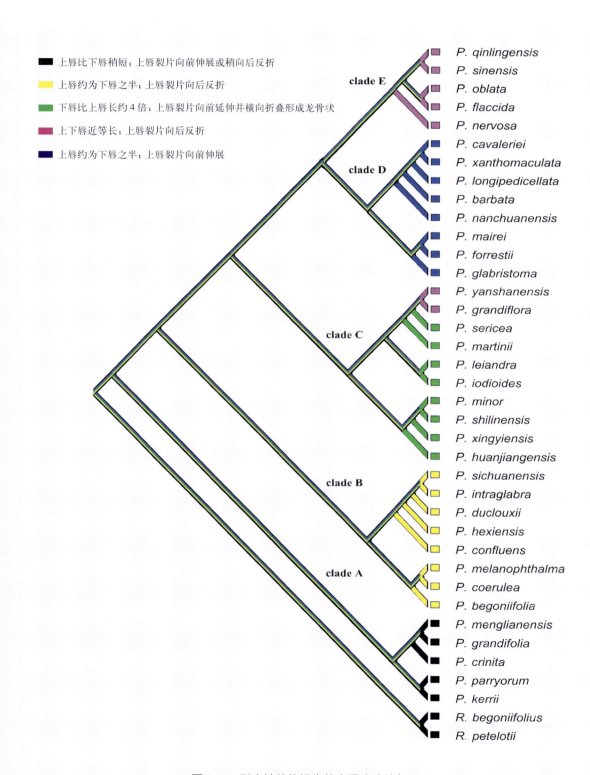

图2-11　形态性状的祖先状态重建（续）

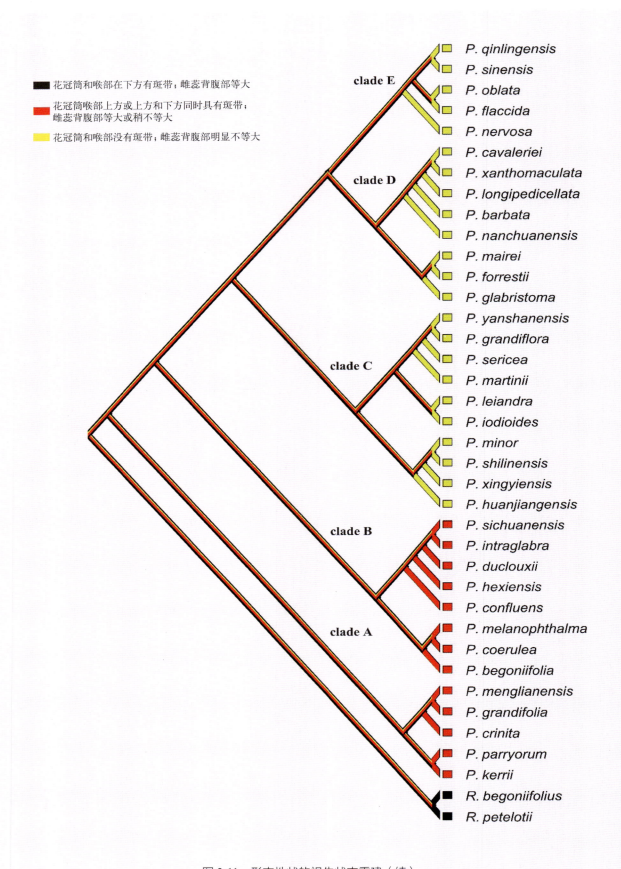

图 2-11　形态性状的祖先状态重建（续）

D

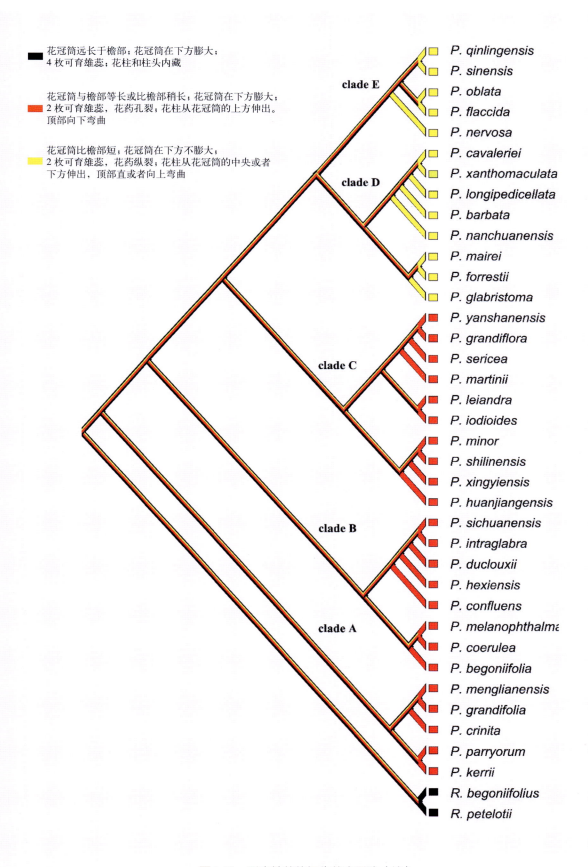

图 2-11 形态性状的祖先状态重建（续）

E

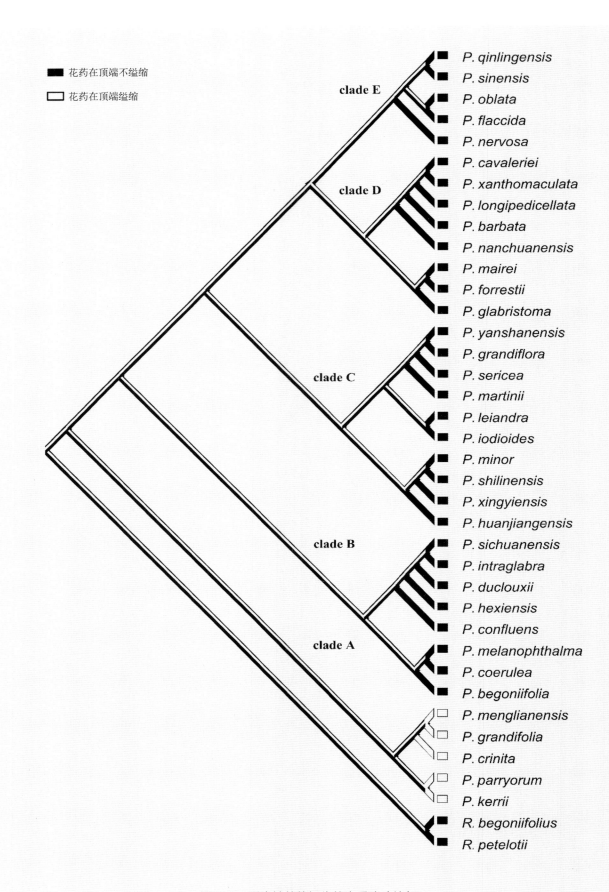

花药在顶端不缢缩
花药在顶端缢缩

clade E
clade D
clade C
clade B
clade A

P. qinlingensis
P. sinensis
P. oblata
P. flaccida
P. nervosa
P. cavaleriei
P. xanthomaculata
P. longipedicellata
P. barbata
P. nanchuanensis
P. mairei
P. forrestii
P. glabristoma
P. yanshanensis
P. grandiflora
P. sericea
P. martinii
P. leiandra
P. iodioides
P. minor
P. shilinensis
P. xingyiensis
P. huanjiangensis
P. sichuanensis
P. intraglabra
P. duclouxii
P. hexiensis
P. confluens
P. melanophthalma
P. coerulea
P. begoniifolia
P. menglianensis
P. grandifolia
P. crinita
P. parryorum
P. kerrii
R. begoniifolius
R. petelotii

图 2-11　形态性状的祖先状态重建（续）

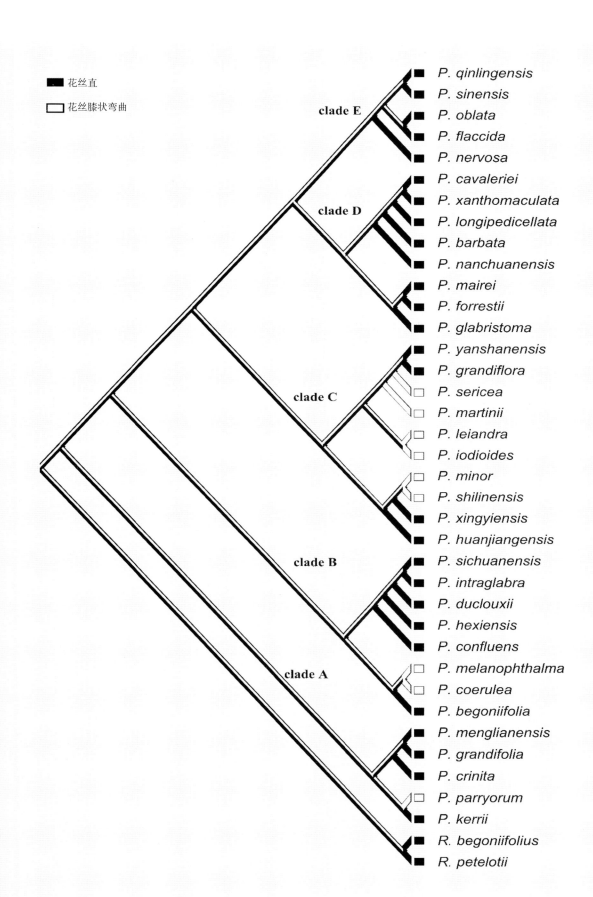

图 2-11 形态性状的祖先状态重建（续）

第三节　分析与讨论

一、石蝴蝶属的分子系统分析

在石蝴蝶属的传统分类中，根据花冠上下唇的长度对比、花药顶端是否缢缩及花萼的对称性等特征将石蝴蝶划分为3个组（Craib，1919；Wang，1985），即中华石蝴蝶组（sect. *Petrocosmea*）、石蝴蝶组（sect. *Anisochilus*）和滇泰石蝴蝶组（sect. *Deinanthera*）。在我们的分子系统分析中，只有滇泰石蝴蝶组的单系性得到了支持（图 2-6～图 2-8：clade A），而另外两个组的单系性都没有得到分子证据的支持。基于 6 个叶绿体基因片段的 cpDNA 树及 2 个核基因片段的 nDNA 树、以及两者的联合树都将石蝴蝶属植物分为了明显的 5 个大支，尤其是 cpDNA 和 nDNA 联合树很好的解决了石蝴蝶属内部的系统发育关系。

在王文采系统（1985）中，滇泰石蝴蝶组包括 3 个种和 1 个变种，即大叶石蝴蝶（*P. grandifolia*）、孟连石蝴蝶（*P. menglianensis*）、滇泰石蝴蝶（*P. kerrii*）及滇泰石蝴蝶的变种绵毛石蝴蝶（*P. kerrii* var. *crinita*），这个组的全部种类包含在 clade A 中。其中，大叶石蝴蝶、孟连石蝴蝶及绵毛石蝴蝶（*P. kerrii* var. *crinita*）关系最近，而滇泰石蝴蝶与来自石蝴蝶组的印缅石蝴蝶（*P. parryorum*）亲缘关系最近。滇泰石蝴蝶组的典型特征是花药在顶端缢缩，形成一个长约 0.5mm 的短钝头（Wang，1985）（图 2-12M）。经过重新观察印缅石蝴蝶的模式标本和解剖新鲜的花，我们发现印缅石蝴蝶的花药在顶端也是缢缩的，形成一个长约 0.4mm 的短钝头。所以，clade A 这一支都具有花药顶端缢缩这一近裔共性（synapomorphy）（图 2-12L，M）。Burtt（2001）也认为花药顶端缢缩是滇泰石蝴蝶组的典型特征。花药的顶端缢缩部分与两个药室是相通的，当花药成熟时，一旦来访的昆虫压迫花药，花粉就会从缢缩花药的顶部开口喷射到传粉者的身上，以完成传粉（Burtt，2001）。这一支的其他近裔共性还有花冠上唇比下唇稍短、上唇裂片 2 深裂、花冠筒比檐部稍短及在花丝正下方的花冠筒内部有两个深红褐色斑点。另外，在 DNA 序列上，这一支类群的 *trn*H-*psb*A 序列都有一段 6bp 的特有插入。

在 clade A 的内部，大叶石蝴蝶（*P. grandifolia*）与孟连石蝴蝶（*P. menglianensis*）关系最密切，它们在形态上也比较相似，比如都有白色的花冠，叶片上都有较硬的刚毛，外侧的叶片较大等，它们与变种绵毛石蝴蝶（*P. kerrii* var. *crinita*）互为姐妹群关系，这三者的相似之处是花冠白色，花丝直，中部稍膨大，稍被短腺毛。滇泰石蝴蝶（*P. kerrii*）与印缅石蝴蝶（*P. parryorum*）关系最近，它们的相似之处为花冠蓝紫色，花丝密被柔毛和腺毛。滇泰石蝴蝶和它的变种绵毛石蝴蝶的区别在于滇泰石蝴蝶的花冠为蓝紫色，花丝密被短柔毛和腺毛，花萼外面被短毛，而绵毛石蝴蝶的花冠为白色，花丝疏被短腺毛，花萼外面密被白色绵毛。我们的分子证据也不支持滇泰石蝴蝶与绵毛石蝴蝶的近缘关系，再加上它们的形态上也有较大的区别，根据分子和形态等证据，我们把绵毛石蝴蝶（*P. kerrii* var. *crinita*）提升到种的水平，建立绵毛石蝴蝶（*P. crinita*）。

图 2-12　石蝴蝶形态特征展示

A. 中华石蝴蝶；B. 显脉石蝴蝶；C. 扁圆石蝴蝶；D. 长梗石蝴蝶；E. 髯毛石蝴蝶；F. 南川石蝴蝶；G. 小石蝴蝶；H. 丝毛石蝴蝶；I. 滇黔石蝴蝶；J. 蓝石蝴蝶的盾形叶；K. 蓝石蝴蝶花序；L. 大叶石蝴蝶的雄蕊；M. 印缅石蝴蝶的雄蕊；N. 髯毛石蝴蝶的花柱；O. 石蝴蝶

在王文采系统（1985）中，石蝴蝶组（sect. *Anisochilus*）的髯毛石蝴蝶系（ser. *Barbatae*）共包括 12 个种和 1 个变种，其中的 5 个种和 1 个变种及后来发表的 2 个新种组成了分子系统树的 clade B，这一支也得到了形态上的很好支持，如它们都有一个比檐部稍长的花冠筒，花冠裂片为半圆形或圆形，花柱无毛，花冠筒下部有明显的膨大等近裔共性（图 2-12J-O）。这一支的 8 个种（变种）之间依次聚在一起成为多个二岐分支。蓝石蝴蝶、印缅石蝴蝶、黑眼石蝴蝶及环江石蝴蝶的叶片都为盾形（图 2-12J），王文采（1985）基于这一性状认为蓝石蝴蝶和印缅石蝴蝶具有较近的系统关系。我们的分子证据显示蓝石蝴蝶与印缅石蝴蝶的关系较远，它们分别聚在了不同的大支中（分别为 clade B 和 clade A）。由此看来，盾形叶片并不能反映两者的近缘关系，也就是并非它们的近裔共性。在石蝴蝶属的其他一些种中如大叶石蝴蝶（*P. grandifolia*）、孟连石蝴蝶（*P. menglianensis*）及滇泰石蝴蝶（*P. kerrii*）中偶尔也有盾形叶，故叶基部盾形这一形态特征并不具有系统发育意义，它在蓝石蝴蝶、印缅石蝴蝶、黑眼石蝴蝶及环江石蝴蝶中是独立发生的，将其用于系统发育关系分析也是不可靠的。

蓝石蝴蝶（*P. coerulea*）是石蝴蝶属中非常特殊的一个种，它具有独特的伞状聚伞花序（图 2-12K），花开放的大而多，往往是近轴端的一轮花先开放，然后远轴端的花再依次开放，并不断在远轴端产生新的花原基。这种花序是由聚伞花序极度缩短而来，是花序形态的一种特化。在分子树中，蓝石蝴蝶位于 clade B 的基部，显示了其比较特殊的系统位置。会东石蝴蝶（*P. mairei* var. *intraglabra*）与其原变种东川石蝴蝶（*P. mairei*）的区别在于前者的花冠内面无毛，花柱较短，无毛，花药小，三角形状卵形，花药位于花柱下方，而后者的花冠内面被毛，花柱较长，被毛，花药较大，圆卵形，花药位于花柱稍上方。分子证据不支持两者的近缘关系，它们在分子树上被分到了不同的两个大支中。会东石蝴蝶（*P. mairei* var. *intraglabra*）在 clade B 中，与四川石蝴蝶（*P. sichuanensis*）的亲缘关系最近。而东川石蝴蝶（*P. mairei*）在 clade D 中，与大理石蝴蝶（*P. forrestii*）的亲缘关系最近。鉴于以上的分子系统和形态分析，我们把会东石蝴蝶（*P. mairei* var. *intraglabra*）提升到种的级别，即会东石蝴蝶（*P. intraglabra*）。王文采（1985）根据花丝被毛而花冠内面无毛，认为秋海棠叶石蝴蝶（*P. begoniifolia*）、石蝴蝶（*P. duclouxii*）、四川石蝴蝶（*P. sichuanensis*）及会东石蝴蝶（*P. mairei* var. *intraglabra*）具有较近缘的亲缘关系，在我们的分子树中，这 4 个种都位于 clade B 中，但并没有形成一个单系，花丝无毛的汇药石蝴蝶（*P. confluens*）也位于该分支中并与石蝴蝶、四川石蝴蝶、合溪石蝴蝶（*P. hexiensis*）及会东石蝴蝶（*P. intraglabra*）的关系较近。因此传统上认为的花丝被毛而花冠内面无毛这些特征并不是这 4 个种的近裔共性。我们根据分子和形态证据，重新定义了石蝴蝶组，即 clade B。

clade C 包括石蝴蝶组（sect. *Anisochilus*）蒙自石蝴蝶系（ser. *Iodioides*）的全部 5 个种（变种）、中华石蝴蝶组（sect. *Petrocosmea*）的大花石蝴蝶（*P. grandiflora*），以及近年来发表的新种砚山石蝴蝶（*P. yanshanensis*）、石林石蝴蝶（*P. shilinensis*）、兴义石蝴蝶（*P. xingyiensis*）、环江石蝴蝶（*P. huanjiangensis*）。蒙自石蝴蝶系的独特特征在 Craib（1919）对石蝴蝶属进行第一次修订时就发现了。后来，王文采（1985）在修订时根据花冠上唇不明显 2 浅裂这一特征，将蒙自石蝴蝶（*P. iodioides*）、小石蝴蝶（*P. minor*）、丝毛石蝴蝶（*P. sericea*）、滇黔石蝴蝶（*P. martinii*）及滇黔石蝴蝶的变种光蕊滇黔石蝴蝶（*P. martinii* var. *leiandra*）划分为蒙自石蝴蝶系（ser. *Iodioides*）。我们的研究表明这一划分也得到了分子树的强烈支持。另外，我们重新观察了大花石蝴蝶（*P. grandiflora*）的模式标本后，发现其花冠上唇也是 2 浅裂，且上唇比下唇短一半以上。之前的研究认为大花石蝴蝶的上唇与下唇近等长并将其归入中华石蝴蝶组（sect. *Petrocosmea*）可能是由于对其标本的错误观察。这一支的同源共性为花冠上唇 2 浅裂或微裂，上唇较小，下唇比上唇短 1 倍以上，花柱沿背部花瓣伸出花冠筒（图 2-12G，H）。在 clade C 的内部又分为了明显的两支，一支为传统的蒙自石蝴蝶系（ser. *Iodioides*）的 4 个种及 1 个变种及砚山石蝴蝶，它们的共同特征是背部花冠裂片极度缩短，并且向后翻卷（砚山石蝴蝶除外），花柱紧贴花冠筒背部内壁伸出并被上唇围住，花丝膝状弯曲。另一支为小石蝴蝶、石林石蝴蝶、兴义石蝴蝶和环江石蝴蝶，它们的共同特征为花冠背部裂片平展，横向翻卷呈龙骨状，花丝膝状弯曲，中部稍膨大，密被腺毛。在蒙自石蝴蝶系（ser. *Iodioides*）的内部划分上，王文采（1985）依据叶基形状、叶片大小、叶片被毛等特征来判定种间的亲缘关系，但分子树并不支持这些性状的系统发育意义。光蕊滇黔石蝴蝶（*P. martinii* var. *leiandra*）与蒙自石蝴蝶（*P. iodioides*）关系较近缘，它们的叶片上都具有腺毛。而滇黔石蝴蝶（*P. martinii*）和丝毛石蝴蝶（*P. sericea*）的关系较近，它们的叶片无腺毛。分子系统树也并不支持滇黔石蝴蝶（*P. martinii*）和其变种光蕊滇黔石蝴蝶（*P. martinii* var. *leiandra*）的近缘关系，两者在形态上的区别在于前者叶片上无腺毛，花丝密被毛，叶片被稍贴伏的短毛，叶脉不明显，而后者的叶片上有腺毛，花丝疏被毛或无毛，叶脉明显。根据形态及分子证据，作者将光蕊滇黔石蝴蝶（*P. martinii* var. *leiandra*）提升到种级水平，即光蕊石蝴蝶（*P. leiandra*）。我们根据研究结果和形态上的分析，在 clade C 的基础上建立了新的组，即小石蝴蝶组（sect. *Minor* Zhi J. Qiu）。

clade D 中包括石蝴蝶组（sect. *Anisochilus*）髯毛石蝴蝶系（ser. *Barbatae*）的 5 个种和两个疑似新种南川石蝴蝶（*P. nanchuanensis*）、光喉石蝴蝶（*P. glabristoma*）及黄斑石蝴蝶（*P. xanthomaculata*）。这一支在形态上的近裔共性为下唇喉部有两个鲜亮的黄色斑点，花冠内外皆被毛，花冠筒内密被毛等（图 2-12D-F，N）。王文采（1985）认为贵州石蝴蝶（*P. cavaleriei*）、长梗石蝴蝶（*P. longipedicellata*）和髯毛石蝴蝶（*P. barbata*）由于在花柱上有开展的长髯毛而具有较近的亲缘关系，我们的分子树也支持它们之间的近缘关系。黄斑石蝴蝶和新种南川石蝴蝶的花柱上也密被开展的长髯毛，在分子树上这 5 个种聚在一起，得到了形态上的很好支持。在分子树上，南川石蝴蝶（*P. nanchuanensis*）与髯毛石蝴蝶（*P. barbata*）的亲缘关系最近，但是南川石蝴蝶的叶片稍小、叶片边缘浅波状、叶片两面都密被毛、以及子房宽卵球形以区别。在分子树上，大理石蝴蝶（*P. forrestii*）、东川石蝴蝶（*P. mairei*）及光喉石蝴蝶（*P. glabristoma*）的密切关系也得到了形态上的支持，即它们的花柱均疏被毛，在花冠筒内面均被毛。同样，我们根据分子证据和形态证据，在 clade D 的基础上建立了一个新的组，即髯毛石蝴蝶组（sect. *Barbatae* Zhi J. Qiu）。

传统分类中的中华石蝴蝶组（sect. *Petrocosmea*）包括显脉石蝴蝶（*P. nervosa*）、扁圆石蝴蝶（*P. oblata*）、菱软石蝴蝶（*P. flaccida*）、秦岭石蝴蝶（*P. qinlingensis*）、中华石蝴蝶（*P. sinensis*）及大花石蝴蝶（*P. grandiflora*）。前 5 个种组成了分子树中的 clade E，而大花石蝴蝶则是嵌在了 clade C 中。clade E 的近裔共性为花冠上下唇近等长，花萼辐射对称，5 裂达基部，花柱基部向下弯曲，花柱从花冠筒的中央偏下位置伸出（图 2-12 A-C）。在中华石蝴蝶组（sect. *Petrocosmea*）中，王文采（1985）依据叶脉下面是否明显，花萼外面被毛情况，以及花药的形状和叶片的形状与大小等来判断种间的亲缘关系。我们分子证据支持部分性状的系统发育意义，但是有些性状则是不可靠的，如"叶脉下面明显"并不是显脉石蝴蝶（*P. nervosa*）的自征，除显脉石蝴蝶外，中华石蝴蝶（*P. sinensis*）与秦岭石蝴蝶（*P. qinlingensis*）的叶脉下面也很明显。扁圆石蝴蝶（*P. oblata*）的花萼及叶片上都是疏被短毛，其叶片上方仿佛有一层蜡质，这使得其上被毛较少，这可能跟它的稍微干燥的生长环境有关。菱软石蝴蝶（*P. flaccida*）的花萼及叶片上都被毛，但它的叶片扁圆形，花冠上唇裂片向后弯曲等特征与扁圆石蝴蝶（*P. oblata*）比较相似，两者的近缘关系在分子树上也得到了支持。秦岭石蝴蝶（*P. qinlingensis*）与中华石蝴蝶（*P. sinensis*）在分子树上聚为一支，它们的近缘关系在形态上也得到了支持，其相近的特征为叶片菱形或圆卵形，花冠上唇裂片较叉开等。

clade D 与 clade E 在分子树上为姐妹群关系，它们之间近缘关系在形态上也得到了支持。如这两支的花柱都是从花冠筒的中央或中央偏下方伸出，而不是偏向上唇一方，它们的花药都是位于花柱的上方或两侧及花药两药室平行或近平行。花柱伸出的空间位置及花药和花柱的相对位置可能是对特定传粉者的一种适应。clade C 与 clade D/E 为姐妹群关系，它们的共同衍征为花冠下唇都是 3 裂超过中部。clade B 与 clade C/D/E 的共同衍征为花药顶端不缢缩，花冠筒内的斑点颜色较浅或者无斑点。用于构建石蝴蝶属系统属的外类群是与石蝴蝶属最为近缘的漏斗苣苔属的大苞漏斗苣苔和合萼漏斗苣苔。该属均为 4 雄蕊的有茎植物类群。石蝴蝶属可能是由具有 4 雄蕊的漏斗苣苔属植物演化过来的。石蝴蝶属与漏斗苣苔属的近缘关系在形态上也得到了相应支持，即石蝴蝶属基部类群的一些形态特征与漏斗苣苔属有较大的相似性，如花冠筒较长，花冠筒下部膨大，上唇比下唇稍短及上唇 2 裂近中部等。

莲座石蝴蝶（*P. rosettifolia*）和长蕊石蝴蝶（*P. longianthera*）在 cpDNA 树和 nDNA 树中的系统位置存在很大的分歧。在 cpDNA 树中长蕊石蝴蝶位于 clade C 的最基部，而在 nDNA 树上则是与砚山石蝴蝶（*P. yanshanensis*）以最大支持率聚在一

起。造成这种叶绿体基因树和核基因树不一致的原因与机制在分子系统研究中已有许多探讨（Soltis and Soltis，1998）。物种间杂交就是可能的原因之一，杂交在自然界中普遍存在并且是物种形成的重要机制之一（Arnold，1997；Arnold *et al.*，2003；Grant，1981；Arnold and Bennett，1993；Rieseberg *et al.*，2003；Stebbins，1959）。长蕊石蝴蝶和砚山石蝴蝶都分布在云南砚山县，它们的分布区有部分重叠。另外，滇黔石蝴蝶（*P. martinii*）在砚山县也有分布，这 3 个种的花期、生活习性及传粉者都基本相同，而且长蕊石蝴蝶在形态上大多居于砚山石蝴蝶和滇黔石蝴蝶之间，如叶片背面被毛长度、花丝被毛长度、苞片长度等数量性状，以及叶片形状、叶片边缘、苞片形状、花冠上唇形状、花药形状等。所以长蕊石蝴蝶可能是砚山石蝴蝶和滇黔石蝴蝶的杂交种（Qiu *et al.*，2011）。莲座石蝴蝶在 cpDNA 树中位于 clade C 内部，但是在 nDNA 树上却与 clade C-E 并列聚为一支。莲座石蝴蝶在形态上与小石蝴蝶较为相似，但是它的花冠上唇 2 裂达中部，花冠上唇长度约为下唇的一半，花丝不膝状弯曲以区别。莲座石蝴蝶特产于云南景东县，在其分布地没有发现其他石蝴蝶属植物存在，它在叶绿体基因树和核基因树之间的系统位置的不一致性的原因除了可能的自然杂交以外，可能还有其他原因，如基因渐渗（introgression）、不完全谱系分选（incomplete lineage sorting）、基因横向转移（horizontal gene transfer）及叶绿体捕获（chloroplast capture）等，这些均有待于进一步深入研究。

二、关键性状的演化趋势

王文采（1985）认为，石蝴蝶属性状演化的 3 条主线是花萼辐射对称、萼片分生向花萼左右对称、萼片合生方向演化，花冠上唇与下唇近等长向上唇比下唇短 2 倍或更多方向演化，花药不缢缩向花药在顶端之下缢缩方向演化。这种演化趋势与被子植物一般的演化路线是一致的，比如一般认为被子植物的辐射对称花是原始的，而两侧对称花是由辐射对称花进化而来的（Fritsch，1893-1894；Wang，1990；Wang *et al.*，2010）。从性状的祖先状态重建及形态树上可以看出，石蝴蝶属在一些关键的形态性状上有着不同于传统的演化趋势，比如 clade A 的花冠是典型的两侧对称型。这是石蝴蝶属花型最原始的状态，然后逐渐向更加特化的两侧对称型花冠的方向演化（clade A-clade B-clade C），然后再反方向地向近辐射对称型的花冠演化（clade C-clade D-clade E）。clade C 中的花冠上唇极度缩短，形成了非常特化的两侧对称花，而在较进化的类群 clade E 中，花冠上下唇近等长，花冠近似辐射对称型。这种近似辐射对称型的花冠在石蝴蝶属中具有较高的进化位置，显然是由两侧对称花冠次生演化过来的。花萼的对称型也同样具有这一趋势，石蝴蝶属的基部类群的花萼都是两侧对称的，上方的 3 个萼片稍合生。而在较进化类群 clade E 中，花萼为辐射对称，5 裂达基部。这说明在石蝴蝶属中花萼两侧对称是原始的，而花萼辐射对称是次生的，是从两侧对称进化而来的。性状的祖先状态重建显示顶端缢缩的花药是石蝴蝶属中最原始的花药状态（图 2-11E），这种顶端缢缩的花药

逐渐向顶端稍收缩的方向演化，最后形成了两药室平行或近平行的花药。另外在花冠上的斑点的进化上，石蝴蝶属原始类群在花丝下方的花冠筒内壁上是有斑点的，而且斑点的颜色较深（图2-11C），随着石蝴蝶属植物的特化，这种花冠筒内壁上的斑点颜色逐渐变弱再到最后消失，随后在进化位置较高的 clade D 中又在下唇喉部演化出了鲜黄色斑点。这些斑点的功能我们目前尚且不知，是否和传粉媒介有关有待于进一步的研究。花丝较短且中部膨大是石蝴蝶属的祖先状态，而花丝的膝状弯曲则是多次独立起源的，从花丝弯曲的祖先状态重建树上可以看出膝状弯曲的花丝在石蝴蝶属中独立起源了3次。花冠背部裂片平展、花冠筒下部膨大、花药位于花柱下部、花药孔裂、花柱从花冠筒的上部伸出且花柱顶端稍向下弯曲是石蝴蝶属较原始的花型特征，而花冠背部裂片翻卷或反折、花冠筒下部不膨大、花药位于花柱上部或两侧、花药纵裂、花柱从花冠筒的中央或中央偏下伸出且花柱顶端稍向上弯曲是石蝴蝶属较为进化的花型特征。这些特征的进化可能与其特化的传粉者之间有着密切的联系，具体讨论详见"三、石蝴蝶属的花部特征对传粉者的适应性进化"部分。

三、石蝴蝶属的花部特征对传粉者的适应性进化

石蝴蝶属的形态变异比较大，尤其表现在花部性状方面，比如花冠上唇的形状、大小、与下唇的长度比例，花冠筒的长短、是否膨大、斑点，花药的形状、开裂方式、与花柱位置关系，花丝的毛被、弯曲程度，花柱的弯曲、毛被，柱头的朝向等，在一个属中有如此丰富的变异在苦苣苔科甚至在唇形目中都不多见。然而造成这丰富变异的原因是什么呢，这种变异与进化源动力是什么呢。我们试图从花部性状与传粉者之间的互作关系方面来讨论可能的机制。

被子植物的传粉生物学及花与传粉者之间的相互适应一直是生物学研究的热点问题，被子植物花部进化的一个典型论题是传粉者对花的进化起了决定性的作用。传粉生物学家们通过大量的相关研究表明，传粉者类型和行为对植物生殖结构的各种组成，对其完成生殖成功，甚至对其特定的交配方式都有显著的影响（Herrera，1988；Caruso，2000；Jones and Reithel，2001；Totland，2001）。由传粉者选择作用形成的自然选择力是植物花部适应性进化的主要动因，进而成为被子植物物种形成的主要源动力之一。传粉者对植物生殖结构的选择作用最主要体现在其花部构成方面，这种选择作用的强度和速度对于一些拥有专性传粉者植物的花部结构而言更加明显（Nilsson，1988；Galen，1996；Schemske and Bradshaw，1999；Fenster et al.，2004）。传粉生物学家通过观察花部特征如何去吸引传粉者和促进传粉成功，已经鉴别出了一些适合于特定传粉者的花部性状（Smith，2010）。在一百多年前达尔文（1877年）就曾研究过兰花的各部位在形状、大小、方位等方面的变化是如何与其传粉者的类型相关联的。

我们对石蝴蝶属的繁殖生物学及传粉生物学进行了初步的研究，从石蝴蝶属的花形态及对传粉者的野外观察可知石蝴蝶

植物是异花授粉植物，其传粉者主要是蜂类、蝇类或蛾类等。石蝴蝶属所在的苦苣苔科也多为异花授粉植物，其主要的传粉媒介为动物，如蜂类、蜂鸟、蝙蝠等（Burtt，1962；Wiehler，1983）。传粉综合特征（pollination syndrome）是与吸引和利用特殊传粉者相关的包括奖励机制在内的一系列花部特征（Fenster et al.，2004）。植物与传粉者之间的互作关系及花形态对这种互作关系的影响早在18世纪就引起了研究者的注意。达尔文（1862年）及其他研究者也都对花部形态的综合特征反映传粉者的类型进行过详细的探讨。从石蝴蝶属的形态研究可以看出其花部形态特征为了适应不同的传粉者而发生了明显的分化，每个种都为了适应其可能的特定传粉者而演化出了一系列的传粉综合特征，这主要表现在花的颜色、大小、形状，花冠裂片的大小、形状、开裂程度、斑点，雄蕊的形态、被毛，雌蕊的大小、形状、被毛，雄蕊与雌蕊的相对位置等方面。

石蝴蝶属植物的花冠大部分是蓝色、紫色或蓝紫色，个别种为白色，如孟连石蝴蝶（P. menglianensis）、大叶石蝴蝶（P. grandifolia）、绵毛石蝴蝶（P. crinita）的花冠都为白色。不同类型的传粉者对颜色的偏好各有不同，因而对花类型的选择及对所选择的花形态的改变也各有不同，如鸟类传粉的花颜色为典型的红色或橘黄色，蜜蜂蝇类传粉的花颜色多为蓝色或紫色，蛾类传粉的花颜色多为白色（Rausher，2008；Arnold et al.，2009）。Martén-Rodríguez 等（2010）在对加勒比地区的苦苣苔科植物的研究中也指出苦苣苔花冠颜色的变化与其传粉功能群的变化有很强的关联性。石蝴蝶属的花冠颜色分化很可能是其特定的传粉者对颜色的偏好长期选择的结果，这种花冠颜色的分化在系统发育树上也有很好的反映。在核 DNA 树、叶绿体 DNA 树及两者的联合树上，孟连石蝴蝶、大叶石蝴蝶和绵毛石蝴蝶（P. kerrii var. crinita）这3个具有白色花冠的种（变种）聚为一枝，位于石蝴蝶属系统发育的基部类群中，这些种在系统发育中的位置与其相似的特定传粉功能群是相关联的。

在石蝴蝶属的花冠形态分化中，最明显的是其背部花冠的形态特征分化。位于系统树最顶端的5个种，即扁圆石蝴蝶（P. oblata）、萎软石蝴蝶（P. flaccida）、中华石蝴蝶（P. sinensis）、秦岭石蝴蝶（P. qinlingensis）和显脉石蝴蝶（P. nervosa）的花冠上唇2裂近基部并且其背部裂片向后反折。这一反折结构可能恰好是为传粉者提供的降落平台，是一种扩大传粉类群、促进传粉效率的机制。我们在野外观察中也频繁发现蜂类以反折结构的上唇为降落平台进入花中访问的现象。clade D 中的花冠上唇则是2深裂，且背部裂片不向后反折而是直立向前伸展，这种向前伸展的裂片在一定程度上成为了传粉者进入花冠筒内部的一种辅助结构。而在 clade C（除 P. yanshanensis 和 P. grandiflora 外）中，花冠上唇2微裂，花冠的背部裂片极度缩短，并且向后翻卷，使得上唇形成窄三角状的脊状结构，这一结构使花冠下唇的降落平台功能凸显出来，这可能是其对特化的传粉者长期选择花冠下唇作为识别和降落平台的适应性结果。而 clade A 和 clade B 的上唇2裂近中部，裂片平展，可能是对较广谱的传粉功能群的适应。花冠形态的改变尤其是提供给传粉者的降落平台的改变对传

粉者对花的识别有很大的影响，而特化传粉者类群的选择压力也对花冠定向的形态变化有促进和塑造作用（Whitney and Glover，2007）。

花冠筒的长度、内部颜色、被毛及下部是否膨大在石蝴蝶属中也有着规律性的变化。花冠筒的长度和开口大小能加强对传粉者大小的限制，花冠筒越长、开口越小，传粉系统就会越特化，反之，较短而开口较大的花冠筒则是对较广谱性的传粉机制的适应（Martén-Rodríguez et al.，2010；Smith，2010）。clade E到clade B的花冠筒逐渐变长，而开口则从clade E到clade C逐渐变小再向clade A逐渐变大，反映了石蝴蝶属由广谱性传粉机制到特化的传粉机制再到广谱性传粉机制的演化路线。另外，在clade C和clade B中花冠筒的下部都有明显的膨大，膨大后的花冠筒的腹部空间增大，更有利于传粉者从花冠的腹部进入来取食花粉，这也是对传粉者的一种适应性进化。

雄蕊作为雄性功能的直接参与部位，其形态与结构在作用于雄性功能的选择压力下会表现出一定的分化，这些分化往往是在对传粉者的适应下提高花粉贡献的有效性，从而提高雄性生殖成功率（Barrett，2002；Castellanos et al.，2006）。植物在花部形态结构上主要通过包装机制（packing mechanism）和分摊机制（dispensing mechanism）两种途径来控制花粉呈现（Lloyd and Yates，1982；Harder and Thomson，1989；Harder and Wilson，1994；Castellanos et al.，2006）。在石蝴蝶属中至少存在花粉二次呈现（secondary pollen presentation）和触碰式（tripped）散粉两种分摊机制（Percival，1965；Howell et al.，1993；Nagy et al.，1999）。clade D和clade E的花药为卵形或长卵形，成熟时纵裂，花药的两药室平行或上部稍窄，而clade A、clade B和clade C的花药成熟时在顶部孔裂，花药在顶部收缩，clade A的花药更是在顶端缢缩成一个小钝头。孔裂花药中的花粉只能通过花药顶端的裂口逐步散出，能够有效的控制花粉散出的速度和数量，而且往往需要特化的传粉者，所以孔裂花药也是分摊策略之一（Harder and Thomson，1989）。在clade D中，花冠筒内部密被柔毛，花柱上也密被长髯毛（除 P. forrestii 和 P. mairei 外），纵裂的花药成熟时会散布大量的花粉，为了防止花粉折损，这些散布的花粉会大量的粘在花冠筒或花柱的柔毛上，起到花粉二次呈现的作用，随着这些表皮毛的慢慢回缩，花粉才逐渐被传粉者取走，从而控制花粉转移的数量（Lloyd and Yates，1982）。

花丝的长度、被毛及是否弯曲等在石蝴蝶属中也有着明显的分化，这些分化跟其传粉者的传粉行为有着密切的联系（Manktelow，2000）。clade D和clade E的花丝一般较细，疏被短毛或无毛，花丝一般向上生长而把花药呈现在花柱两侧或上方，而clade D和clade E的花冠形态又限定了其传粉者只能从花冠筒上部进入，传粉者进入后恰好能取食呈现在花柱两侧或上方的花药中的花粉，从而达到传粉的目的。由于clade A、clade B和clade C的花部特征只能允许传粉者从花冠筒的下部进入，它们的花丝一般较粗，且密被腺毛或短腺毛，在中部有膨大或者膝状弯曲，这些特征都有利于传粉者进入花冠筒后对花

药的识别和定位。

雌蕊作为植物繁殖器官中极其重要的一部分，在大部分类群中其结构较为保守和稳定，但是在一些群体中其形态结构为适应传粉者也发生了明显的变化，但是这些形态结构的变化多集中在花柱长短及弯曲形式上，如二型花柱、三型花柱、镜像花柱等（Ganders，1979；Barrett and Richards，1990；Thompson et al.，1996）。而多数这种雌蕊形态的改变与传粉者有密切的联系，即更近一步的促进异交，抑制自交（Charlesworth and Charlesworth，1979；Lloyd and Webb，1992）。石蝴蝶属植物都是通过柱头探出式雌雄异位（approach herkogamy）来避免自交而促进异交的，雌蕊的分化主要表现在子房与花柱的弯曲上，在clade E中，花柱基部向下弯曲使得花柱从花冠筒的中央偏下伸出，花柱的顶端向上弯曲而使柱头稍微上翘。在clade D中，花柱从花冠筒的中央伸出，有时向下偏移，这些正是为适应传粉者从花冠筒上部进入而特化的结构。而在clade A、clade B和clade C中，子房向背部偏移，花柱紧贴或沿着上唇内壁伸出，从而使花冠筒的下部空间增大，花柱顶端稍往下弯曲，这些特化结构与其传粉者从花冠筒下部进入是密切相关的。石蝴蝶属的花药和花柱的位置关系也随着传粉系统的不同而发生了适应性的分化。在clade D和clade E中花药位于花柱的两侧或花柱上方，而clade A、clade B和clade C的花药则位于花柱的下方，而传粉者对进入花冠筒的方式的选择压力在很大程度上是促使花药与花柱相对位置变化的源动力。同时，花丝膝状弯曲的方向也和这一花药和花柱相对位置关系相对应。

在自然界中，异花传粉的花通过各种方式来吸引传粉者的访问，花提供的花粉和花蜜都是对传粉者的报酬，在一些种的花冠上具有被称为蜜导（honey guide）的色斑，其作用在于能在近距离引导昆虫迅速地找到蜜源与花粉。石蝴蝶属花冠上的斑点有两种类型，第一种类型是在花冠下唇裂片的基部位置的两块斑点，第二种类型是在花丝正下方的花冠筒内壁上的斑点。这些斑点所在位置的表皮细胞往往是锥形乳突状细胞。这种细胞对于增强可视色彩及反射光线具有重要的意义，这些表皮层的细胞不仅是传粉者降落前的招引信号而且也可能作为传粉者降落后的触觉信号（Whitney and Glover，2007）。clade E中的花冠筒内部为淡黄色，但是没有斑点的存在。而clade D的花冠都具有第一种类型的鲜黄色斑点，这对传粉者识别及定位花部器官起到了引导作用。clade A、clade B和clade C的花冠往往具有第二种类型的斑点，这种斑点多为紫色或深紫褐色，形状近似于心形，可能是对花药的一种模拟，这些斑点一般在传粉者降落在腹部花瓣上以后才能看见，对传粉者有引导其寻找花粉的作用，或者是一种欺骗诱导行为。

在石蝴蝶属中，除少数种［如中华石蝴蝶（P. sinensis）、大理石蝴蝶（P. forrestii）］的分布稍广之外，大部分种的分布区域都较为狭小，并且不同种之间分布区域基本没有重叠，即在同一地域或区域内只有一种石蝴蝶存在（Wang，1985；Li and Wang，2004）。这使得石蝴蝶属植物在不同传粉功能群的选择压力下进

逐渐向顶端稍收缩的方向演化，最后形成了两药室平行或近平行的花药。另外在花冠上的斑点的进化上，石蝴蝶属原始类群在花丝下方的花冠筒内壁上是有斑点的，而且斑点的颜色较深（图 2-11C），随着石蝴蝶属植物的特化，这种花冠筒内壁上的斑点颜色逐渐变弱再到最后消失，随后在进化位置较高的 clade D 中又在下唇喉部演化出了鲜黄色斑点。这些斑点的功能我们目前尚且不知，是否和传粉媒介有关有待于进一步的研究。花丝较短且中部膨大是石蝴蝶属的祖先状态，而花丝的膝状弯曲则是多次独立起源的，从花丝弯曲的祖先状态重建树上可以看出膝状弯曲的花丝在石蝴蝶属中独立起源了 3 次。花冠背部裂片平展、花冠筒下部膨大、花药位于花柱下部、花药孔裂、花柱从花冠筒的上部伸出且花柱顶端稍向下弯曲是石蝴蝶属较原始的花型特征，而花冠背部裂片翻卷或反折、花冠筒下部不膨大、花药位于花柱上部或两侧、花药纵裂、花柱从花冠筒的中央或中央偏下伸出且花柱顶端稍向上弯曲是石蝴蝶属较为进化的花型特征。这些特征的进化可能与其特化的传粉者之间有着密切的联系，具体讨论详见"三、石蝴蝶属的花部特征对传粉者的适应性进化"部分。

三、石蝴蝶属的花部特征对传粉者的适应性进化

石蝴蝶属的形态变异比较大，尤其表现在花部性状方面，比如花冠上唇的形状、大小、与下唇的长度比例，花冠筒的长短、是否膨大，斑点，花药的形状、开裂方式、与花柱位置关系，花丝的毛被、弯曲程度，花柱的弯曲、毛被、柱头的朝向等，在一个属中有如此丰富的变异在苦苣苔科甚至在唇形目中都不多见。然而造成这种丰富变异的原因是什么呢，这种变异与进化源动力是什么呢。我们试图从花部性状与传粉者之间的互作关系方面来讨论可能的机制。

被子植物的传粉生物学及花与传粉者之间的相互适应一直是生物学研究的热点问题，被子植物花部进化的一个典型论题是传粉者对花的进化起了决定性的作用。传粉生物学家们通过大量的相关研究表明，传粉者类型和行为对植物生殖结构的各种组成，对其完成生殖成功，甚至对其特定的交配方式都有显著的影响（Herrera，1988；Caruso，2000；Jones and Reithel，2001；Totland，2001）。由传粉者选择作用形成的自然选择力是植物花部适应性进化的主要动因，进而成为被子植物物种形成的主要源动力之一。传粉者对植物生殖结构的选择作用最主要体现在其花部构成方面，这种选择作用的强度和速度对于一些拥有专性传粉者植物的花部结构而言更加明显（Nilsson，1988；Galen，1996；Schemske and Bradshaw，1999；Fenster et al.，2004）。传粉生物学家通过观察花部特征如何去吸引传粉者和促进传粉成功，已经鉴别出了一些适合于特定传粉者的花部性状（Smith，2010）。在一百多年前达尔文（1877 年）就曾研究过兰花的各部位在形状、大小、方位等方面的变化是如何与其传粉者的类型相关联的。

我们对石蝴蝶属的繁殖生物学及传粉生物学进行了初步的研究，从石蝴蝶属的花形态及对传粉者的野外观察可知石蝴蝶属

植物是异花授粉植物，其传粉者主要是蜂类、蝇类或蛾类等。石蝴蝶属所在的苦苣苔科也多为异花授粉植物，其主要的传粉媒介为动物，如蜂类、蜂鸟、蝙蝠等（Burtt，1962；Wiehler，1983）。传粉综合特征（pollination syndrome）是与吸引和利用特殊传粉者相关的包括奖励机制在内的一系列花部特征（Fenster et al.，2004）。植物与传粉者之间的互作关系及花形态对这种互作关系的影响早在 18 世纪就引起了研究者的注意。达尔文（1862 年）及其他研究者也都对花部形态的综合特征反映传粉者的类型进行过详细的探讨。从石蝴蝶属的形态研究可以看出其花部形态特征为了适应不同的传粉者而发生了明显的分化，每个种都为了适应其可能的特定传粉者而演化出了一系列的传粉综合特征，这主要表现在花的颜色、大小、形状，花冠裂片的大小、形状、开裂程度，斑点，雄蕊的形态、被毛，雌蕊的大小、形状、被毛，雄蕊与雌蕊的相对位置等方面。

石蝴蝶属植物的花冠大部分是蓝色、紫色或蓝紫色，个别种为白色，如孟连石蝴蝶（P. menglianensis）、大叶石蝴蝶（P. grandifolia）、绵毛石蝴蝶（P. crinita）的花冠都为白色。不同类型的传粉者对颜色的偏好各有不同，因而对花类型的选择及对所选择的花形态的改变也各有不同，如鸟类传粉的花颜色为典型的红色或橘黄色，蜜蜂蝇类传粉的花颜色多为蓝色或紫色，蛾类传粉的花颜色多为白色（Rausher，2008；Arnold et al.，2009）。Martén-Rodríguez 等（2010）在对加勒比地区的苦苣苔科植物的研究中也指出苦苣苔花冠颜色的变化与其传粉功能群的变化有很强的关联性。石蝴蝶属的花冠颜色分化很可能是其特定的传粉者对颜色的偏好长期选择的结果，这种花冠颜色的分化在系统发育树上也有很好的反映。在核 DNA 树、叶绿体 DNA 树及两者的联合树上，孟连石蝴蝶、大叶石蝴蝶和绵毛石蝴蝶（P. kerrii var. crinita）这 3 个具有白色花冠的种（变种）聚为一枝，位于石蝴蝶属系统发育的基部类群中，这些种在系统发育中的位置与其相似的特定传粉功能群是相关联的。

在石蝴蝶属的花冠形态分化中，最明显的是其背部花冠的形态特征分化。位于系统树最顶端的 5 个种，即扁圆石蝴蝶（P. oblata）、萎软石蝴蝶（P. flaccida）、中华石蝴蝶（P. sinensis）、秦岭石蝴蝶（P. qinlingensis）和显脉石蝴蝶（P. nervosa）的花冠上唇 2 裂近基部并且其背部裂片向后反折。这一反折结构可能恰好是为传粉者提供的降落平台，是一种扩大传粉类群、促进传粉效率的机制。我们在野外观察中也频繁发现蜂类以反折结构的上唇为降落平台进入花中访问的现象。clade D 中的花冠上唇则是 2 深裂，且背部裂片不向后反折而是直立向前伸展，这种向前伸展的裂片在一定程度上成为了传粉者进入花冠筒内部的一种辅助结构。而在 clade C（除 P. yanshanensis 和 P. grandiflora 外）中，花冠上唇 2 微裂，花瓣的背部裂片极度缩短，并且向后翻卷，使得上唇形成窄三角状的脊状结构，这一结构使花冠下唇的降落平台功能凸显出来，这可能是其对特化的传粉者长期选择花冠下唇作为识别和降落平台的适应性结果。而 clade A 和 clade B 的上唇 2 裂近中部，裂片平展，可能是对较广谱的传粉功能群的适应。花冠形态的改变尤其是提供给传粉者的降落平台的改变对传

粉者对花的识别有很大的影响，而特化传粉者类群的选择压力也对花冠定向的形态变化有促进和塑造作用（Whitney and Glover，2007）。

花冠筒的长度、内部颜色、被毛及下部是否膨大在石蝴蝶属中也有着规律性的变化。花冠筒的长度和开口大小能加强对传粉者大小的限制，花冠筒越长、开口越小，传粉系统就会越特化，反之，较短而开口较大的花冠筒则是对较广谱性的传粉机制的适应（Martén-Rodríguez et al.，2010；Smith，2010）。clade E到clade B的花冠筒逐渐变长，而开口则从clade E到clade C逐渐变小再向clade A逐渐变大，反映了石蝴蝶属由广谱性传粉机制到特化的传粉机制再到广谱性传粉机制的演化路线。另外，在clade C和clade B中花冠筒的下部都有明显的膨大，膨大后的花冠筒的腹部空间增大，更有利于传粉者从花冠的腹部进入来取食花粉，这也是对传粉者的一种适应性进化。

雄蕊作为雄性功能的直接参与部位，其形态与结构在作用于雄性功能的选择压力下会表现出一定的分化，这些分化往往是在对传粉者的适应下提高花粉贡献的有效性，从而提高雄性生殖成功率（Barrett，2002；Castellanos et al.，2006）。植物在花部形态结构上主要通过包装机制（packing mechanism）和分摊机制（dispensing mechanism）两种途径来控制花粉呈现（Lloyd and Yates，1982；Harder and Thomson，1989；Harder and Wilson，1994；Castellanos et al.，2006）。在石蝴蝶属中至少存在花粉二次呈现（secondary pollen presentation）和触碰式（tripped）散粉两种分摊机制（Percival，1965；Howell et al.，1993；Nagy et al.，1999）。clade D和clade E的花药为卵形或长卵形，成熟时纵裂，花药的两药室平行或上部稍窄，而clade A、clade B和clade C的花药成熟时在顶部孔裂，花药在顶部收缩，clade A的花药更是在顶端缢缩成一个小钝头。孔裂花药中的花粉只能通过花药顶端的裂口逐步散出，能够有效的控制花粉散出的速度和数量，而且往往需要特化的传粉者，所以孔裂花药也是分摊策略之一（Harder and Thomson，1989）。在clade D中，花冠筒内部密被柔毛，花柱上也密被长髯毛（除 P. forrestii 和 P. mairei 外），纵裂的花药成熟时会散布大量的花粉，为了防止花粉折损，这些散布的花粉会大量的粘在花冠筒或花柱的柔毛上，起到花粉二次呈现的作用，随着这些表皮毛的慢慢回缩，花粉才逐渐被传粉者取走，从而控制花粉转移的数量（Lloyd and Yates，1982）。

花丝的长度、被毛及是否弯曲等在石蝴蝶属中也有着明显的分化，这些分化跟其传粉者的传粉行为有着密切的联系（Manktelow，2000）。clade D和clade E的花丝一般较细，疏被短毛或无毛，花丝一般向上生长而把花药呈现在花柱两侧或上方，而clade D和clade E的花冠形态又限定了其传粉者只能从花冠筒上部进入，传粉者进入后恰好能取食呈现在花柱两侧或上方的花药中的花粉，从而达到传粉的目的。由于clade A、clade B和clade C的花部特征只能允许传粉者从花冠筒的下部进入，它们的花丝一般较粗，且密被腺毛或短腺毛，在中部有膨大或者膝状弯曲，这些特征都有利于传粉者进入花冠筒后对花

药的识别和定位。

雌蕊作为植物繁殖器官中极其重要的一部分，在大部分类群中其结构较为保守和稳定，但是在一些群体中其形态结构为适应传粉者也发生了明显的变化，但是这些形态结构的变化多集中在花柱长短及弯曲形式上，如二型花柱、三型花柱、镜像花柱等（Ganders，1979；Barrett and Richards，1990；Thompson et al.，1996）。而多数这种雌蕊形态的改变与传粉者有密切的联系，即更近一步的促进异交，抑制自交（Charlesworth and Charlesworth，1979；Lloyd and Webb，1992）。石蝴蝶属植物都是通过柱头探出式雌雄异位（approach herkogamy）来避免自交而促进异交的，雌蕊的分化主要表现在子房与花柱的弯曲上，在clade E中，花柱基部向下弯曲使得花柱从花冠筒的中央偏下伸出，花柱的顶端向上弯曲而使柱头稍微上翘。在clade D中，花柱从花冠筒的中央伸出，有时向下偏移，这些正是为适应传粉者从花冠筒上部进入而特化的结构。而在clade A、clade B和clade C中，子房向背部偏移，花柱紧贴或沿着上唇内壁伸出，从而使花冠筒的下部空间增大，花柱顶端稍往下弯曲，这些特化结构与其传粉者从花冠筒下部进入是密切相关的。石蝴蝶属的花药和花柱的位置关系也随着传粉系统的不同而发生了适应性的分化。在clade D和clade E中花药位于花柱的两侧或花柱上方，而clade A、clade B和clade C的花药则位于花柱的下方，而传粉者对进入花冠筒的方式的选择压力在很大程度上是促使花药与花柱相对位置变化的源动力。同时，花丝膝状弯曲的方向也和这一花药和花柱相对位置关系相对应。

在自然界中，异花传粉的花通过各种方式来吸引传粉者的访问，花提供的花粉和花蜜都是对传粉者的报酬，在一些种的花冠上具有被称为蜜导（honey guide）的色斑，其作用在于能在近距离引导昆虫迅速地找到蜜源与花粉。石蝴蝶属花冠上的斑点有两种类型，第一种类型是在花冠下唇裂片的基部位置的两块斑点，第二种类型是在花丝正下方的花冠筒内壁上的斑点。这些斑点所在位置的表皮细胞往往是锥形乳突状细胞。这种细胞对于增强可视色彩及反射光线具有重要的意义，这些表皮层的细胞不仅是传粉者降落前的招引信号而且也可能作为传粉者降落后的触觉信号（Whitney and Glover，2007）。clade E中的花冠筒内部为淡黄色，但是没有斑点的存在。而clade D的花冠都具有第一种类型的鲜黄色斑点，这对传粉者识别及定位花部器官起到了引导作用。clade A、clade B和clade C的花冠往往具有第二种类型的斑点，这种斑点多为紫色或深紫褐色，形状近似于心形，可能是对花药的一种模拟，这些斑点一般在传粉者降落在腹部花瓣上以后才能看见，对传粉者有引导其寻找花粉的作用，或者是一种欺骗诱导行为。

在石蝴蝶属中，除少数种〔如中华石蝴蝶（P. sinensis）、大理石蝴蝶（P. forrestii）〕的分布稍广之外，大部分种的分布区域都较为狭小，并且不同种之间分布区域基本没有重叠，即在同一地域或区域内只有一种石蝴蝶存在（Wang，1985；Li and Wang，2004）。这使得石蝴蝶属植物在不同传粉功能群的选择压力下进

行独立进化，而且随着其花部性状的逐渐特化，传粉模式也发生了巨大的变化，使得即便是没有生殖隔离的较近区域内的一种石蝴蝶的花粉很难有效地传粉到另一种类型石蝴蝶的柱头上，即石蝴蝶属植物倾向于同型选择交配，进而使各个物种的传粉特征更进一步得到保留和特化（Fenster et al.，2004）。

从系统发育分析结果可以看出从 clade A 到 clade E 是一个逐渐特化的演化趋势，每一个分支都为了适应不同类型的传粉者而演化出了特殊的传粉综合特征。这些花部特征之间也有很强的关联性，每一种类型的传粉综合特征往往是花冠形状、雌蕊和雄蕊等相互关联特征的综合表现（Martén-Rodríguez et al.，2010）。花部特征的关联性在每一支都有体现。在 clade E 中，其长长的背部花瓣向后反折，为传粉者提供了很好的降落平台；花柱向下弯曲使得传粉者从花冠筒的上部进入对花粉进行取食；花药纵裂、花粉同时呈现，使得传粉者可以一次接触到大量花粉。在传粉者采集花粉的同时，大量的花粉就会粘在传粉者身体的腹侧，完成传粉。当传粉者访问下一朵花时或在这一朵花上进行移动时，就会将花粉传授在弯向其腹部一侧的柱头上，完成授粉。在 clade D 中，其前伸的上唇瓣，对很多的潜在传粉者是一个限制，使它们不能顺利进入花冠筒，但是对于膜翅目传粉者（如蜜蜂）、双翅目昆虫（如蝇类）等却没有太大的阻碍作用，其两枚上唇瓣之间的空隙也为鳞翅目昆虫（如蝶类）提供了放置翅膀的空间。通过野外观测研究得知，传粉者除了以典型的方式，即降落在下唇瓣后进入花冠筒取食花粉外，传粉者也可以用其前足抱住上唇瓣，以倒置的方式，将头部探入花冠筒内，取食在花柱上方位置的花药内的花粉。与此同时，部分花粉会沾在蜜蜂的头部或腹部，完成传粉。在传粉者将头部探入花冠筒的同时，其头部及胸部所沾染的花粉会接触到稍微上翘的柱头上，从而完成授粉。而花冠筒内壁上的长毛及花柱上的长毛也会附着有大量的花粉，亦可以转移到蜜蜂身上，起到次级花粉呈现的作用，提高了雄蕊适合度（Harder and Wilson，1994）。clade C 的上唇瓣极度缩短，上唇形成脊状，抱住由此伸出的花柱，这些传粉特征对鳞翅目昆虫（如蝶类）是一个很大的限制，因为蝶类降落在其下唇瓣上时，没有空间放置其竖立的双翅。背部花瓣的极度缩短使得传粉者只能从花的腹部进入花冠筒取食花粉，花丝膨大或具有膝状弯曲，弯曲下方具有紫褐色斑点，可以诱导传粉者用头部碰触膨大或弯曲的花丝，从而引起花丝震动，使得花药散布花粉在传粉者的头部或背部区域，完成传粉。当传粉者再次进入另一朵花时，其背部就会触碰到位于传粉者上方且稍微下弯的柱头从而完成授粉。另外，其背部花冠形成的脊状结构可能对花柱起到很好的保护作用，防止较大型昆虫的机械碰撞造成花柱的损伤。clade B 最为明显的传粉特征就是其膨大的花冠筒及

被有长毛的膝状弯曲或膨大的长花丝，在花丝下方的近似心形的斑点是明显的招引行为；传粉者会向斑点前进去试图获得花粉或花蜜，但是当它接近斑点时，头部就会碰触到花丝或花丝上的长纤毛，从而引起震动或挤压，使得花药内的花粉散布出来，而这个位置恰好是传粉者的头部及胸部的背部区域，花粉落到这些部位后完成传粉。当传粉者在进入第二朵花时，其头部或胸部的背部区域就会接触到下弯的柱头从而完成授粉。clade A 的花冠为典型的两侧对称型，5 个裂片都平展，其花部特征适应于较为广谱性的传粉系统，传粉类群可能为膜翅目、鳞翅目或鞘翅目传粉者等。传粉者可以从多个方向（腹部方向进入居多）进入花冠筒内取食花粉。以蜂类为例，其传粉基本模式与 clade B 较为相似，但是其具有先端合生并缢缩的花药结构可以有效地防止蜂类对花粉的过量取食，从而起到提高雄性适合度的作用（Harder and Thomson，1989；Harder and Wilson，1994）。

从以上分析可以明显看出，石蝴蝶属的花部特征的关联性：具有明显膝状弯曲或者中部膨大的花丝、花药孔裂、花柱从靠近背部花冠筒内侧伸出、花柱顶端稍向下弯曲、花丝下部具有紫色或褐色斑点、花冠筒下部膨大或稍膨大、花药位于花柱下方等特征是同时关联出现的；而花丝较细、花药纵裂、花药两室平行或近平行、花柱从花冠筒中央或中央偏下部伸出、柱头稍向上弯曲、花冠筒下部不膨大、花药位于花柱上方或与花柱平齐等特征也是同时关联出现的。

结合系统发育树可以看出，石蝴蝶属的传粉综合特征为适应不同的传粉者而发生了明显的演化：背部花瓣经历了从宽而钝圆分别向极短（clade A-clade B-clade C）和窄而长（clade A-clade D-clade E）两个方向的演化；花柱从花的背部伸出向从腹部伸出的演化趋势；柱头向下弯曲向柱头向上弯曲的演化趋势；花冠筒内部由背、腹部区域近等大分别向腹部空间逐渐扩大（clade A-clade B-clade C）和背、腹部区域都缩小两个方向演化（clade A-clade D-clade E）；花丝中部膨大到花丝膝状弯曲再到花丝不膨大的方向演化；花丝密被腺毛向花丝无毛方向演化；花药顶端缢缩到花药顶端稍收缩再到花药两药室平行的演化趋势，花药从孔裂到纵裂的演化趋势。在石蝴蝶属传粉综合特征的进化过程中，传粉者的选择压力可能是石蝴蝶属植物花部器官特征改变并固定的主要动力（Schemske and Bradshaw，1999；Fenster et al.，2004；Martén-Rodríguez et al.，2010），花部器官在传粉功能群的长期选择作用下，演化出了各种传粉适应性特征，这些适应性特征与其系统发育位置相关联，反映了花部传粉特征的演化趋势，具有系统发育意义。

第 三 章

中国石蝴蝶属形态学研究

第一节 形 态 解 剖

一、植株和叶

（一）植株形态

石蝴蝶属植物的植株形态可分两种：一种是叶片向上生长，呈散生状（滇泰石蝴蝶组）；一种是叶片贴伏地面生长呈莲座状（石蝴蝶组、小石蝴蝶组、髯毛石蝴蝶组和中华石蝴蝶组）。

（二）叶形态

大小　滇泰石蝴蝶组的叶片一般较大，其他组的叶片稍小。

1. 大叶石蝴蝶 – 叶大小
2. 孟连石蝴蝶 – 叶大小
3. 印缅石蝴蝶 – 叶大小
4. 石蝴蝶 – 叶大小
5. 小石蝴蝶 – 叶大小

形状　石蝴蝶属植物的叶片多为长卵形、椭圆形、菱形等，个别为倒披针形（兴义石蝴蝶）、三角状卵形（光喉石蝴蝶）。

1. 孟连石蝴蝶－叶形状
2. 印缅石蝴蝶－叶形状
3. 秋海棠叶石蝴蝶－叶形状
4. 蓝石蝴蝶－叶形状
5. 大叶石蝴蝶－叶形状
6. 滇泰石蝴蝶－叶形状
7. 石蝴蝶－叶形状
8. 会东石蝴蝶－叶形状

1. 蒙自石蝴蝶 – 叶形态
2. 滇黔石蝴蝶 – 叶形态
3. 小石蝴蝶 – 叶形态
4. 丝毛石蝴蝶 – 叶形态
5. 砚山石蝴蝶 – 叶形态
6. 贵州石蝴蝶 – 叶形态
7. 长梗石蝴蝶 – 叶形态
8. 南川石蝴蝶 – 叶形态
9. 显脉石蝴蝶 – 叶形态
10. 扁圆石蝴蝶 – 叶形态
11. 秦岭石蝴蝶 – 叶形态
12. 中华石蝴蝶 – 叶形态
13. 光喉石蝴蝶 – 叶形态

叶基　叶基部，呈截形、楔形、心形、圆形、盾形等，有4个种的叶基为盾形：印缅石蝴蝶、蓝石蝴蝶、黑眼石蝴蝶和环江石蝴蝶，分别隶属于3个组。

叶尖　渐尖、急尖等。

叶脉　网状脉，有的较明显，有的不明显。

二、花部器官

（一）花序

聚伞花序　多数种类为聚伞花序，一般缢缩植株上有1～10个花序。

类伞形花序　蓝石蝴蝶具有独特的伞状聚伞花序，花大而多，往往是近轴端的一轮花先开放，然后远轴端的花再依次开放，并不断在远轴端产生新的花原基。这种花序是由聚伞花序极度缩短而来，是花序形态的一种特化。

1. 显脉石蝴蝶-叶脉　　2. 扁圆石蝴蝶-叶脉　　3. 秦岭石蝴蝶-叶脉
4. 光喉石蝴蝶-叶脉　　5. 蓝石蝴蝶-类伞形花序

（二）花梗

分枝 多数花序梗上分 3 支，每个分枝上再着生 1 ～ 3 朵花。

不分枝 有些种类花序梗上不分枝，直接着生 1 ～ 3 朵花。

（三）苞片

个数 大多数种类具有 2 个苞片，个别种类具有 1 个或 3 个苞片，极个别种类没有苞片。

位置 苞片基本上都着生在花序梗中部偏上的位置，个别的着生在花序梗中部以下位置，一般为对生，少数种类为互生。

特征 苞片一般为披针形或线形，长 2 ～ 5mm，外面被毛或疏被毛，内面无毛。

（四）花萼

对称性 除了中华石蝴蝶组的花萼为辐射对称外，其他 4 个组的花萼都为左右对称。

裂片 除了绵毛石蝴蝶、蓝石蝴蝶和黑眼石蝴蝶的花萼 3 裂外，其他的花萼都是 5 裂。绵毛石蝴蝶、蓝石蝴蝶和黑眼石蝴蝶的花萼 3 裂，后方裂片再 3 裂达中部或 3 浅裂。裂片一般为披针形，绵毛石蝴蝶的花萼裂片偶有锯齿。

被毛与内部维管束 除了扁圆石蝴蝶外，花萼在外面被毛，内面无毛，内面可见 2 ～ 3 条维管束。

（五）花冠

颜色 石蝴蝶属的花冠颜色一般为蓝色、蓝紫色、淡蓝色、白色等，同一种植物在不同的产地或者不同生境下花冠颜色可能会有深或者浅的区别，或者变为白色（如贵州石蝴蝶、黄斑石蝴蝶、南川石蝴蝶和光喉石蝴蝶的花冠有时变为白色）。

大小 花冠大小差别较大，比较小的可达 3 ～ 5mm，比较大的可达 15 ～ 20mm。

1. 蓝石蝴蝶 - 类伞形花序　　2. 东川石蝴蝶 - 花梗分枝　　3. 南川石蝴蝶 - 花梗分枝
4. 扁圆石蝴蝶 - 花梗不分枝　　5. 秦岭石蝴蝶 - 花梗不分枝　　6. 光喉石蝴蝶 - 花梗不分枝

1. 大叶石蝴蝶 – 颜色　　2. 滇泰石蝴蝶 – 颜色　　3. 孟连石蝴蝶 – 颜色　　4. 蓝石蝴蝶 – 颜色
5. 印缅石蝴蝶 – 颜色　　6. 石蝴蝶 – 颜色　　7. 会东石蝴蝶 – 颜色　　8. 蒙自石蝴蝶 – 颜色

被毛　可以分为花冠上唇被毛、下唇被毛和花冠筒被毛，每个种在这些部位是否被毛、被毛的多少及毛的类型等，可以作为种的划分依据，具有系统发育意义。

斑点　花冠斑点信息在植物标本上不易观察，只有充分的野外观察和记录，才能获得翔实的斑点信息。花冠的斑点可以分为几类：①花冠筒喉部斑点；②花冠筒可育雄蕊下方斑点；③花冠筒退化雄蕊着生处斑点；④花冠上唇裂片基部；⑤花冠下唇裂片基部。以上部位的斑点类型和颜色等，可以作为属下组的划分和种的区别。

1. 滇泰石蝴蝶－斑点　　2. 印缅石蝴蝶－斑点　　3. 绵毛石蝴蝶－斑点　　4. 孟连石蝴蝶－斑点　　5. 大叶石蝴蝶－斑点

6. 莲座石蝴蝶－斑点　　7. 蓝石蝴蝶－斑点　　8. 秋海棠叶石蝴蝶－斑点　　9. 黑眼石蝴蝶－斑点　　10. 汇药石蝴蝶－斑点

1. 合溪石蝴蝶－斑点　　2. 石蝴蝶－斑点　　3. 会东石蝴蝶－斑点　　4. 四川石蝴蝶－斑点　　5. 环江石蝴蝶－斑点
6. 石林石蝴蝶－斑点　　7. 长蕊石蝴蝶－斑点　　8. 兴义石蝴蝶－斑点　　9. 小石蝴蝶－斑点

1. 旋涡石蝴蝶 – 斑点　　2. 蒙自石蝴蝶 – 斑点　　3. 富宁石蝴蝶 – 斑点　　4. 丝毛石蝴蝶 – 斑点　　5. 滇黔石蝴蝶 – 斑点
6. 砚山石蝴蝶 – 斑点　　7. 大花石蝴蝶 – 斑点　　8. 光喉石蝴蝶 – 斑点　　9. 大理石蝴蝶 – 斑点

1. 东川石蝴蝶 – 斑点　　2. 南川石蝴蝶 – 斑点　　3. 髯毛石蝴蝶 – 斑点　　4. 长梗石蝴蝶 – 斑点　　5. 贵州石蝴蝶 – 斑点
6. 显脉石蝴蝶 – 斑点　　7. 黄斑石蝴蝶 – 斑点　　8. 中华石蝴蝶 – 斑点　　9. 扁圆石蝴蝶 – 斑点　　10. 秦岭石蝴蝶 – 斑点
11. 萎软石蝴蝶 – 斑点

上唇裂片形态 花冠上唇裂片有的向前伸展（滇泰石蝴蝶组、中华石蝴蝶组），有的向后反折（石蝴蝶组、髯毛石蝴蝶组），有的横向折叠成龙骨状（小石蝴蝶组）。

下唇裂片形态 花冠下唇裂片一般为扁圆形或宽卵圆形，少数为长圆形或椭圆形。

空间结构 花冠的空间结构变化较多，随着花冠上唇形态的多样及花柱从花冠筒内伸出的位置等，花冠的空间结构也呈现出不同的式样，这些式样可能是为适应传粉者的访问而做出的一种协同进化。

（六）雄蕊

花药形状与大小 花药一般为卵形、宽卵形、三角形，少数为喙形（长蕊石蝴蝶），大小变化较大，最小的为 1.2mm，最长的可达 12mm（长蕊石蝴蝶）。

花药被毛 花药一般无毛，偶有被毛（长蕊石蝴蝶、滇黔石蝴蝶和砚山石蝴蝶）。

花药开裂方式 可以分为纵裂和顶端孔裂两种，滇泰石蝴蝶组多为顶端孔裂，其他 4 个组多为纵列。

花药顶端缢缩与蕊喙 滇泰石蝴蝶组的花药都在顶端缢缩，形成一个短而粗的喙，一般长为 0.5 ～ 1mm。在黑眼石蝴蝶、蒙自石蝴蝶和环江石蝴蝶中具有蕊喙，这是药隔延长所致，并不是雄蕊在顶端的缢缩。

花丝形状 大部分为线形，一部分为膝状弯曲（印缅石蝴蝶、蓝石蝴蝶、黑眼石蝴蝶、石林石蝴蝶、小石蝴蝶、蒙自石蝴蝶、光蕊石蝴蝶、滇黔石蝴蝶和丝毛石蝴蝶），中间膨大。

花丝被毛 滇泰石蝴蝶组、石蝴蝶组（除了莲座石蝴蝶、汇药石蝴蝶和会东石蝴蝶）、小石蝴蝶组（光蕊石蝴蝶除外）、髯毛石蝴蝶组的长梗石蝴蝶及中华石蝴蝶组的秦岭石蝴蝶的花丝被毛，其余的种皆不被毛。在被毛的类群中，小石蝴蝶组的被毛较密和较长。

花丝着药方式 可以分为背着药和基着药。

花丝与花药的长度比较 可以分为 3 类：花药比花丝长、花药与花丝短及花药与花丝近等长。

（七）雌蕊

子房形状与大小 一般为椭圆球形，或长圆球形，大小不一。

子房被毛 一般密被长柔毛或髯毛，髯毛石蝴蝶组的子房被毛较长。

子房内心室发育 子房内有 2 心室，一般情况下 2 个心室会均衡发育，个别情况下，2 个心室会不均衡发育，使得子房两侧发育不均衡，从而使得花柱从子房中伸出的位置偏上或者偏下。

花柱的形态与大小 花柱一般从子房中逐渐发出，少数种类的花柱从子房中突然发出。

花柱的被毛 髯毛石蝴蝶组的花柱在中部以下密被长髯毛，其他组的花柱被短毛或不被毛。

柱头形态与大小 柱头为 1 个，圆形，颜色随着成熟度会有变化，一般花较大的柱头也较大，花较小的柱头也相应比较小。

三、毛被研究

（一）毛的类型

石蝴蝶属的被毛可以分为：①单列细胞毛；②短腺毛；③长腺毛；④刚毛。

（二）石蝴蝶属毛被特点

叶部被毛 一般为单列细胞毛、短腺毛或刚毛。

花序梗、花梗被毛 一般为单列细胞毛或短腺毛。

花萼被毛 一般为单列细胞毛。

花冠被毛 一般为单列细胞毛。

雄蕊被毛 一般为短腺毛。

雌蕊被毛 一般为单列细胞毛、髯毛或腺毛。

1. 滇泰石蝴蝶 - 叶部被毛
2. 大叶石蝴蝶 - 叶部被毛
3. 孟连石蝴蝶 - 叶部被毛

1. 蒙自石蝴蝶－叶部被毛　　2. 大理石蝴蝶－花序梗被毛　　3. 大叶石蝴蝶－花梗被毛　　4. 滇黔石蝴蝶－花丝被毛
5. 小石蝴蝶－花丝被毛　　6. 长梗石蝴蝶－雌蕊被毛　　7. 南川石蝴蝶－雌蕊被毛

第二节　叶表皮研究

一、叶表皮细胞特点

石蝴蝶属的叶表皮细胞通常为多边形、不规则形。其上下表支形态是不同的。有的表皮细胞为稍微规则的多边形，表皮细胞垂周壁式样为平直至弓形，表皮细胞为不规则的细胞垂周壁式样为浅波状和深波状。

二、叶表皮气孔

所有种类在叶片下表皮均有气孔器的分布，部分种类在叶片上表皮有分布。其类型主要为横列型、3 个副卫细胞型和不规则形。气孔的大小在种内变化不大，在种间有一定的差异。一般为长 6 ～ 10μm，长宽比为（1 ～ 1.5）：1。气孔器的分布不均匀，分布密度因种和上下表皮而异。

三、叶表皮系统发育意义

叶表皮细胞在种内没有太大变化，在种间有一定的差异，具有部分系统发育意义；气孔器主要由保卫细胞构成，其形状在种间的差别不大。

我们对分别隶属于 5 个组的 22 种石蝴蝶属植物进行了叶表皮细胞的显微镜观察，从观察结果中可以看出，滇泰石蝴蝶组的叶表皮细胞较大，细胞形状不规则，气孔也较大。其余 4 个组的叶表皮细胞稍小，细胞排列紧密和整齐，气孔稍小。我们将这 22 个种上下表皮细胞的显微照片列于下方，以备读者参考。

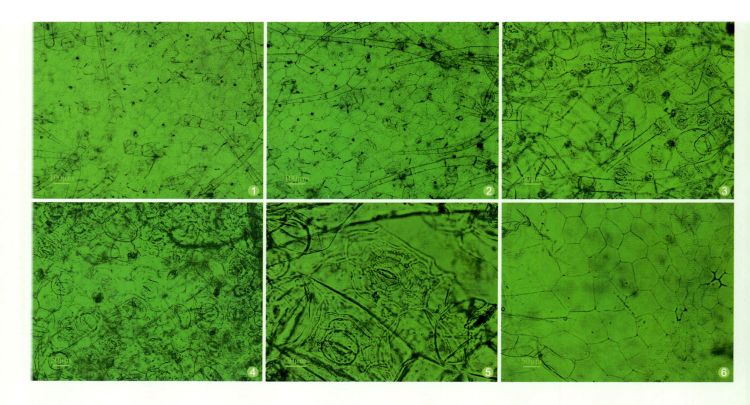

1. 印缅石蝴蝶－叶片上表皮　　2. 印缅石蝴蝶－叶片上表皮　　3. 印缅石蝴蝶－叶片下表皮
4. 印缅石蝴蝶－叶片下表皮　　5. 印缅石蝴蝶－叶片下表皮　　6. 孟连石蝴蝶－叶片上表皮

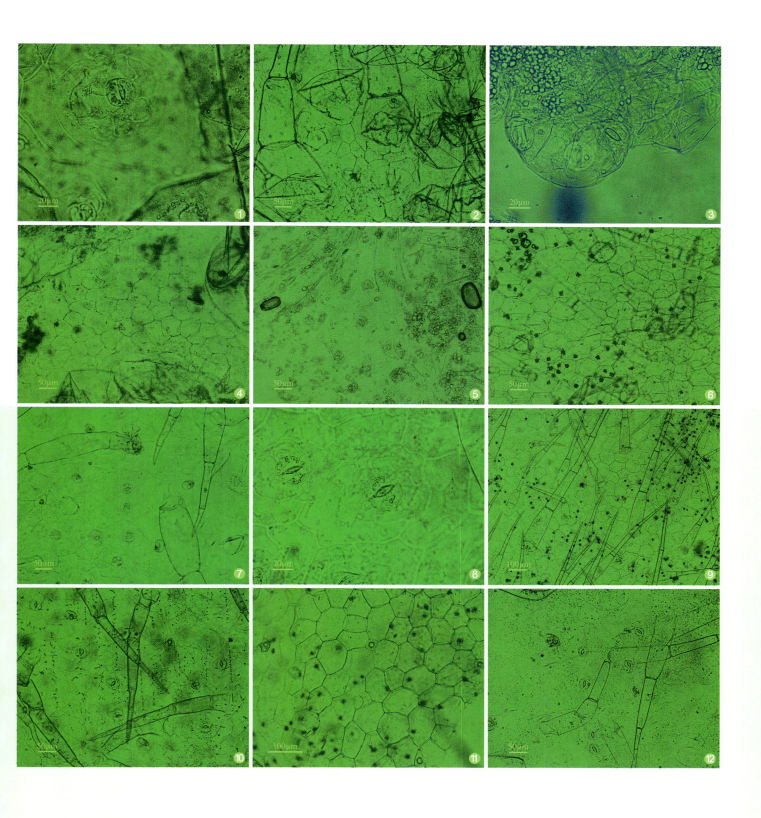

1. 孟连石蝴蝶－叶片下表皮　　2. 滇泰石蝴蝶－叶片上表皮　　3. 滇泰石蝴蝶－叶片下表皮　　4. 大叶石蝴蝶－叶片上表皮
5. 大叶石蝴蝶－叶片下表皮　　6. 四川石蝴蝶－叶片上表皮　　7. 四川石蝴蝶－叶片下表皮　　8. 四川石蝴蝶－叶片下表皮
9. 合溪石蝴蝶－叶片上表皮　　10. 合溪石蝴蝶－叶片下表皮　　11. 蓝石蝴蝶－叶片上表皮　　12. 蓝石蝴蝶－叶片下表皮

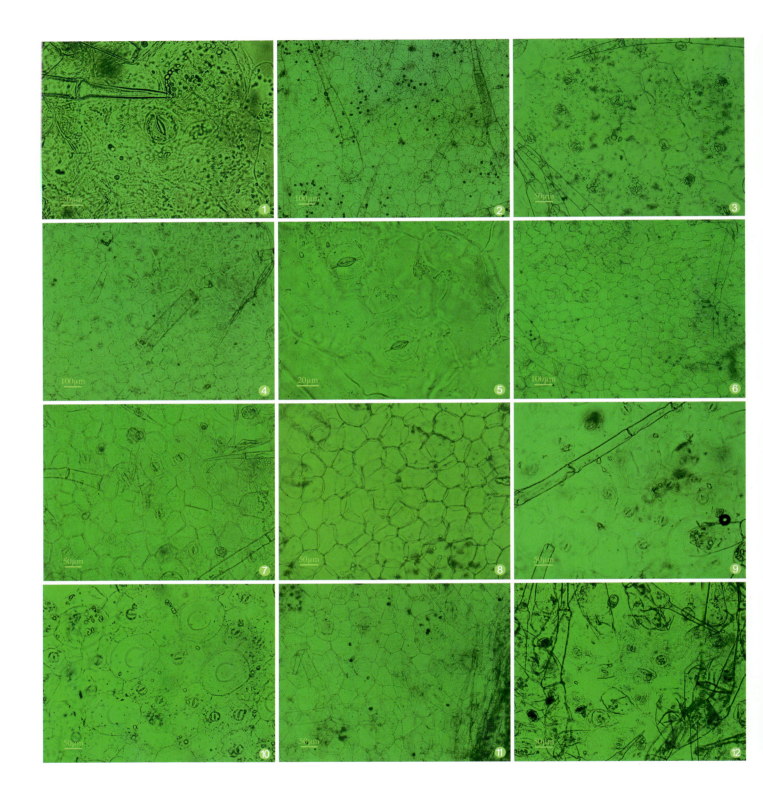

1. 蓝石蝴蝶－叶片下表皮　　2. 会东石蝴蝶－叶片上表皮　　3. 会东石蝴蝶－叶片下表皮　　4. 秋海棠叶石蝴蝶－叶片上表皮
5. 秋海棠叶石蝴蝶－叶片下表皮　6. 滇黔石蝴蝶－叶片上表皮　　7. 滇黔石蝴蝶－叶片下表皮　　8. 丝毛石蝴蝶－叶片上表皮
9. 丝毛石蝴蝶－叶片下表皮　　10. 丝毛石蝴蝶－叶片下表皮　　11. 莲座石蝴蝶－叶片上表皮　　12. 莲座石蝴蝶－叶片下表皮

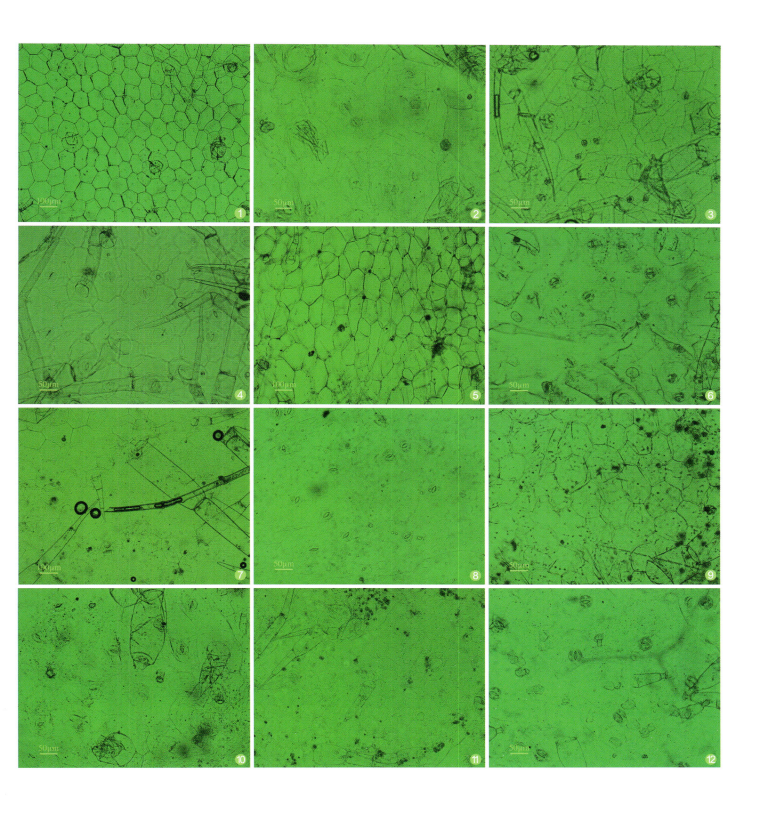

1. 光喉石蝴蝶-叶片上表皮　　2. 光喉石蝴蝶-叶片下表皮　　3. 南川石蝴蝶-叶片上表皮　　4. 南川石蝴蝶-叶片下表皮
5. 大理石蝴蝶-叶片上表皮　　6. 大理石蝴蝶-叶片下表皮　　7. 东川石蝴蝶-叶片上表皮　　8. 东川石蝴蝶-叶片下表皮
9. 贵州石蝴蝶-叶片上表皮　　10. 贵州石蝴蝶-叶片下表皮　　11. 髯毛石蝴蝶-叶片上表皮　　12. 髯毛石蝴蝶-叶片下表皮

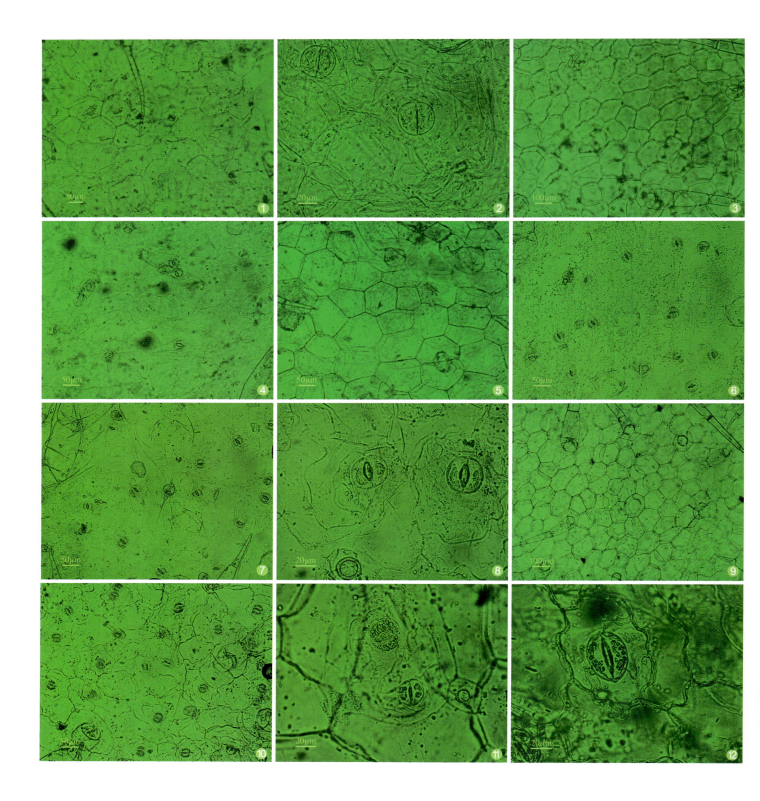

1. 黄斑石蝴蝶－叶片上表皮　2. 黄斑石蝴蝶－叶片下表皮　3. 扁圆石蝴蝶－叶片上表皮　4. 扁圆石蝴蝶－叶片下表皮
5. 中华石蝴蝶－叶片上表皮　6. 中华石蝴蝶－叶片下表皮　7. 中华石蝴蝶－叶片下表皮　8. 中华石蝴蝶－叶片下表皮
9. 萎软石蝴蝶－叶片上表皮　10. 萎软石蝴蝶－叶片下表皮　11. 萎软石蝴蝶－叶片下表皮　12. 萎软石蝴蝶－叶片下表皮

第三节　孢粉学研究

一、孢粉形态与大小

石蝴蝶属的花粉粒为腰鼓形或长球形，极面观为近三角形或3裂圆形，具3孔沟，从表面看内空不明显。极轴7～15μm，赤道轴6～12μm。孔沟表面具乳突或光滑。

二、孢粉纹饰

将花粉干燥后，用扫描电子显微镜观察，扫描结果显示孢粉纹饰清晰，花粉粒的孔沟明显。从极面可以看出，3孔沟从顶部向底部延伸，在中间位置开口最大，花粉粒顶端较光滑，个别种有凹陷的纹饰。从赤道面看，孔沟内部组织较疏松，个别种的孔沟中间位置具有乳突或附属物。

三、孢粉学特征的系统发育意义

滇泰石蝴蝶组和石蝴蝶组的花粉粒表面较粗糙，孔沟内的乳突较明显，且乳突排列较整齐。小石蝴蝶组的花粉粒表面排列紧密，但孔沟内的附属物较多，且没有一定的排列规律。而髯毛石蝴蝶组和中华石蝴蝶组的花粉粒表面较光滑，附属物较少，孔沟内乳突不明显。总体来说，花粉的表面纹饰在组间有一定的规律性，具有一定的系统发育意义。

我们展示了26种石蝴蝶属植物的花粉粒电镜扫描照片。这些照片一般分为整体、极面观、赤道面观及顶端和孔沟的特写，每张图片都添加了标尺，供读者参考。

1. 滇泰石蝴蝶 *Petrocosmea kerrii* Craib

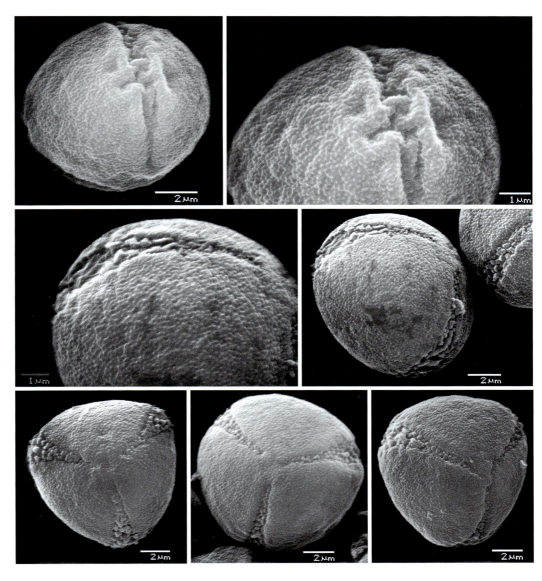

2. 印缅石蝴蝶 *Petrocosmea parryrum* C. E. C. Fischer

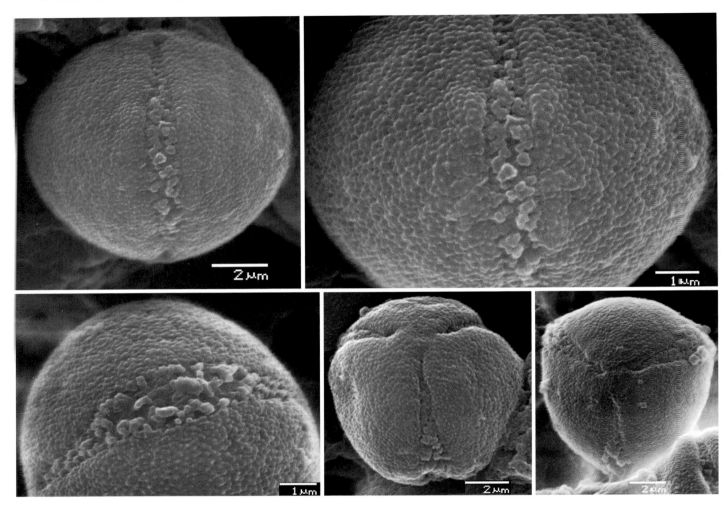

3. 绵毛石蝴蝶 *Petrocosmea crinita* (W. T. Wang) Zhi J. Qiu

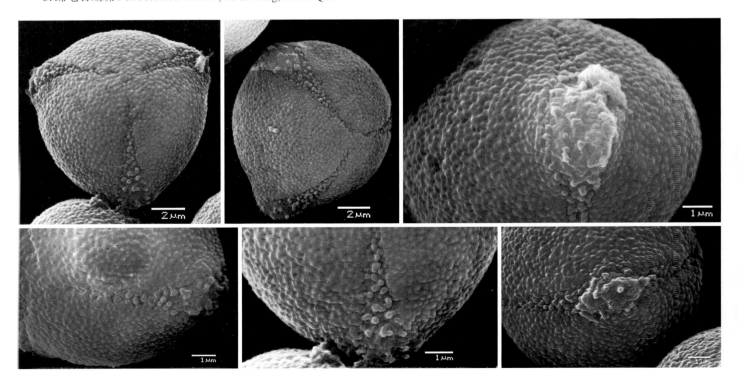

4. 孟连石蝴蝶 *Petrocosmea menglianensis* H. W. Li

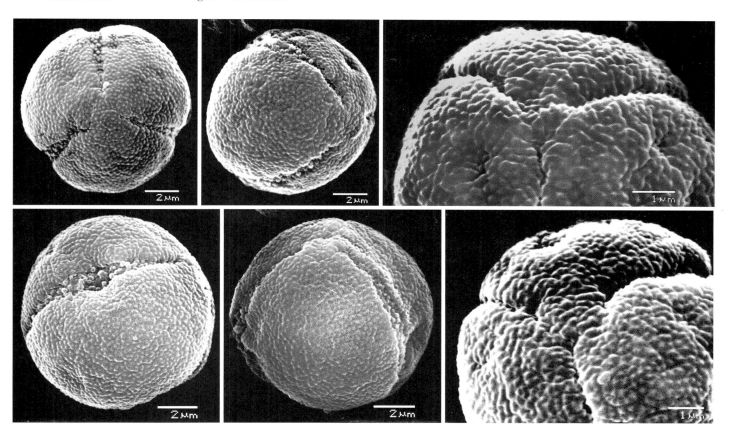

5. 大叶石蝴蝶 *Petrocosmea grandifolia* W. T. Wang

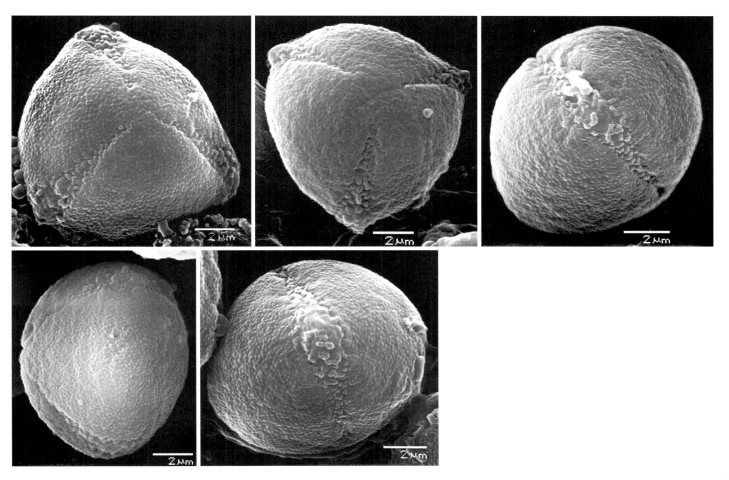

6. 莲座石蝴蝶 *Petrocosmea rosettifolia* C. Y. Wu ex H. W. Li

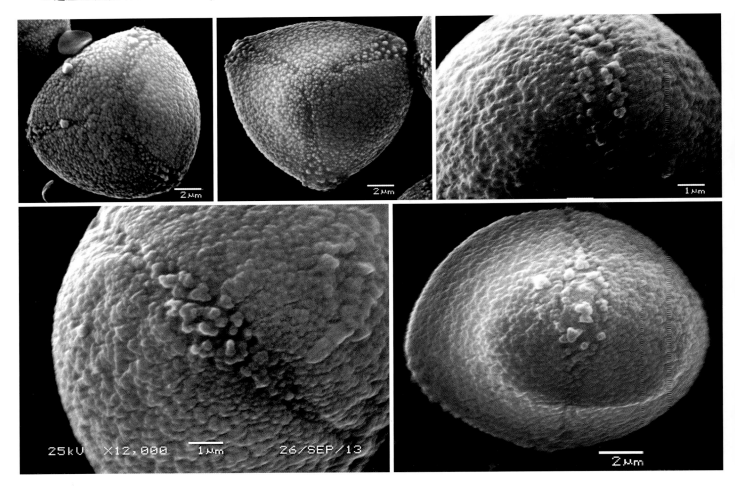

7. 蓝石蝴蝶 *Petrocosmea coerulea* C. Y. Wu ex W. T. Wang

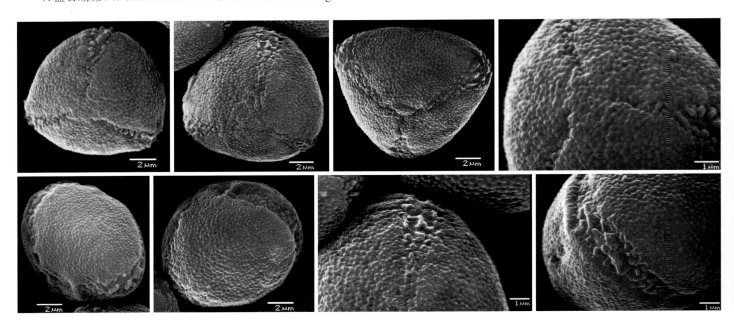

8. 合溪石蝴蝶 *Petrocosmea hexiensis* S. Z. Zhang & Z. Y. Liu

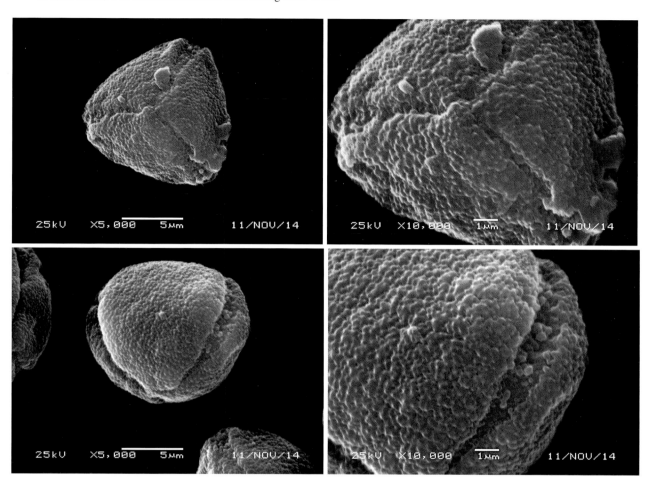

9. 石蝴蝶 *Petrocosmea duclouxii* Craib

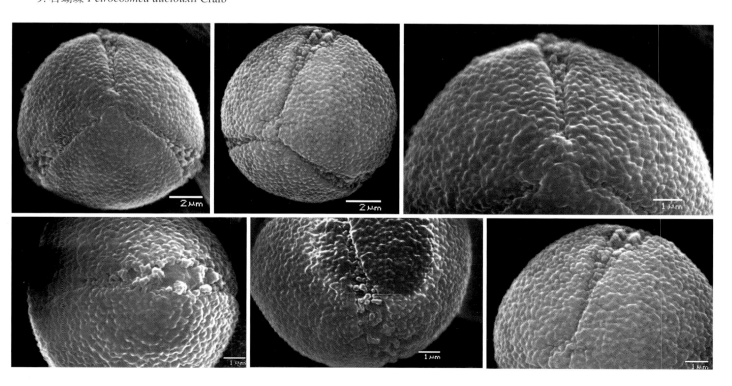

10. 长蕊石蝴蝶 *Petrocosmea longianthera* Z. J. Qiu & Y. Z. Wang

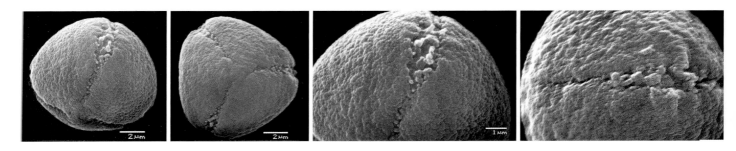

11. 小石蝴蝶 *Petrocosmea minor* Hemsl.

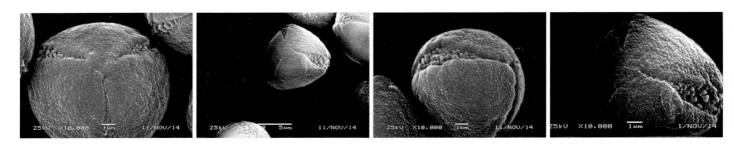

12. 蒙自石蝴蝶 *Petrocosmea iodioides* Hemsl.

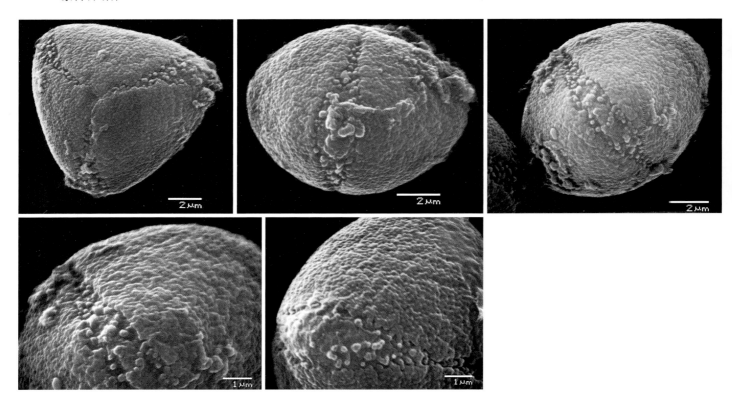

13. 滇黔石蝴蝶 *Petrocosmea martinii* Lévl.

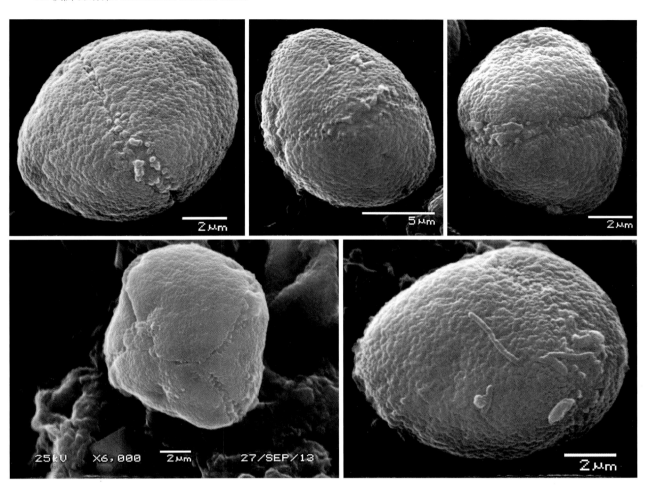

14. 丝毛石蝴蝶 *Petrocosmea sericea* C. Y. Wu ex H. W. Li

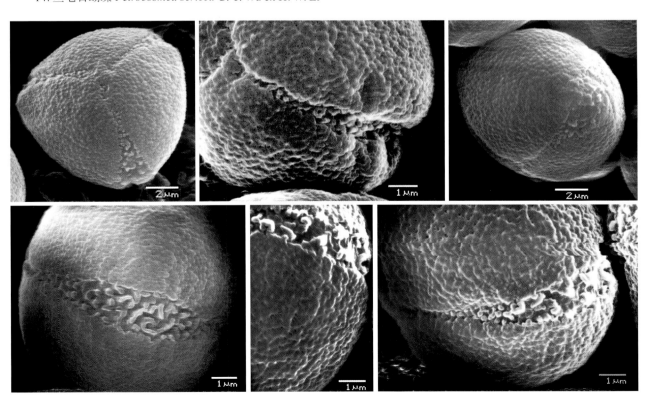

15. 砚山石蝴蝶 *Petrocosmea yanshanensis* Z. J. Qiu & Y. Z. Wang

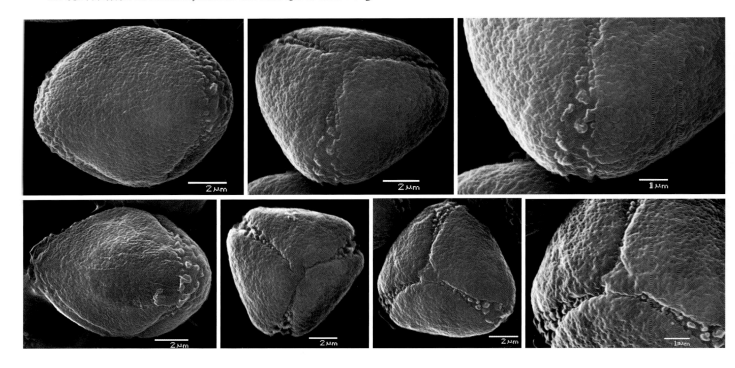

16. 大花石蝴蝶 *Petrocosmea grandiflora* Hemsl.

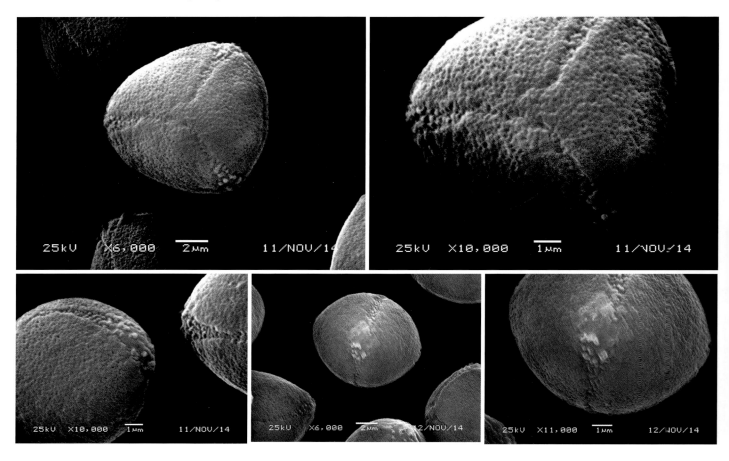

17. 光喉石蝴蝶 *Petrocosmea glabristoma* Z. J. Qiu & Y. Z. Wang

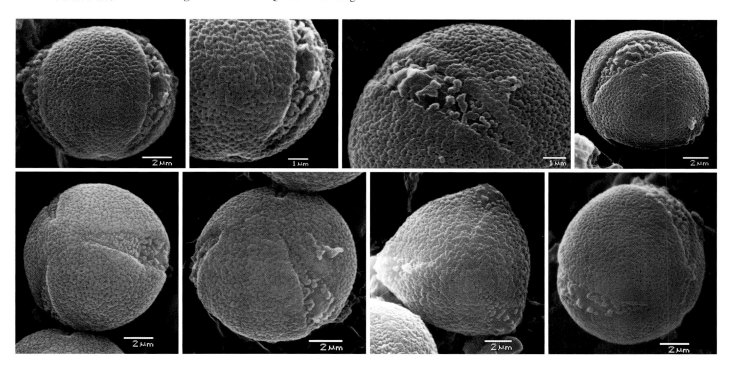

18. 大理石蝴蝶 *Petrocosmea forrestii* Craib

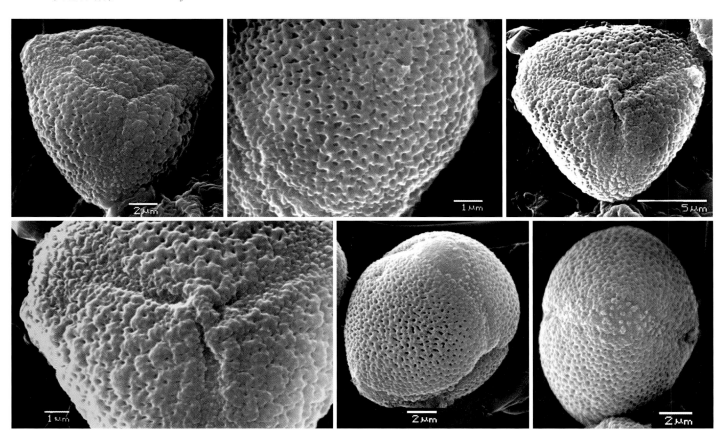

19. 东川石蝴蝶 *Petrocosmea mairei* Lévl.

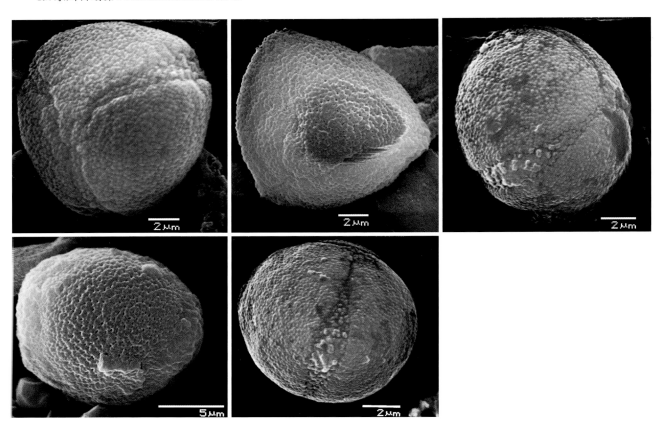

20. 南川石蝴蝶 *Petrocosmea nanchuanensis* Z. Y. Liu，Z. Yu Li & Zhi J. Qiu

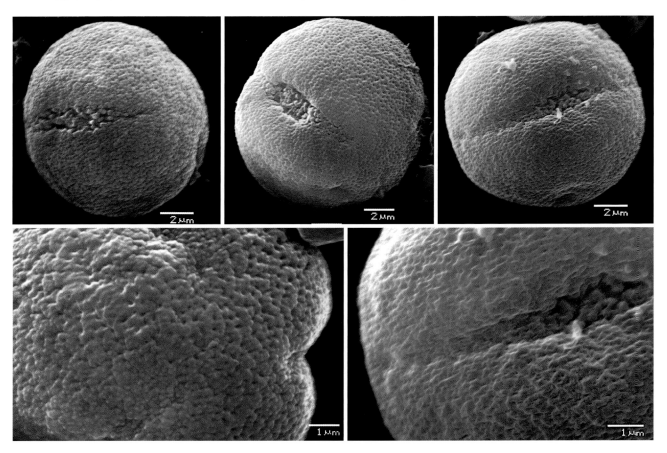

21. 髯毛石蝴蝶 *Petrocosmea barbata* Craib

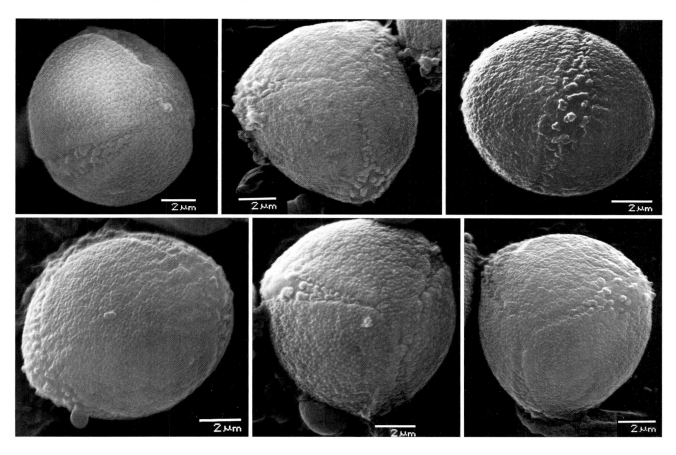

22. 长梗石蝴蝶 *Petrocosmea longipedicellata* W. T. Wang

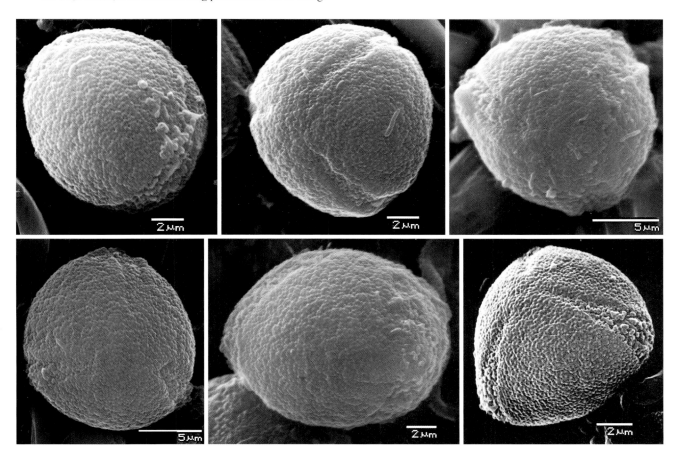

23. 中华石蝴蝶 *Petrocosmea sinensis* Oliv.

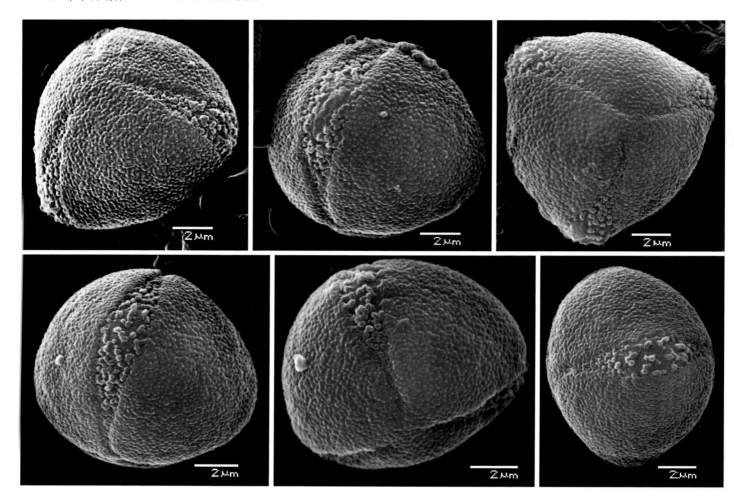

24. 秦岭石蝴蝶 *Petrocosmea qinlingensis* W. T. Wang

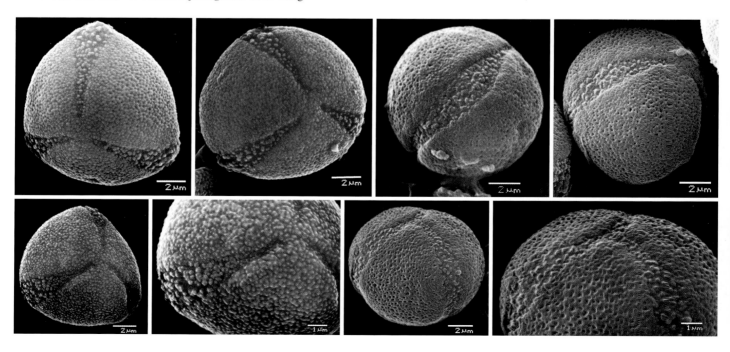

25. 萎软石蝴蝶 *Petrocosmea flaccida* Craib

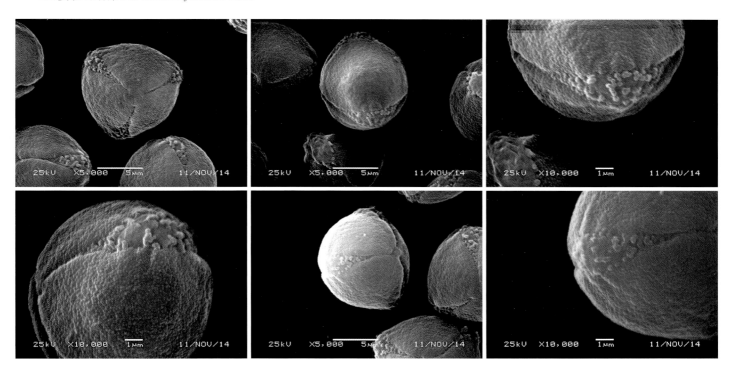

26. 扁圆石蝴蝶 *Petrocosmea oblata* Craib

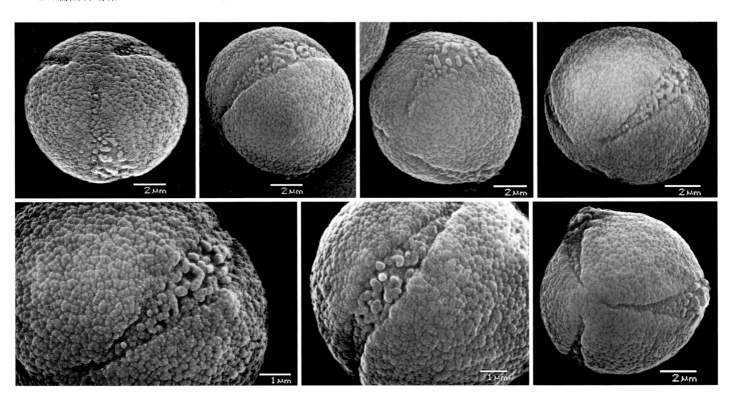

第四节　种皮纹饰研究

一、种子的形态与大小

种子一般为椭球形，长 0.3～10mm，室背开裂。

二、种皮纹饰特征

种皮纹饰为长柱状条纹，排列规则或不规则，交叉或平行。

三、种皮纹饰的系统发育意义

石蝴蝶属的种子较小，传统分类对种子关注不多，对种皮纹饰未有过系统研究。我们对来自于 5 个组的 19 种石蝴蝶属种子进行了扫描电子显微镜观察研究，结果显示种皮的纹饰是很丰富的，种皮表面的纹饰在形状、深浅、排列方式等方面不尽相同。以合溪石蝴蝶为代表的石蝴蝶组，种皮表面的纹饰较浅，排列也较简单，而小石蝴蝶组和髯毛石蝴蝶组的种皮纹饰则比较复杂，花纹排列方式也比较杂乱。总体来说，种子的表面纹饰在不同的种间有一定的差异，在组这一级水平上表现出一定的规律，为系统发育分析提供了证据。

下面将这 19 种石蝴蝶属种子表面纹饰的电镜扫描照片列出，供读者对比和查看。

1. 孟连石蝴蝶 *Petrocosmea menglianensis* H. W. Li

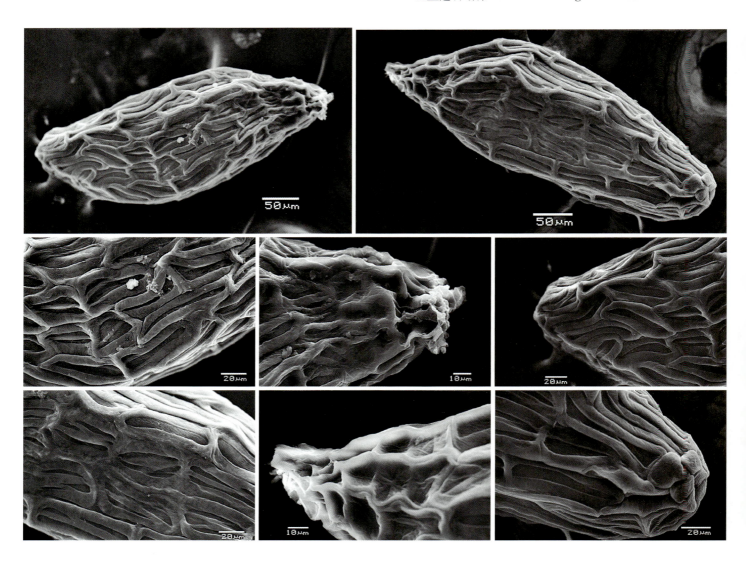

2. 莲座石蝴蝶 *Petrocosmea rosettifolia* C. Y. Wu ex H. W. Li

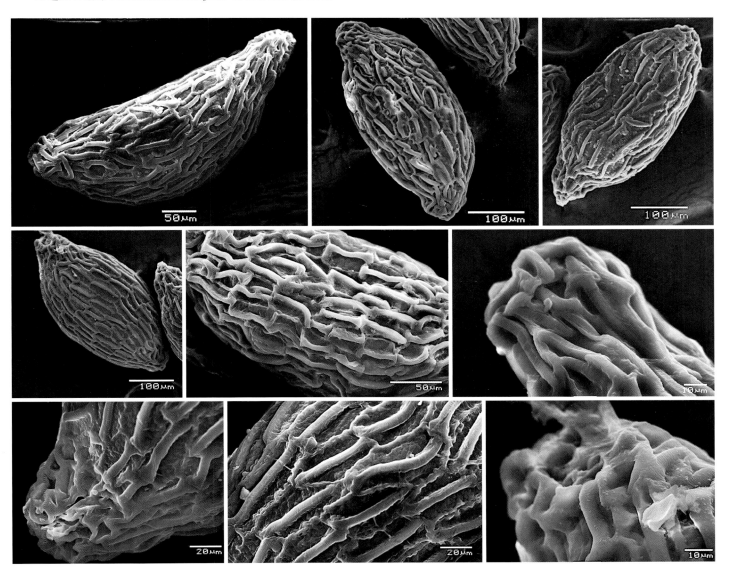

3. 秋海棠叶石蝴蝶 *Petrocosmea begoniifolia* C. Y. Wu ex H. W. Li

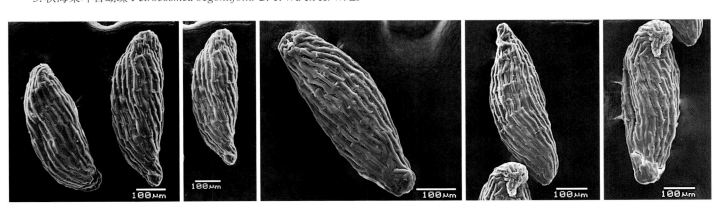

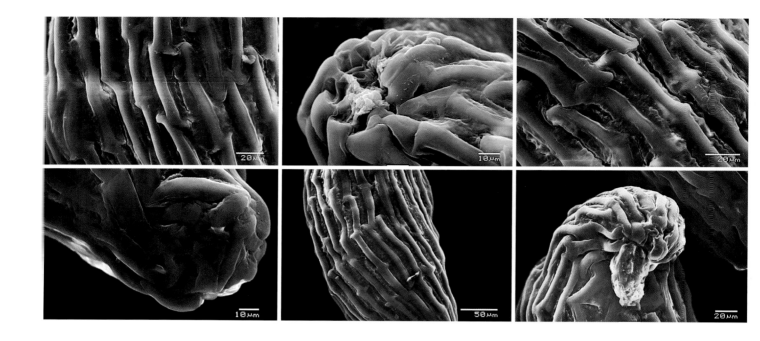

4. 合溪石蝴蝶 *Petrocosmea hexiensis* S. Z. Zhang & Z. Y. Liu

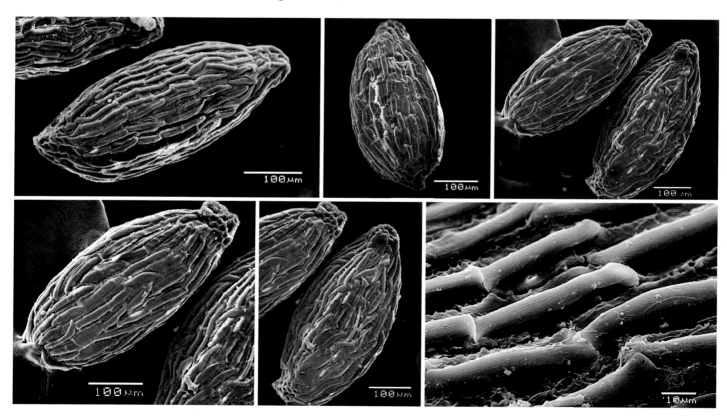

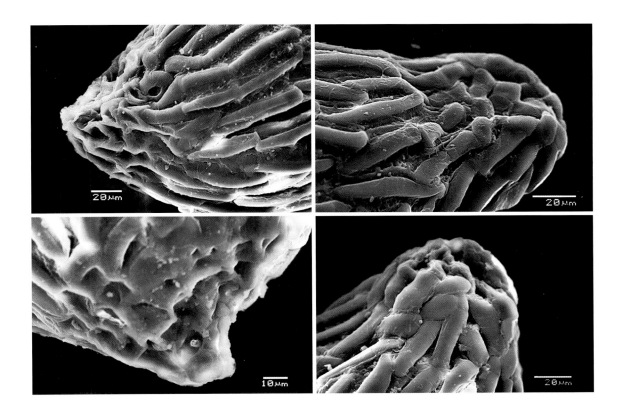

5. 石蝴蝶 *Petrocosmea duclouxii* Craib

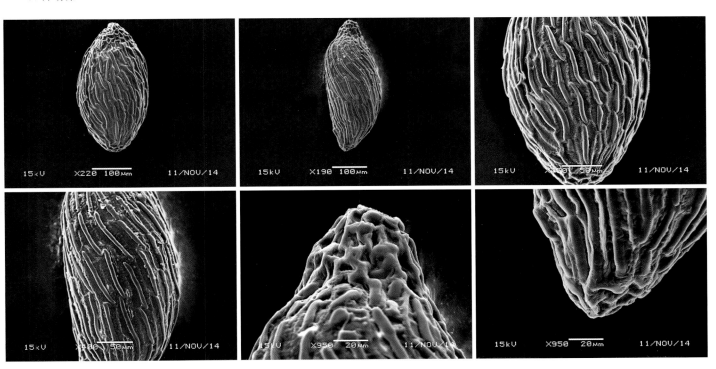

6. 会东石蝴蝶 *Petrocosmea intraglabra* (W. T. Wang) Zhi J. Qiu

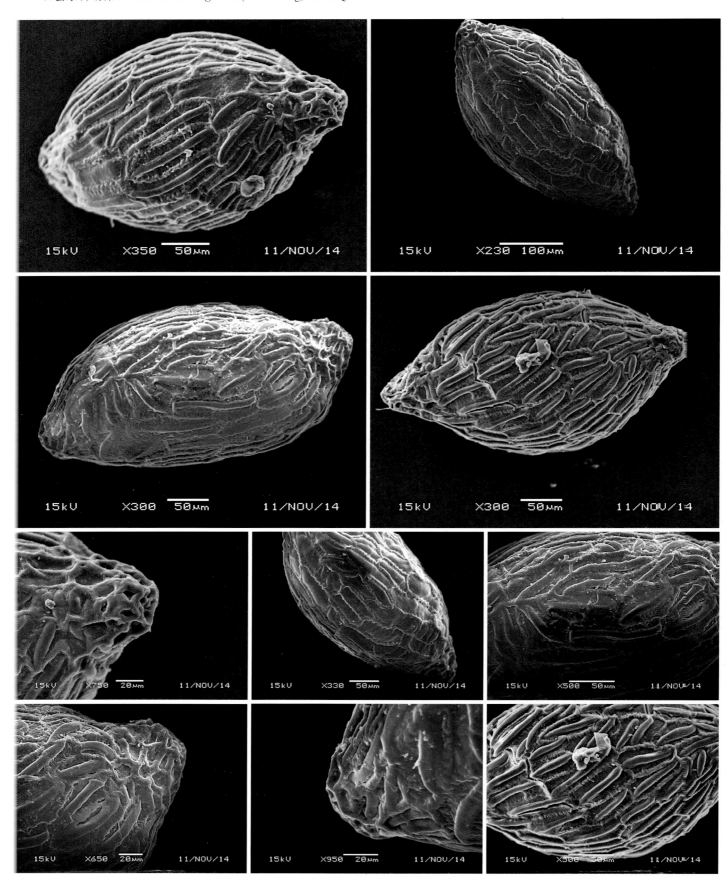

7. 四川石蝴蝶 *Petrocosmea sichuanensis* Chun ex W. T. Wang

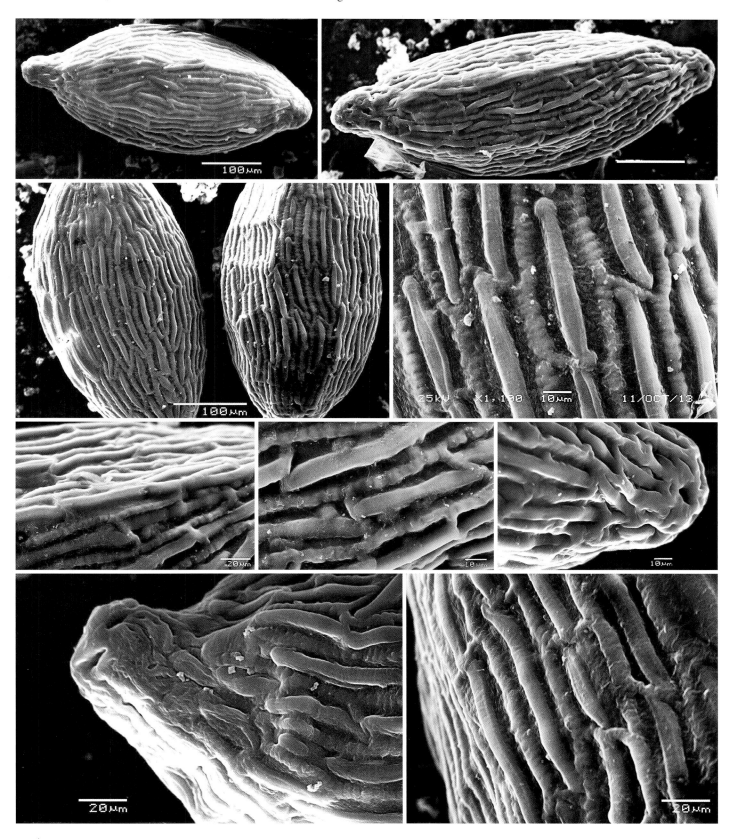

8. 光蕊石蝴蝶 *Petrocosmea leiandra* (W. T. Wang) Zhi J. Qiu

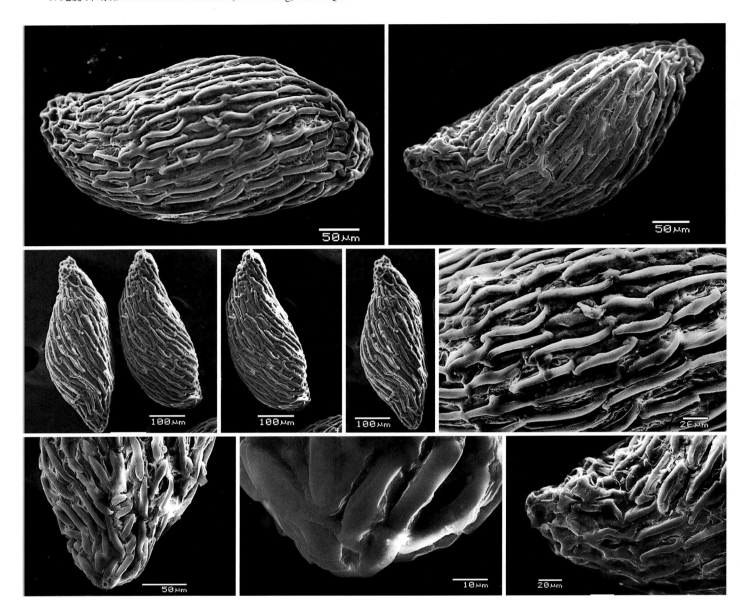

9. 滇黔石蝴蝶 *Petrocosmea martinii* Lévl.

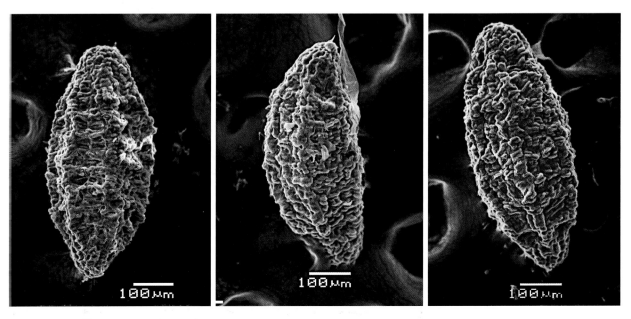

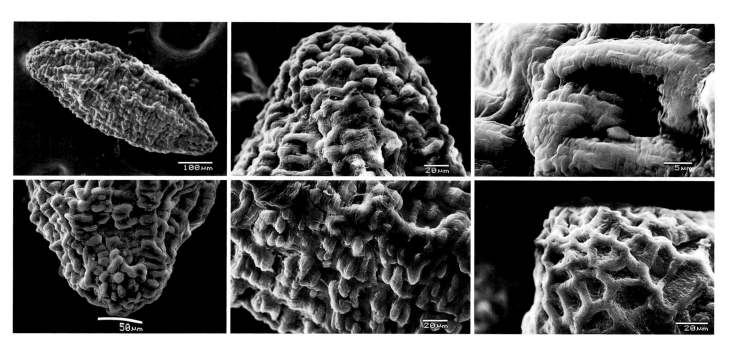

10. 大花石蝴蝶 *Petrocosmea grandiflora* Hemsl.

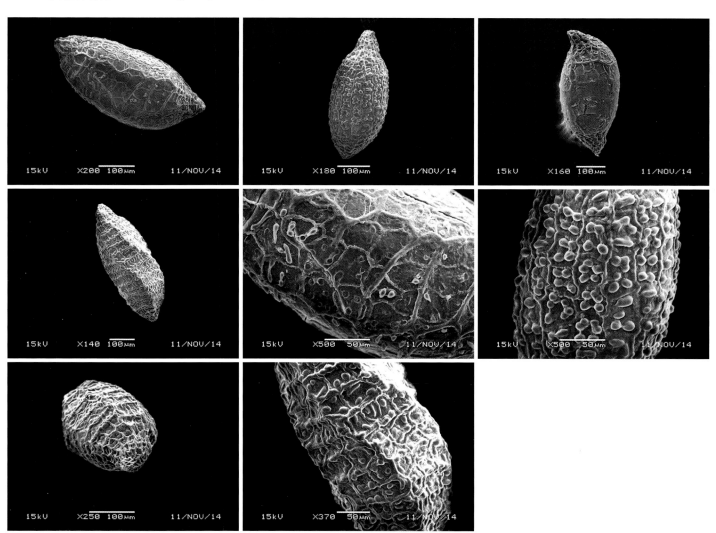

11. 大理石蝴蝶 *Petrocosmea forrestii* Craib

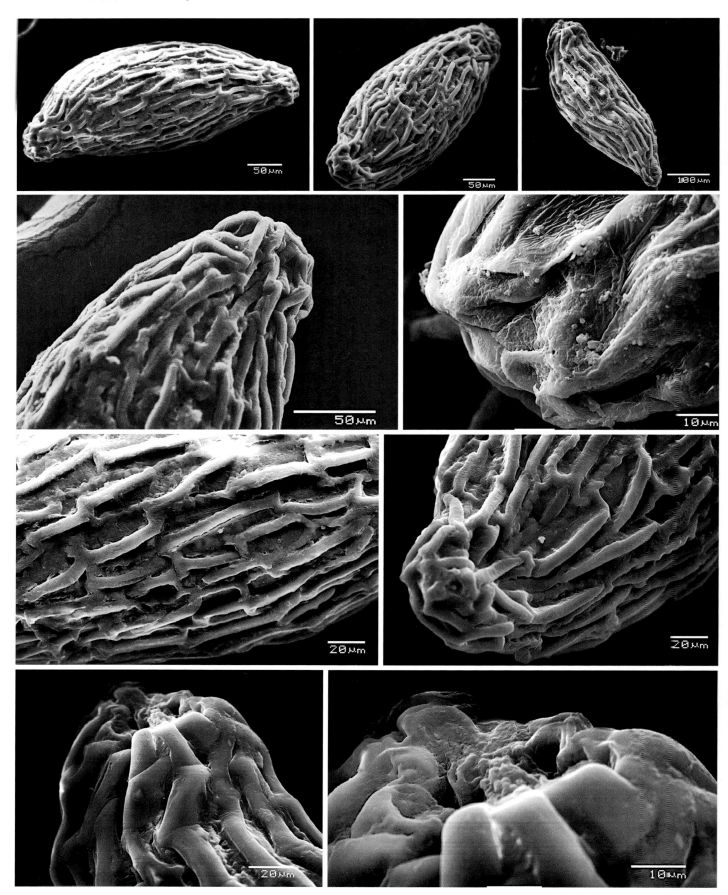

12. 南川石蝴蝶 *Petrocosmea nanchuanensis* Z. Y. Liu，Z. Yu Li & Zhi J. Qiu

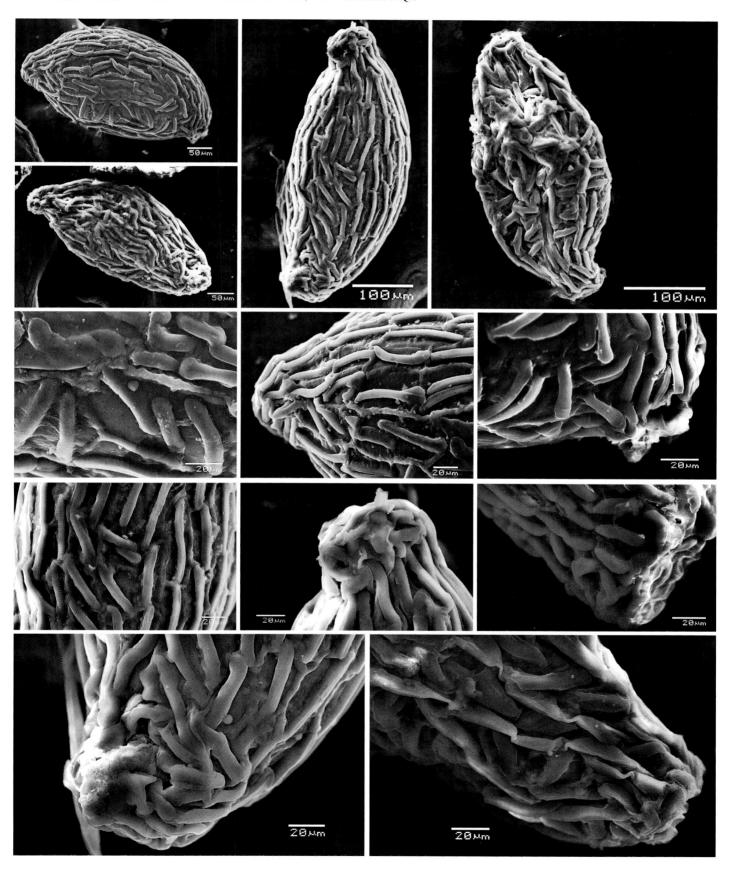

13. 髯毛石蝴蝶 *Petrocosmea barbata* Craib

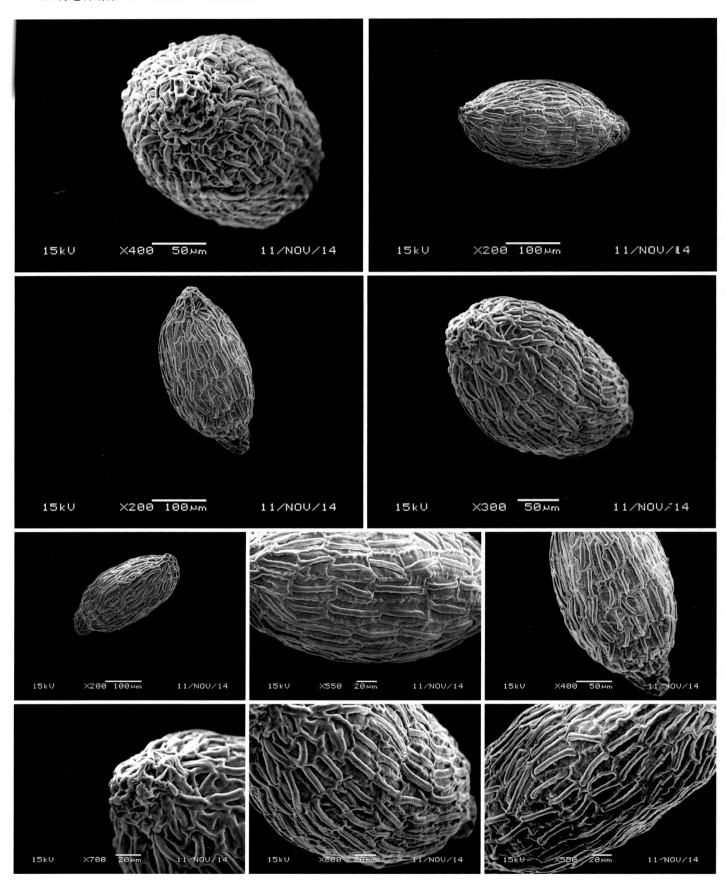

14. 长梗石蝴蝶 *Petrocosmea longipedicellata* W. T. Wang

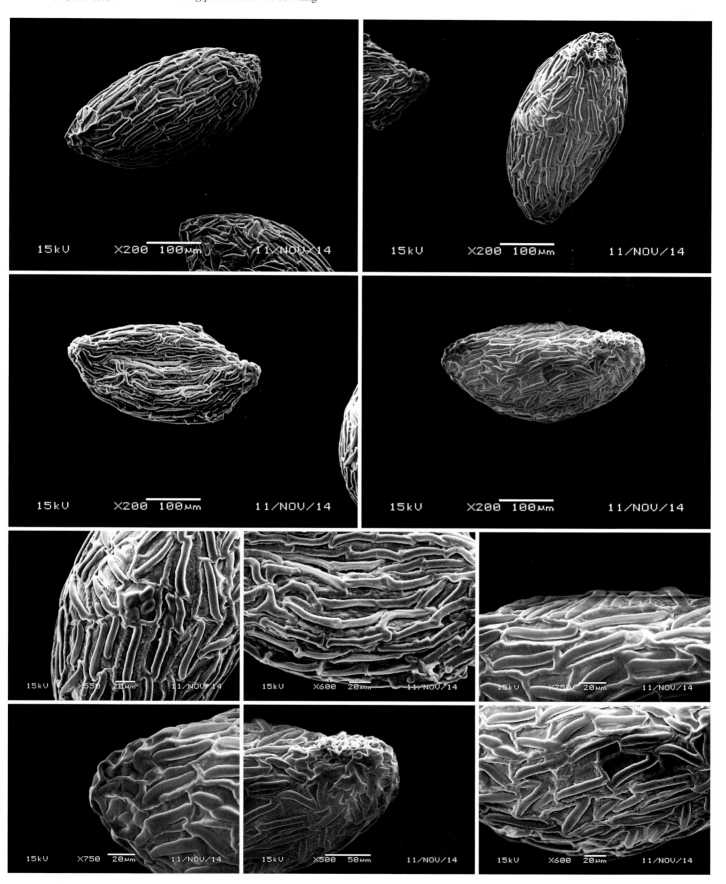

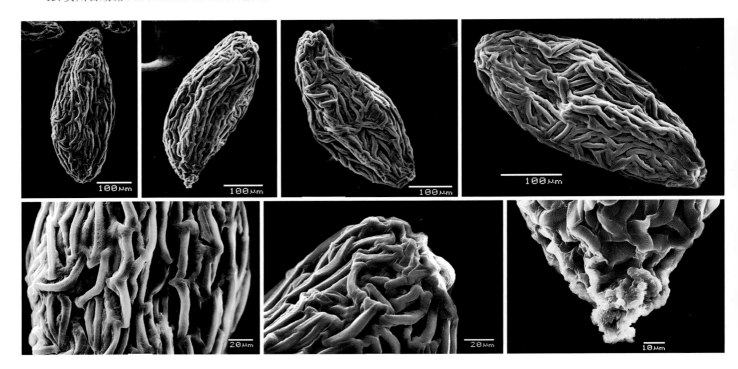

15. 贵州石蝴蝶 *Petrocosmea cavaleriei* Lévl.

16. 黄斑石蝴蝶 *Petrocosmea xanthomaculata* G. Q. Gou et X. Y. Wang

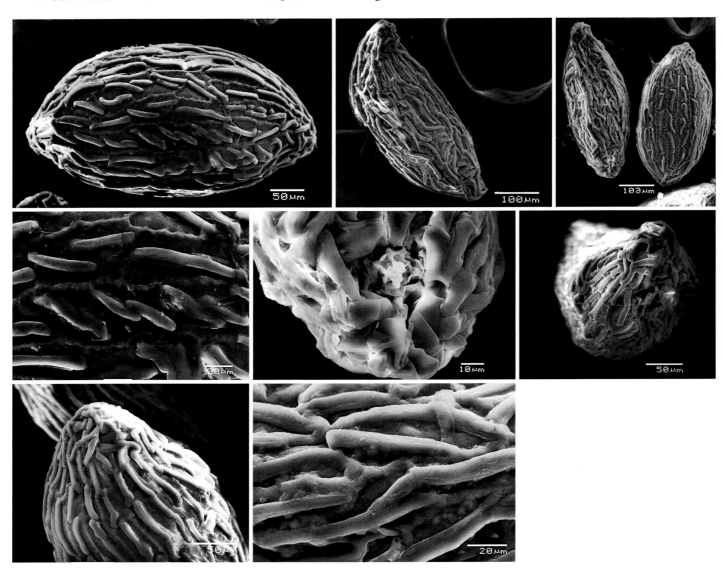

17. 秦岭石蝴蝶 *Petrocosmea qinlingensis* W. T. Wang

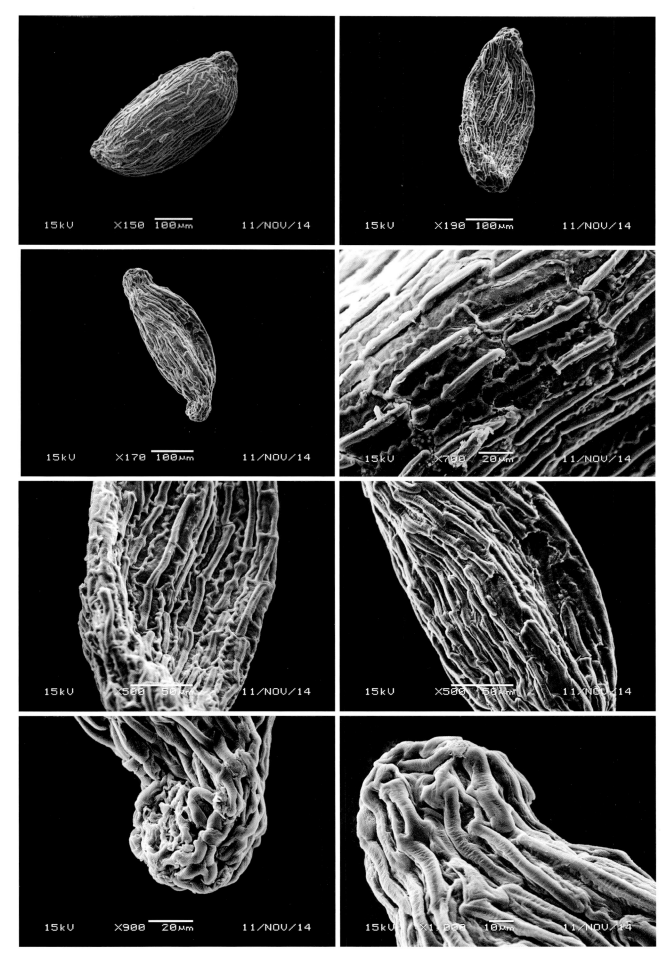

中国石蝴蝶属细胞学研究

第一节 石蝴蝶属细胞学研究综述

鲁元学在 2002 年的研究中，报道了犎毛石蝴蝶的染色体数目为 32，然而在季慧等 2008 年的研究中，报道了 8 种石蝴蝶属植物的染色体数目，都为 34 个，修正了之前鲁元学的报道。此后鲜有石蝴蝶属染色体方面研究的报道。

本研究中几乎将石蝴蝶属的每个种都做了染色体数目观察，以及对其各个分裂时期进行了研究，并试图通过核型分析对石蝴蝶属的染色体行为进行系统的研究，此研究还在进一步深入研究中，此书仅收录了一些初步的结果。

第二节 石蝴蝶属染色体形态特征

石蝴蝶属染色体观察实验的实验步骤：

（1）取生长旺盛的根尖用 0.05% 秋水仙素预处理 2～4h；

（2）将根尖取出用蒸馏水清洗一次后，放入卡诺固定液中，固定约 24h；

（3）将根尖取出用蒸馏水清洗一次后，放入 1nmol/L HCl 溶液中，60℃水浴锅解离 4min；

（4）蒸馏水清洗一次，放入装有蒸馏水的烧杯中，以便压根；

（5）卡宝品红染色液染色，压片，观察，记录结果。

结果显示，石蝴蝶属的染色体都是 $2n = 34$，个别种的随体不易区别，有的随体断裂，容易误以为 36 条，还有的染色体较短，容易丢失或者少计，染色体较小，不易观察。石蝴蝶属的染色体较小，一般为 0.5～2μm，不易进行核型分析。石蝴蝶属染色体实验的初步结果按种展示如下（按间期、前期、中期、后期和末期的顺序排列）。

1. 滇泰石蝴蝶 *Petrocosmea kerrii* Craib

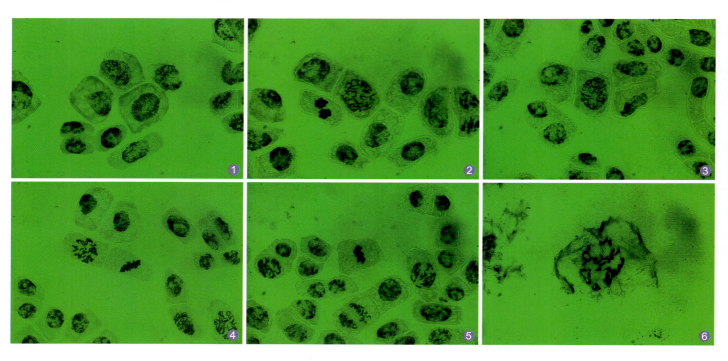

1. 间期　2. 前期　3. 前期　4. 中期　5. 中期　6. 中期

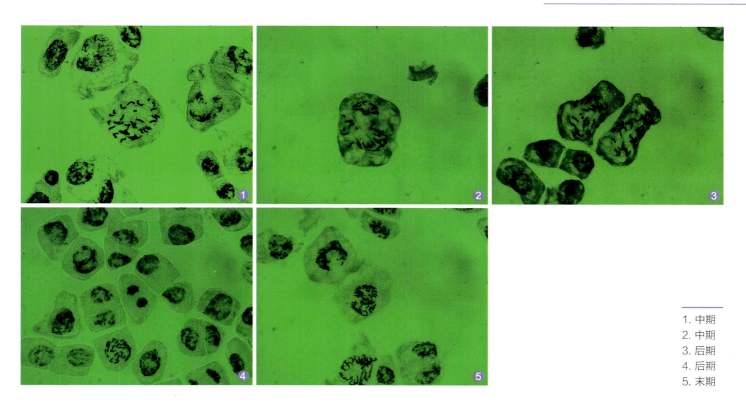

1. 中期
2. 中期
3. 后期
4. 后期
5. 末期

2. 印缅石蝴蝶 *Petrocosmea parryrum* C. E. C. Fischer

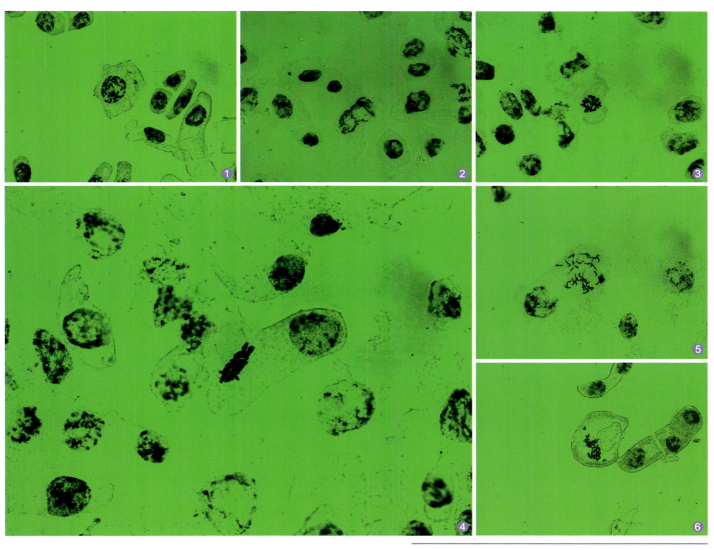

1. 间期　　2. 前期　　3. 前期　　4. 中期　　5. 中期　　6. 中期

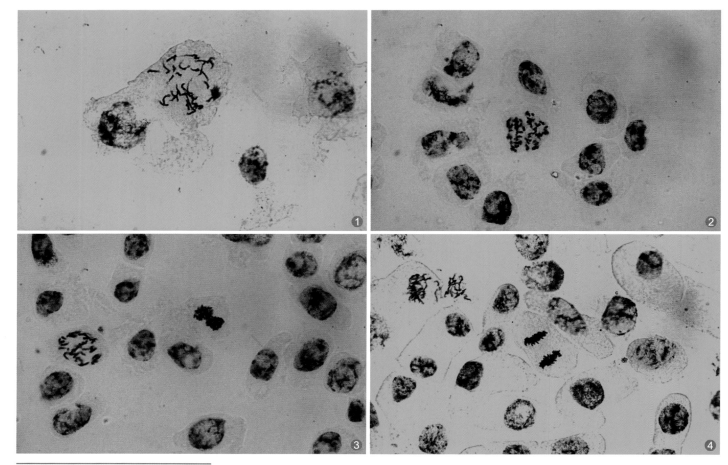

1. 中期　　2. 中期　　3. 后期　　4. 末期

3. 绵毛石蝴蝶 Petrocosmea crinita (W. T. Wang) Zhi J. Qiu

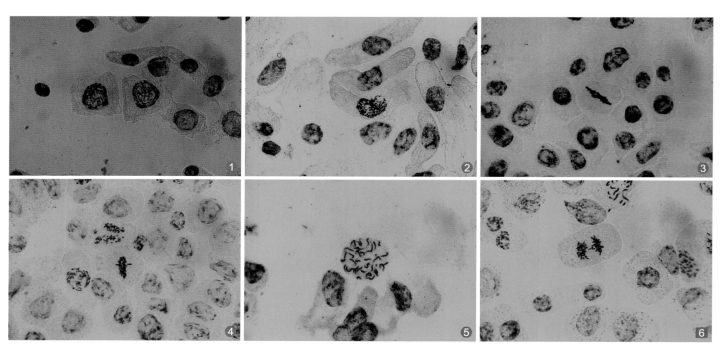

1. 间期　　2. 前期　　3. 中期　　4. 中期　　5. 中期　　6. 后期

4. 孟连石蝴蝶 *Petrocosmea menglianensis* H. W. Li

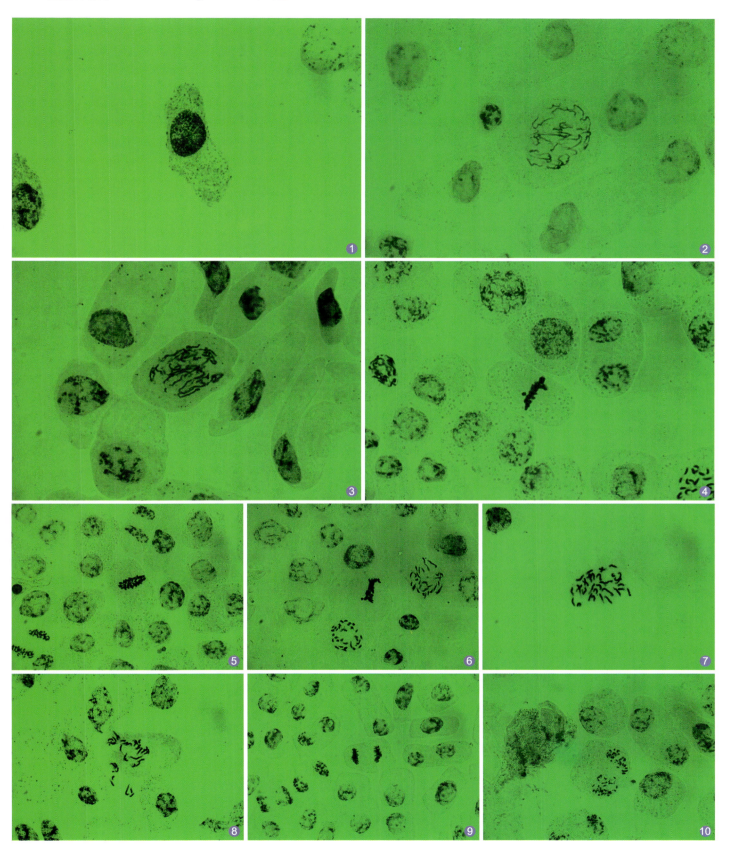

1. 间期　　2. 前期　　3. 前期　　4. 中期　　5. 中期
6. 中期　　7. 中期　　8. 中期　　9. 后期　　10. 末期

5. 大叶石蝴蝶 *Petrocosmea grandifolia* W. T. Wang

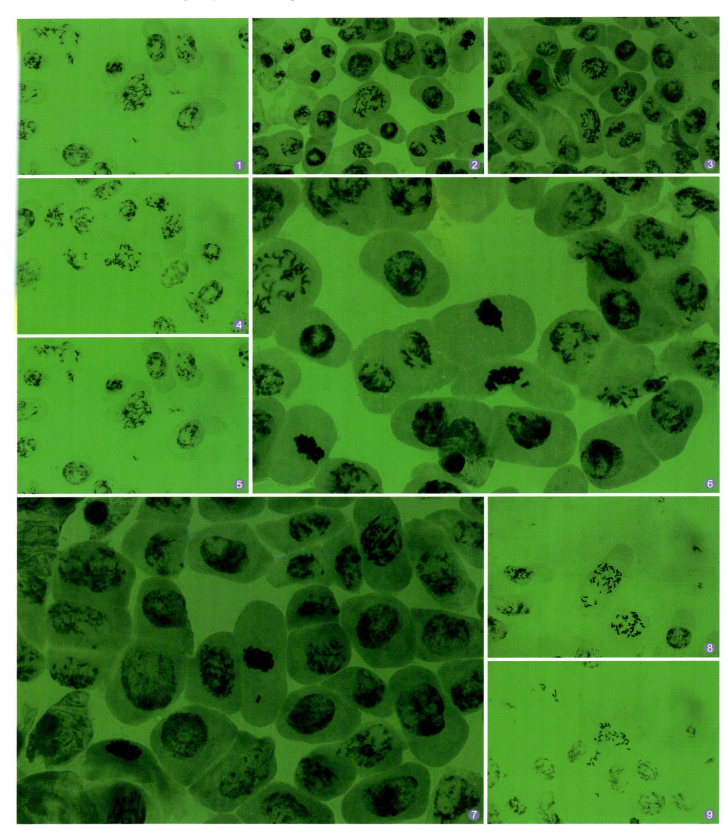

1. 间期　　2. 前期　　3. 前期　　4. 中期　　5. 中期

6. 中期　　7. 中期　　8. 中期　　9. 中期

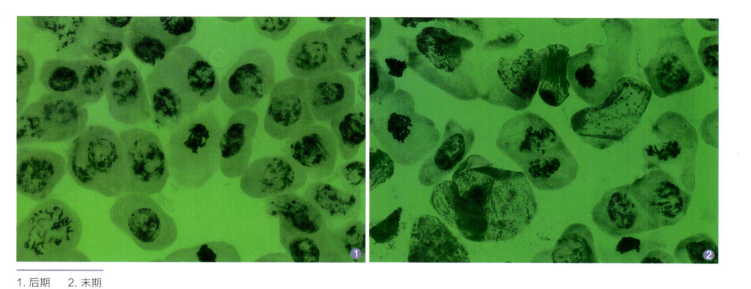

1. 后期　2. 末期

6. 莲座石蝴蝶 *Petrocosmea rosettifolia* C. Y. Wu ex H. W. Li

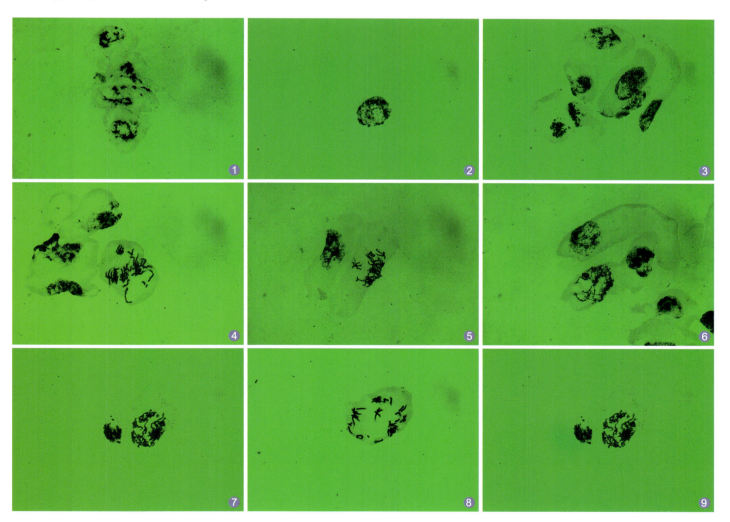

1. 间期　2. 间期　3. 间期　4. 前期　5. 前期
6. 前期　7. 前期　8. 中期　9. 中期

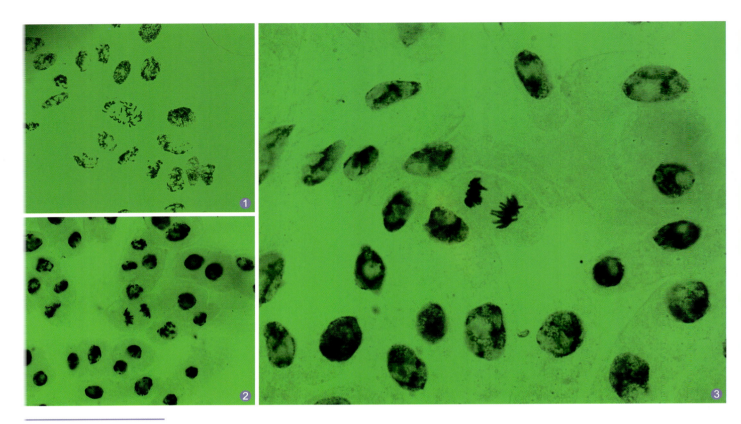

1. 中期　　2. 后期　　3. 后期

7.秋海棠叶石蝴蝶 *Petrocosmea begoniifolia* C. Y. Wu ex H. W. Li

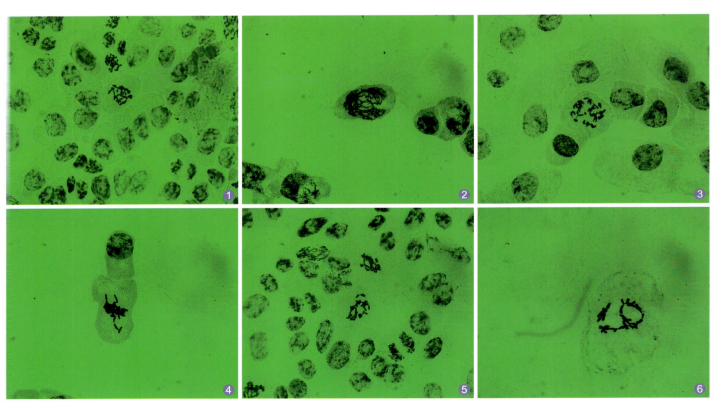

1. 间期　　2. 前期　　3. 中期　　4. 中期　　5. 中期　　6. 中期

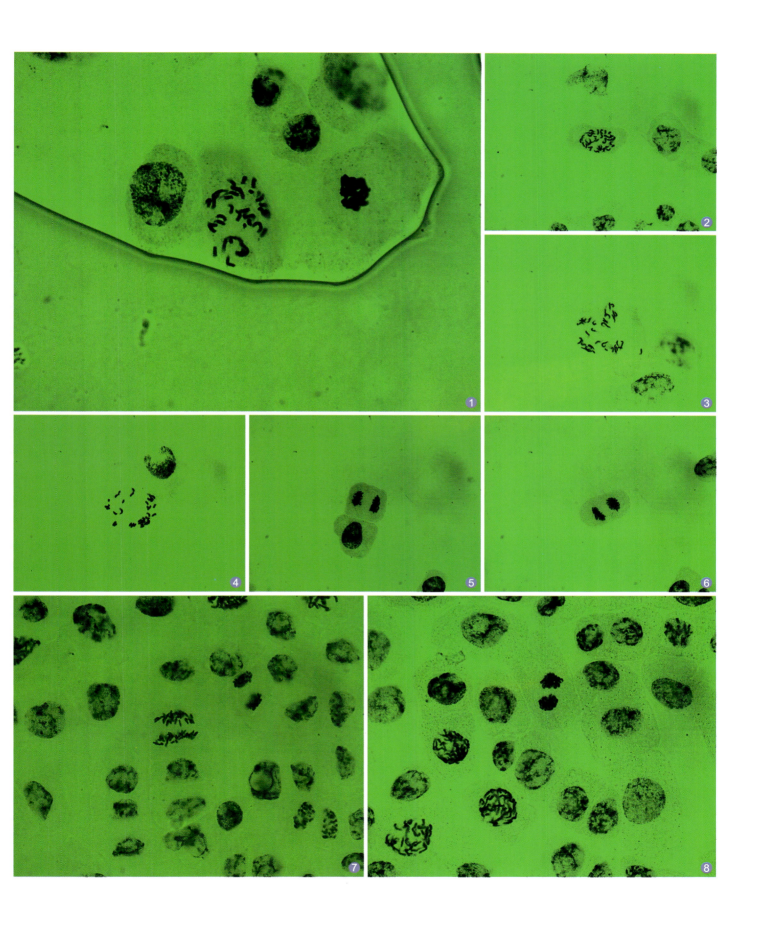

1. 中期　　2. 中期　　3. 中期　　4. 中期
5. 后期　　6. 后期　　7. 末期　　8. 末期

8. 蓝石蝴蝶 *Petrocosmea coerulea* C. Y. Wu ex W. T. Wang

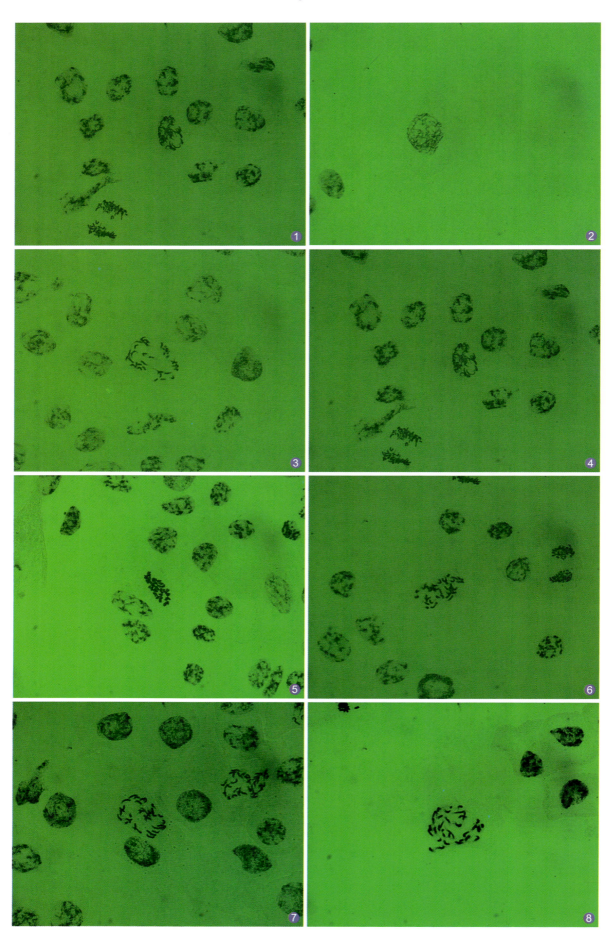

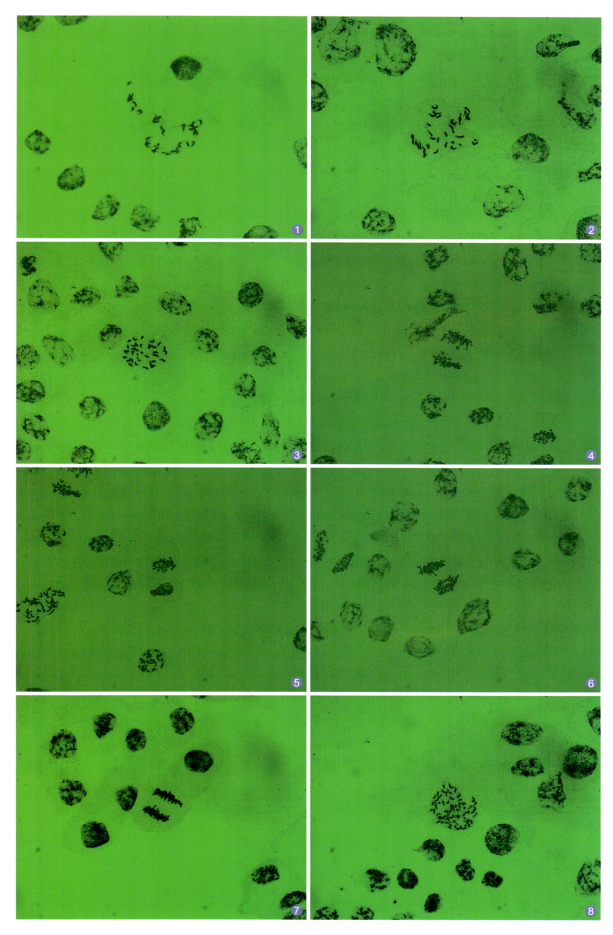

1. 中期
2. 中期
3. 中期
4. 后期
5. 后期
6. 后期
7. 末期
8. 末期

9. 合溪石蝴蝶 *Petrocosmea hexiensis* S. Z. Zhang & Z. Y. Liu

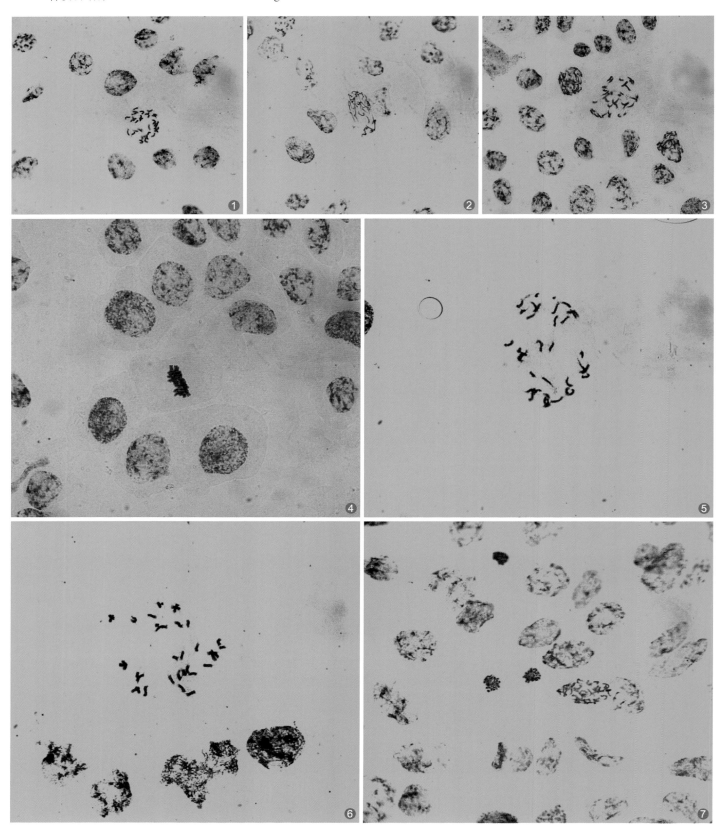

1. 间期　　2. 前期　　3. 前期　　4. 中期

5. 中期　　6. 中期　　7. 后期

10. 石蝴蝶 *Petrocosmea duclouxii* Craib

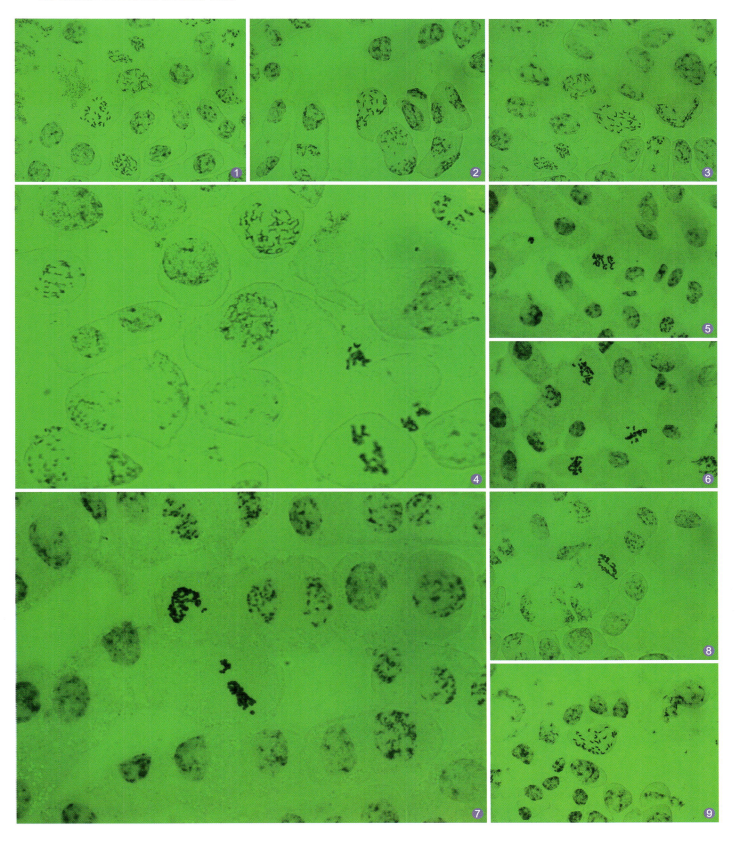

1. 间期　　2. 前期　　3. 前期　　4. 前期　　5. 中期
6. 中期　　7. 中期　　8. 中期　　9. 中期

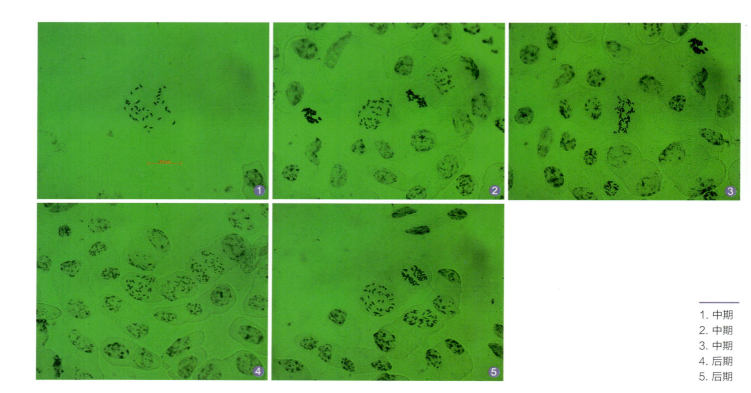

1. 中期
2. 中期
3. 中期
4. 后期
5. 后期

11. 会东石蝴蝶 *Petrocosmea intraglabra* (W. T. Wang) Zhi J. Qiu

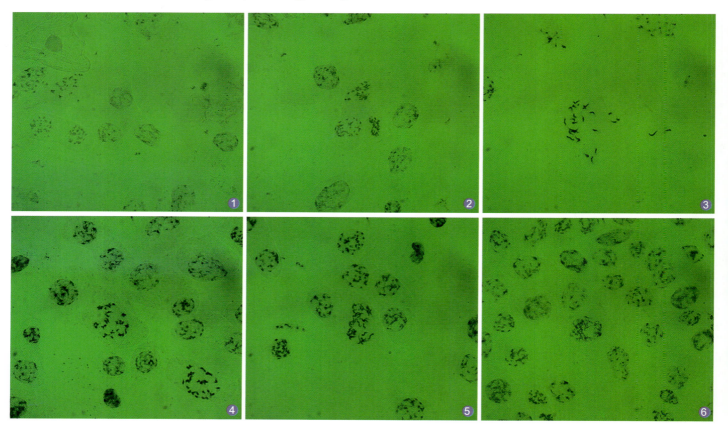

1. 间期　2. 前期　3. 前期　4. 中期　5. 中期　6. 中期

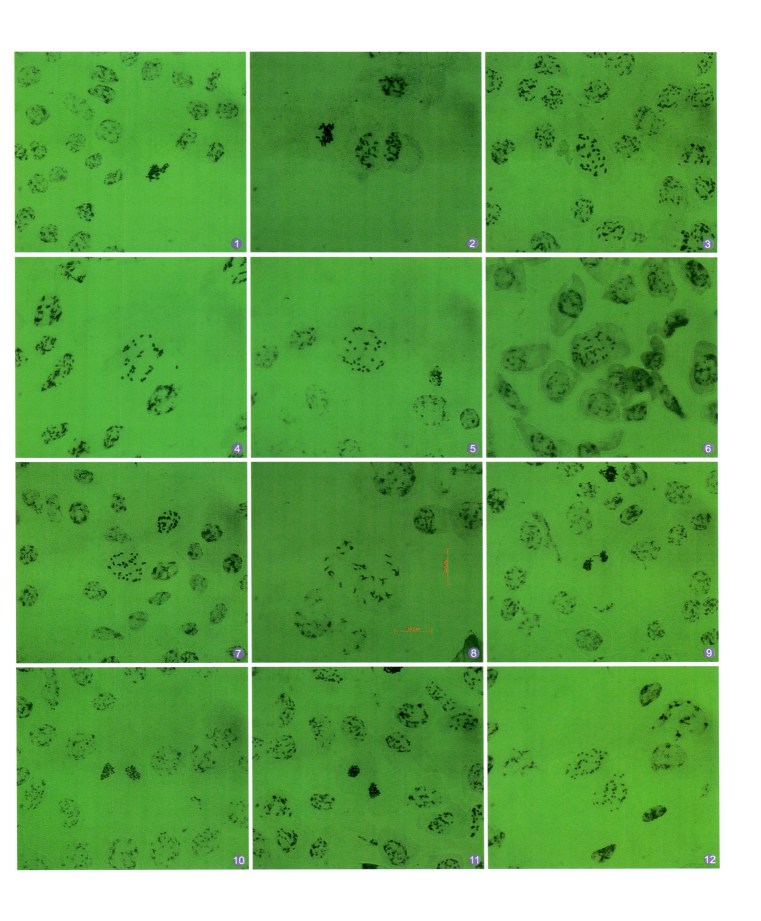

1. 中期　　2. 中期　　3. 中期　　4. 中期　　5. 中期　　6. 中期
7. 中期　　8. 中期　　9. 后期　　10. 后期　　11. 末期　　12. 末期

12. 四川石蝴蝶 *Petrocosmea sichuanensis* Chun ex W. T. Wang

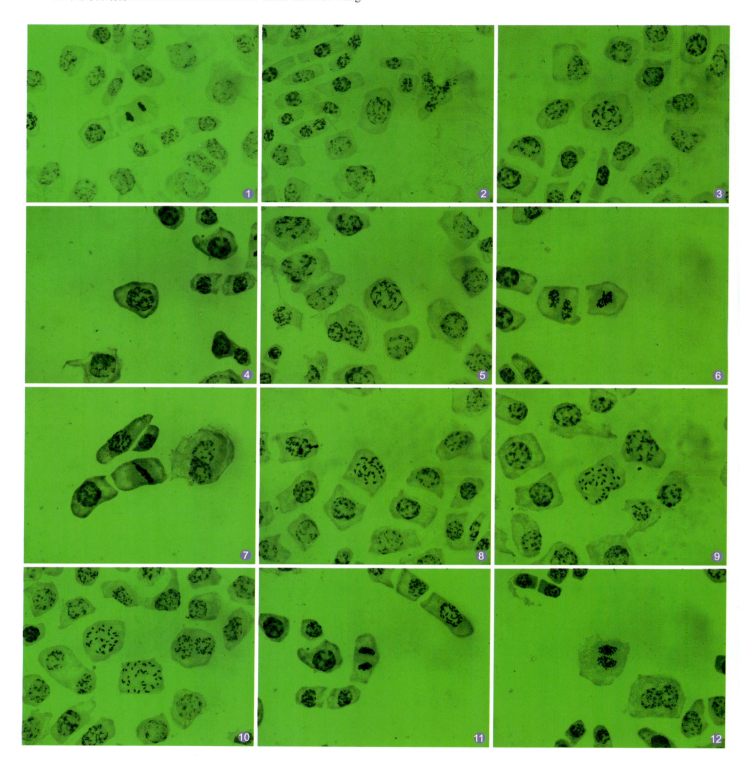

1. 间期　　2. 前期　　3. 前期　　4. 前期　　5. 前期　　6. 中期

7. 中期　　8. 中期　　9. 中期　　10. 中期　　11. 后期　　12. 末期

13. 长蕊石蝴蝶 *Petrocosmea longianthera* Z. J. Qiu & Y. Z. Wang

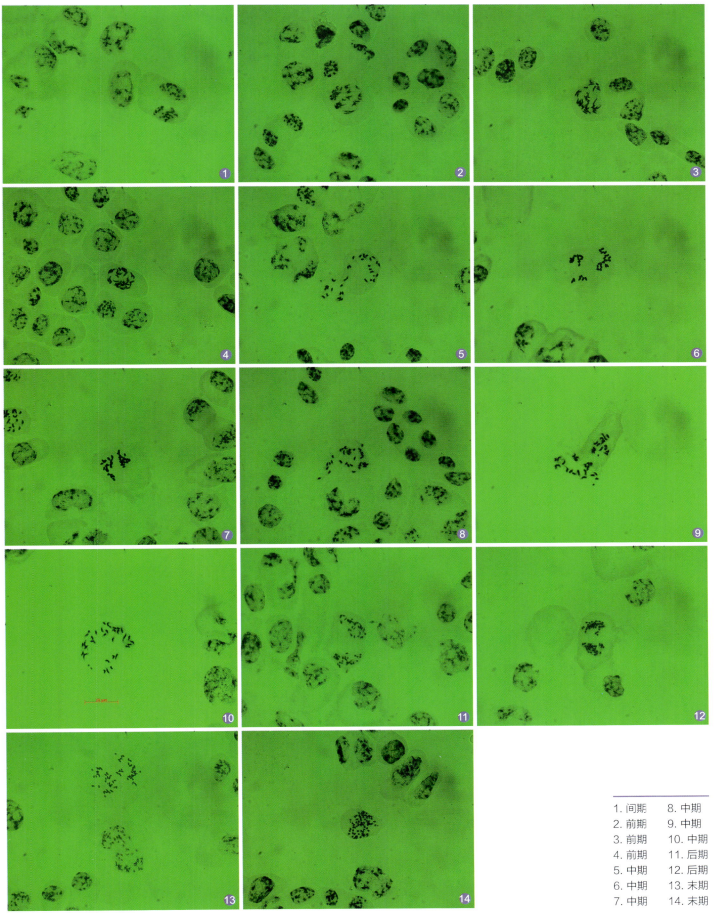

1. 间期　　8. 中期
2. 前期　　9. 中期
3. 前期　　10. 中期
4. 前期　　11. 后期
5. 中期　　12. 后期
6. 中期　　13. 末期
7. 中期　　14. 末期

14. 兴义石蝴蝶 *Petrocosmea xingyiensis* Y. G. Wei & F. Wen

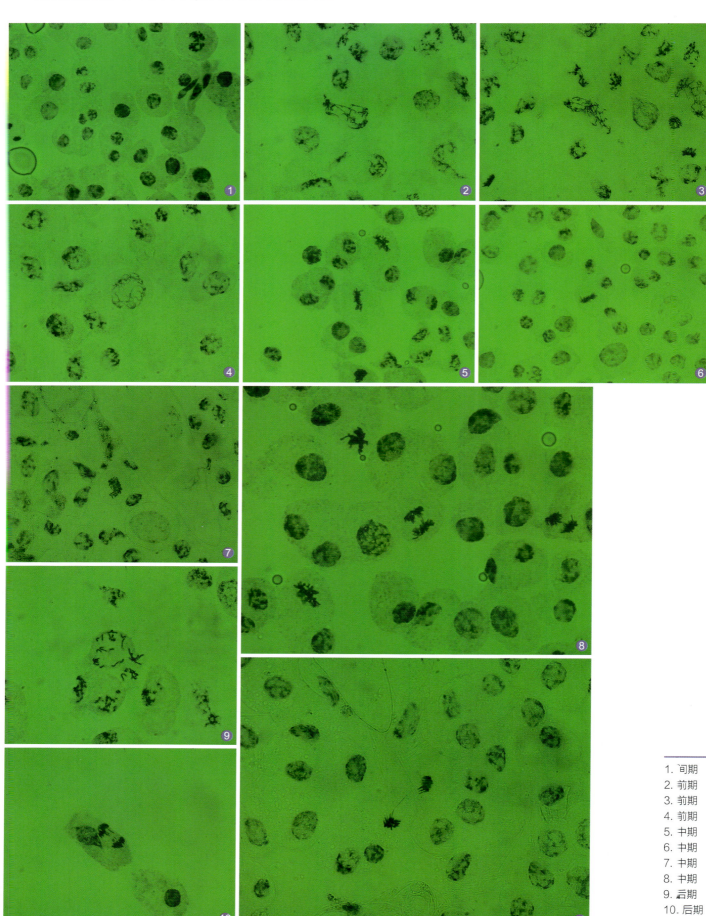

1. 间期
2. 前期
3. 前期
4. 前期
5. 中期
6. 中期
7. 中期
8. 中期
9. 后期
10. 后期
11. 末期

15. 小石蝴蝶 *Petrocosmea minor* Hemsl.

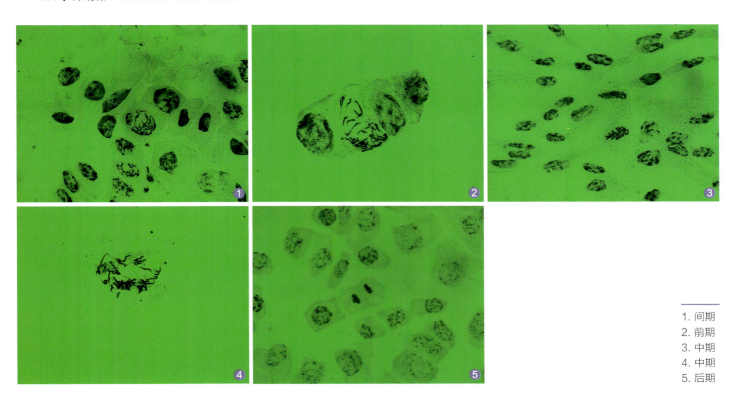

1. 间期
2. 前期
3. 中期
4. 中期
5. 后期

16. 光蕊石蝴蝶 *Petrocosmea leiandra* (W. T. Wang) Zhi J. Qiu

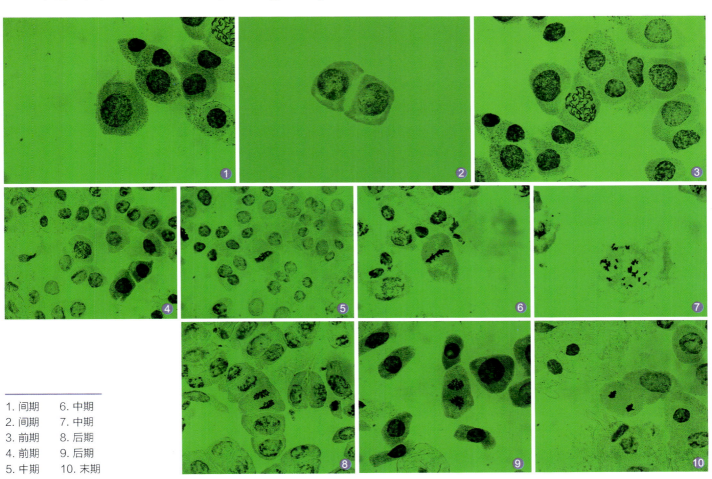

1. 间期　　6. 中期
2. 间期　　7. 中期
3. 前期　　8. 后期
4. 前期　　9. 后期
5. 中期　　10. 末期

17. 蒙自石蝴蝶 *Petrocosmea iodioides* Hemsl.

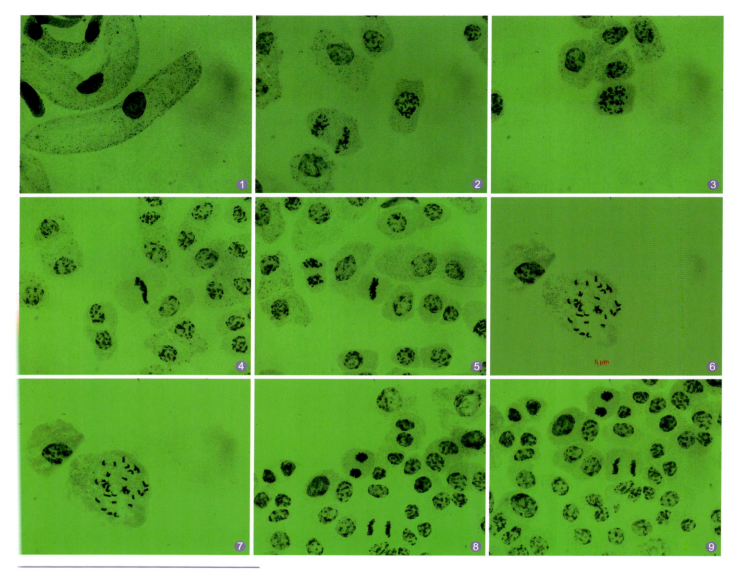

. 间期　2. 前期　3. 前期　4. 中期　5. 中期
. 中期　7. 中期　8. 后期　9. 后期

18. 滇黔石蝴蝶 *Petrocosmea martinii* Lévl.

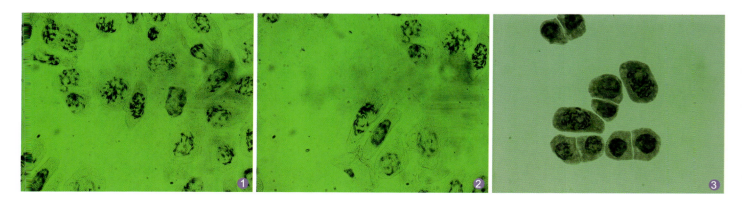

1 间期　2. 前期　3. 前期

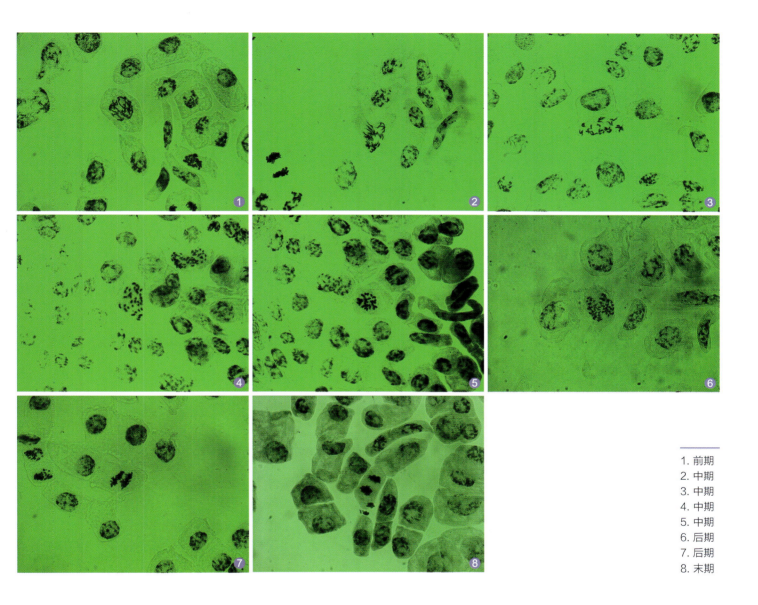

1. 前期
2. 中期
3. 中期
4. 中期
5. 中期
6. 后期
7. 后期
8. 末期

19. 丝毛石蝴蝶 *Petrocosmea sericea* C. Y. Wu ex H. W. Li

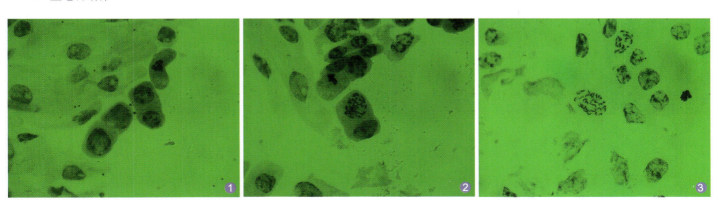

1. 间期　　2. 前期　　3. 前期

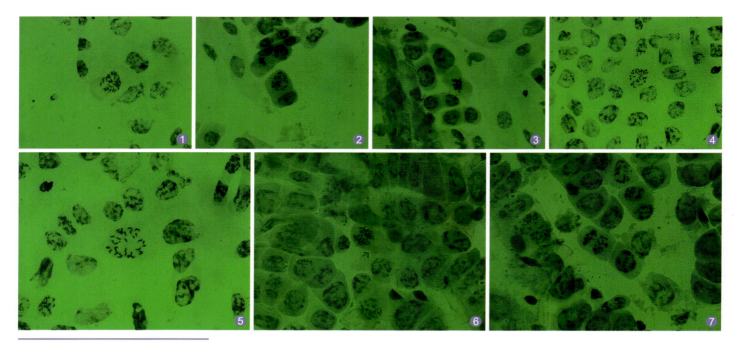

1. 前期　　2. 前期　　3. 前期　　4. 中期
5. 中期　　6. 后期　　7. 后期

20. 砚山石蝴蝶 *Petrocosmea yanshanensis* Z. J. Qiu & Y. Z. Wang

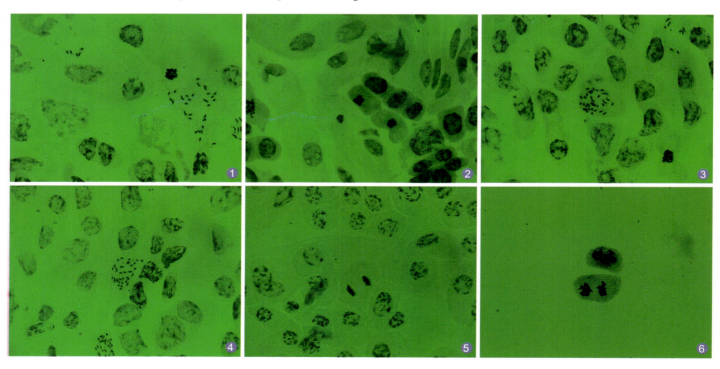

1. 间期　　2. 前期　　3. 中期　　4. 中期　　5. 后期　　6. 后期

21. 大花石蝴蝶 *Petrocosmea grandiflora* Hemsl.

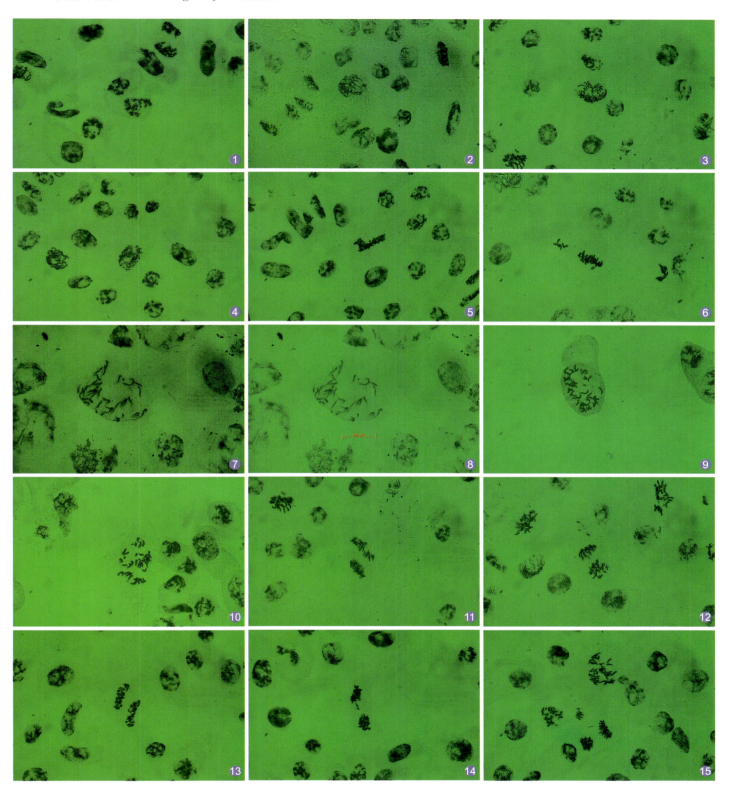

1. 间期　　2. 前期　　3. 前期　　4. 前期　　5. 中期　　6. 中期　　7. 中期　　8. 中期
9. 中期　　10. 中期　　11. 后期　　12. 后期　　13. 后期　　14. 末期　　15. 末期

22. 光喉石蝴蝶 *Petrocosmea glabristoma* Z. J. Qiu & Y. Z. Wang

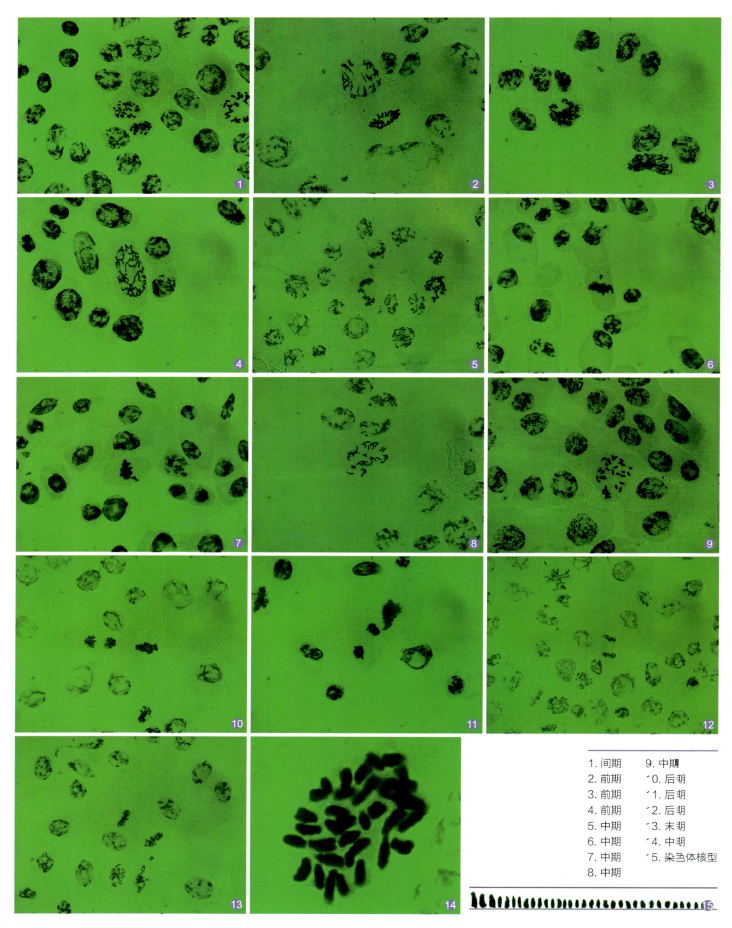

1. 间期　　9. 中期
2. 前期　　10. 后期
3. 前期　　11. 后期
4. 前期　　12. 后期
5. 中期　　13. 末期
6. 中期　　14. 中期
7. 中期　　15. 染色体核型
8. 中期

23. 大理石蝴蝶 *Petrocosmea forrestii* Craib

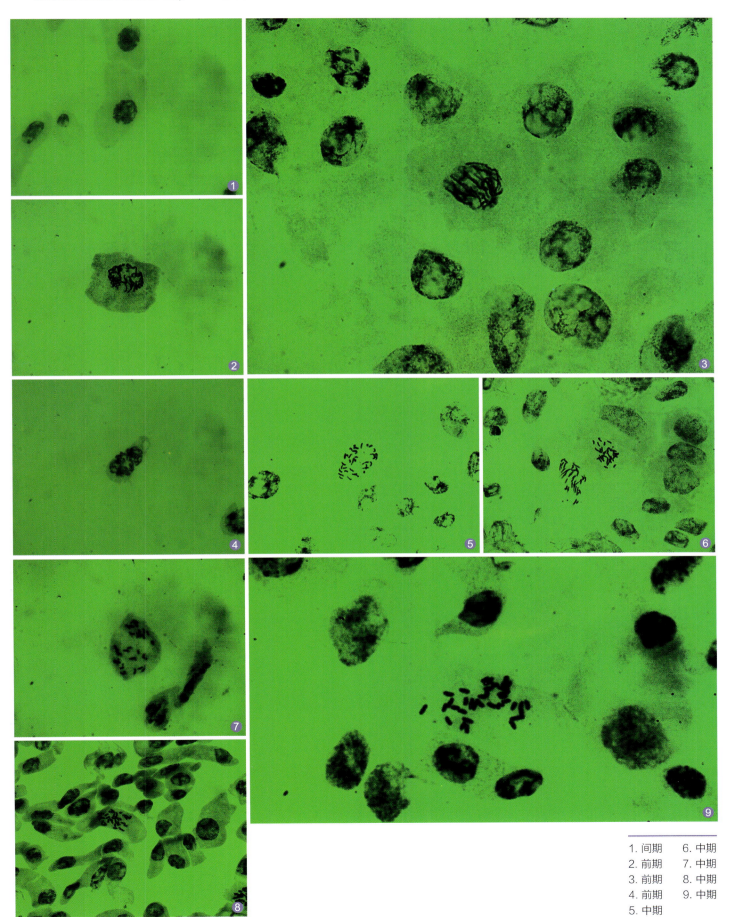

1. 间期　　6. 中期
2. 前期　　7. 中期
3. 前期　　8. 中期
4. 前期　　9. 中期
5. 中期

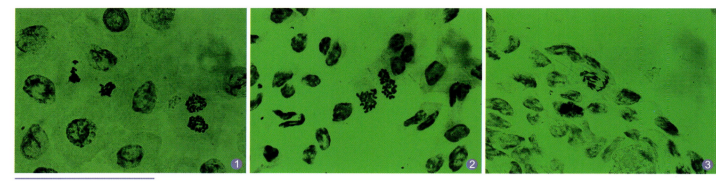

1. 后期　　2. 末期　　3. 末期

24. 东川石蝴蝶 *Petrocosmea mairei* Lévl.

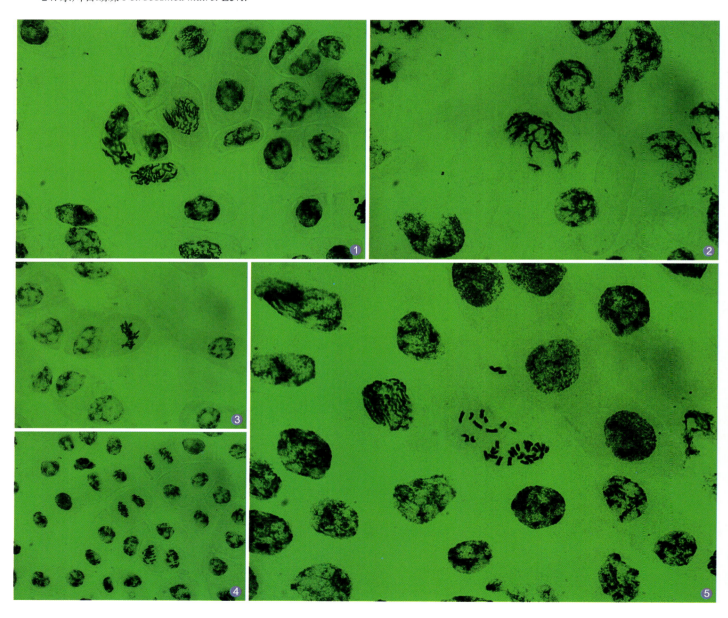

1. 间期　　2. 前期　　3. 中期　　4. 中期　　5. 中期

25. 南川石蝴蝶 *Petrocosmea nanchuanensis* Z. Y. Liu，Z. Yu Li & Zhi J. Qiu

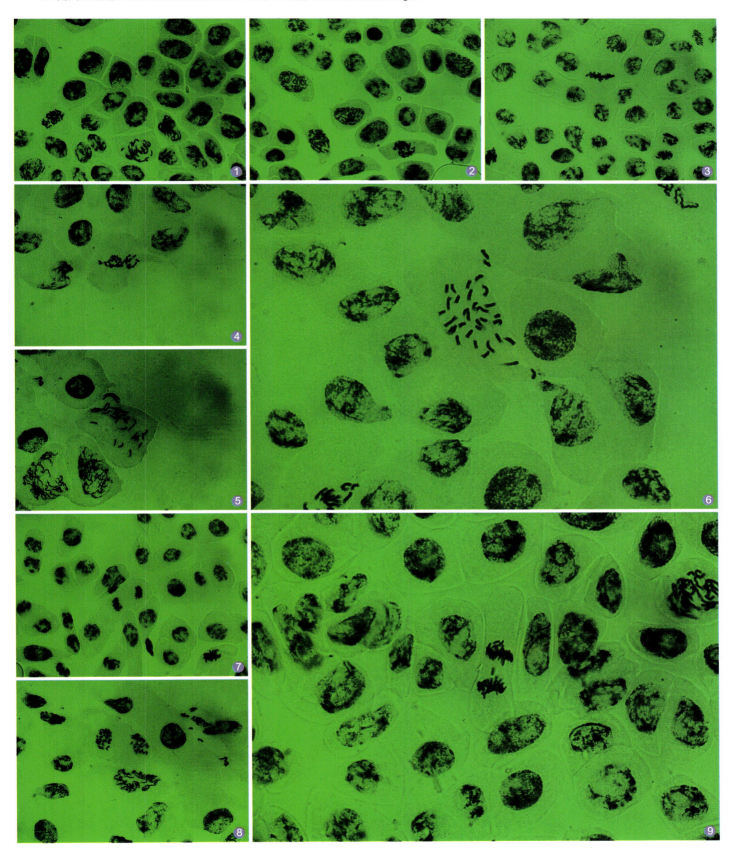

1. 间期　　2. 前期　　3. 中期　　4. 中期　　5. 中期
6. 中期　　7. 后期　　8. 后期　　9. 末期

26. 髯毛石蝴蝶 *Petrocosmea barbata* Craib

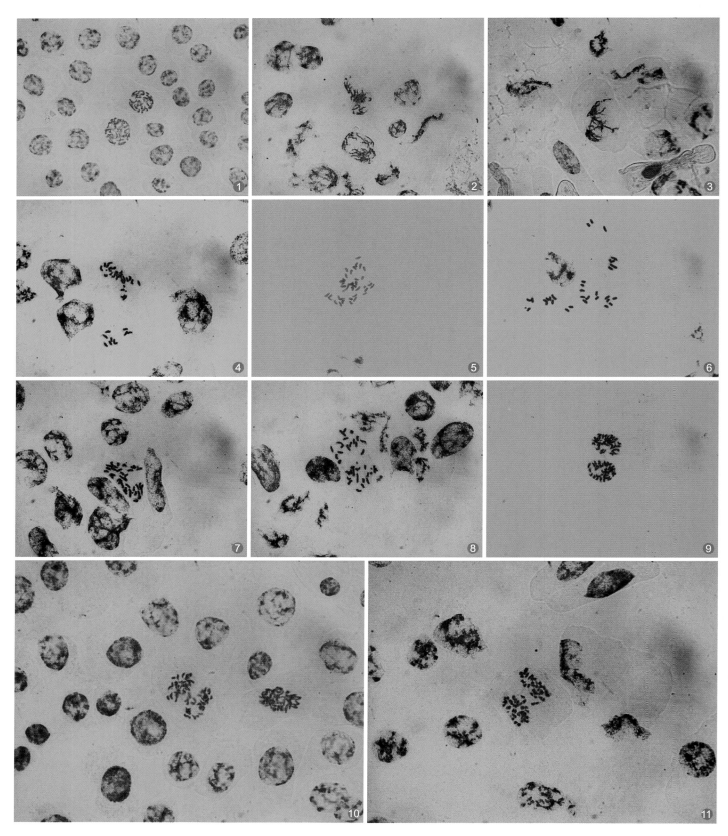

1. 间期　　2. 前期　　3. 前期　　4. 中期　　5. 中期　　6. 中期

7. 中期　　8. 中期　　9. 后期　　10. 后期　　11. 末期

27. 长梗石蝴蝶 *Petrocosmea longipedicellata* W. T. Wang

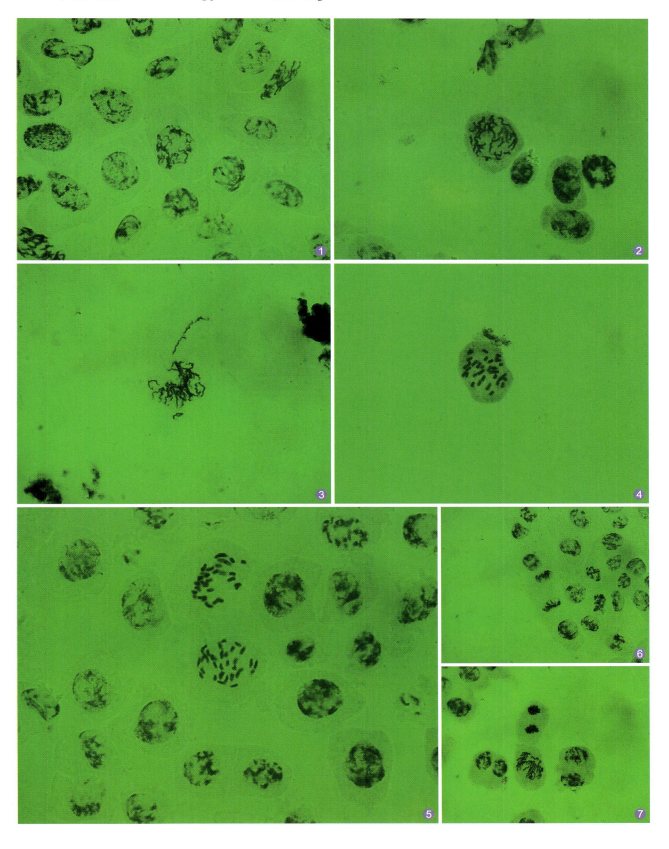

1. 间期　　2. 前期　　3. 前期　　4. 中期
5. 中期　　6. 后期　　7. 末期

28. 贵州石蝴蝶 *Petrocosmea cavaleriei* Lévl.

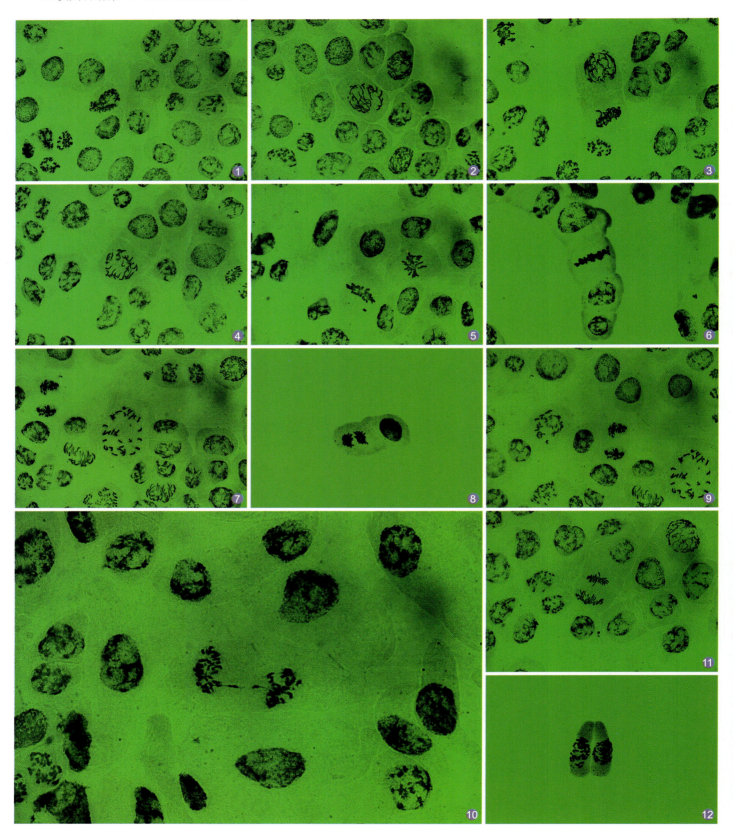

1. 间期　　2. 前期　　3. 中期　　4. 中期　　5. 中期　　6. 中期

7. 中期　　8. 后期　　9. 后期　　10. 末期　　11. 末期　　12. 末期

29. 黄斑石蝴蝶 *Petrocosmea xanthomaculata* G. Q. Gou et X. Y. Wang

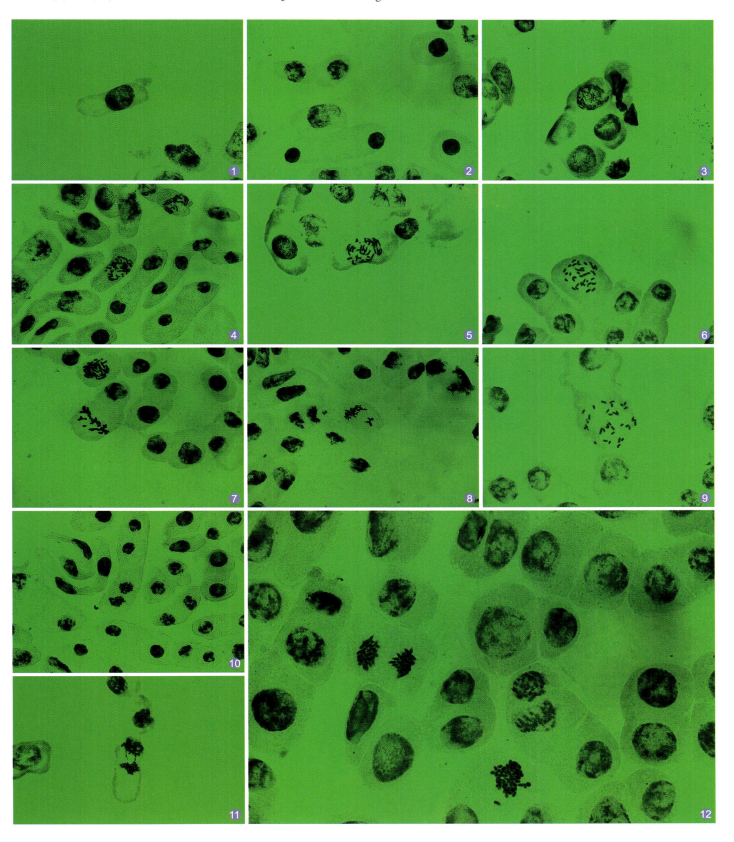

1. 间期　　2. 前期　　3. 前期　　4. 中期　　5. 中期　　6. 中期
7. 中期　　8. 中期　　9. 中期　　10. 后期　　11. 后期　　12. 末期

30. 显脉石蝴蝶 *Petrocosmea nervosa* Craib

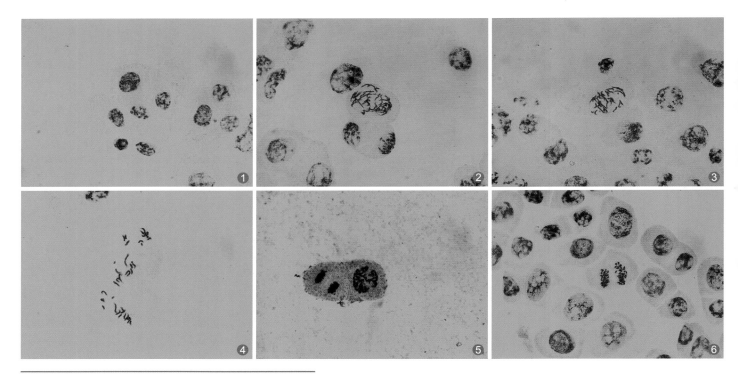

1. 间期　　2. 前期　　3. 中期　　4. 中期　　5. 后期　　6. 末期

31. 中华石蝴蝶 *Petrocosmea sinensis* Oliv.

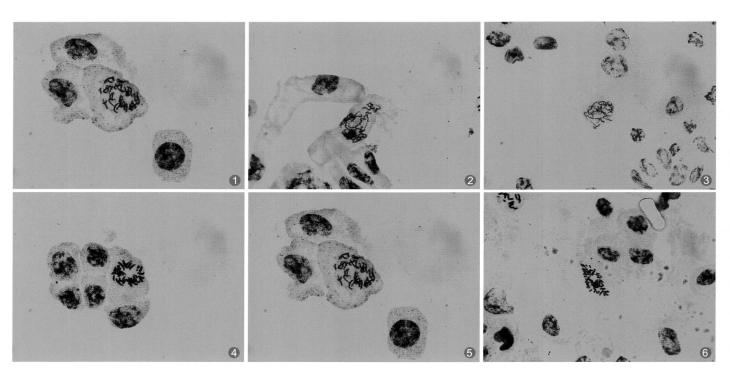

1. 间期　　2. 前期　　3. 中期　　4. 中期　　5. 中期　　6. 中期

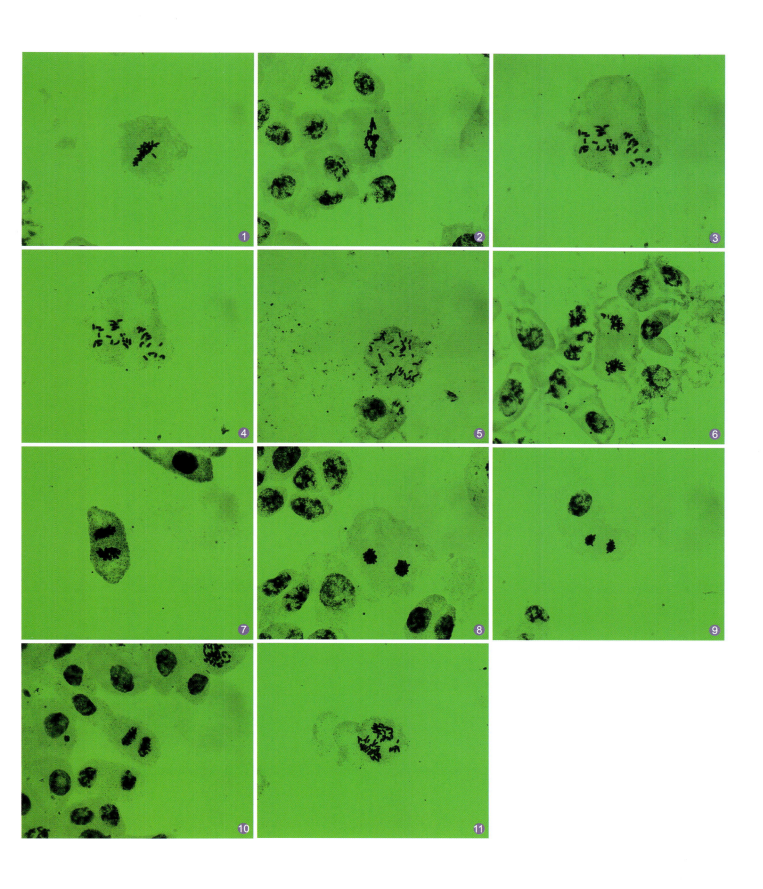

1. 中期　　2. 中期　　3. 中期　　4. 中期　　5. 中期　　6. 后期
7. 后期　　8. 后期　　9. 后期　　10. 末期　　11. 末期

32. 秦岭石蝴蝶 *Petrocosmea qinlingensis* W. T. Wang

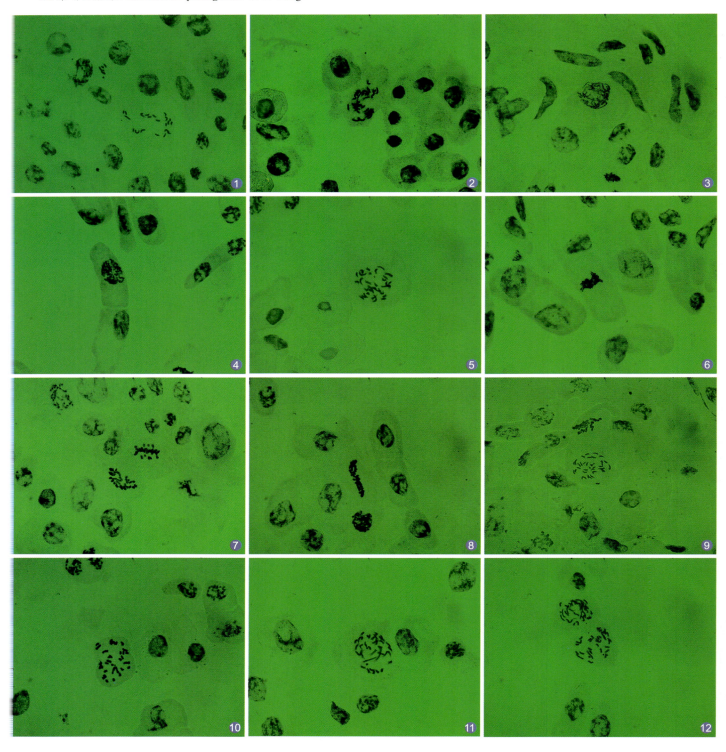

1. 间期　2. 前期　3. 前期　4. 中期　5. 中期　6. 中期
7. 中期　8. 中期　9. 中期　10. 中期　11. 中期　12. 后期

33. 萎软石蝴蝶 *Petrocosmea flaccida* Craib

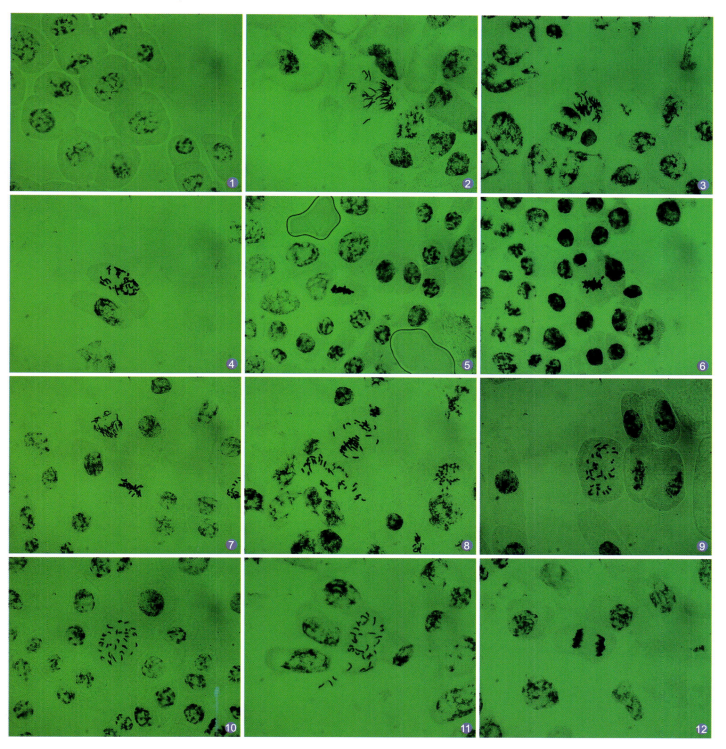

1. 间期　　2. 前期　　3. 中期　　4. 中期　　5. 中期　　6. 中期
7. 中期　　8. 中期　　9. 中期　　10. 中期　　11. 中期　　12. 后期

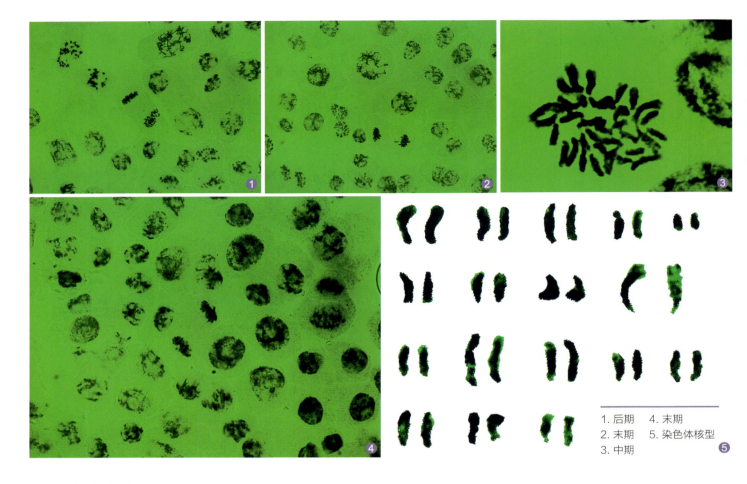

1. 后期   4. 末期
2. 末期   5. 染色体核型
3. 中期

34. 扁圆石蝴蝶 *Petrocosmea oblata* Craib

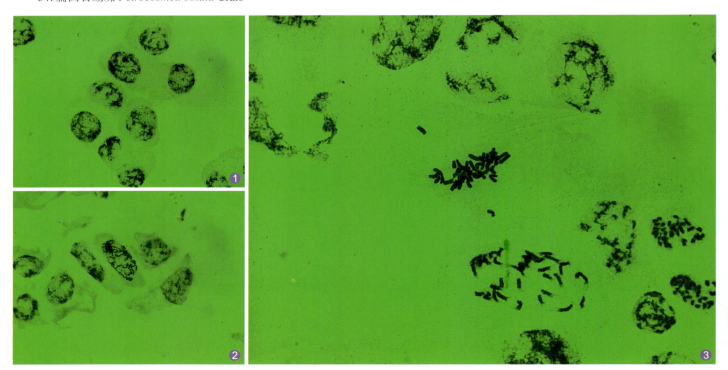

1. 间期   2. 前期   3. 中期

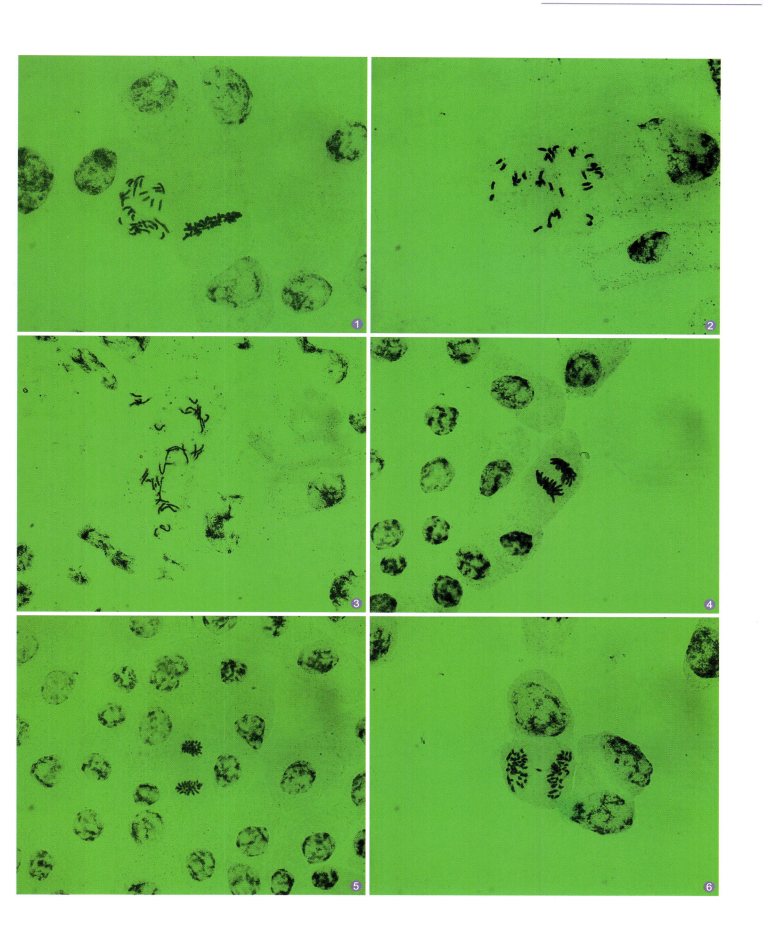

1. 中期　2. 中期　3. 中期　4. 中期　5. 后期　6. 末期

第 五 章

石蝴蝶属栽培和繁殖技术

第一节　石蝴蝶属栽培方法

一、不同栽培基质和栽培方法的比较实验

（一）实验材料

石蝴蝶属中在形态、开花时期及生境稍有差异的6种野生种：贵州石蝴蝶（QZJ-1082）、滇黔石蝴蝶（QZJ-0965）、大理石蝴蝶（QZJ-0939）、秋海棠叶石蝴蝶（QZJ-1060）、合溪石蝴蝶（QZJ-1076）、孟连石蝴蝶（QZJ-1065）（图5-1）。主要引种地分布在重庆、云南、四川、贵州等。主要种植基质或介质包括：河沙、泥炭土、珍珠岩、蛭石、碎石、苔藓、泡沫等常见易得材料。

（二）实验方法

1.测定指标和方法

种植约30天待野生苗适应温室大棚环境后，测定每株植株的冠幅和叶片数。隔60天对这两个指标再测量一次，通过两次测得的差值计算生长量。

2.数据统计分析

采用 Microsoft Excel 2007 软件进行数据统计分析。利用 Adobe Photoshop CS2 对图片进行剪裁及排版。

3.实验处理

包括1个对照组和6个处理组，分别为CK、T1、T2、T3、T4、T5、T6，每个品种的每个处理设4个重复，各处理肥水条件均一致。

花盆种植（CK）　是最传统的保育栽培方式，在实验中所用盆规格为直径14cm，高12cm。基质配比为泥炭土：珍珠岩：蛭石：河沙≈10：3：3：1，上盆定植后放于棚架上（图5-2A）。

带底托花盆种植（T1）　花盆置于深约3cm的底托中，浇水和施肥均先加至底托中，待基质吸透水后移出底托。其他均与CK一致（图5-2B）。

模拟岩洞种植（T2）　选取一个腰大口小的缸类花盆，内部用石块木桩等模拟岩洞布置。植株根部去泥后种植在缝隙和岩石

图5-1　石蝴蝶属植物在野外及温室内的生长状况

图 5-2　石蝴蝶属植物的 7 种种植方式比较

A 为 CK；B ～ G 分别和 T1、T2、T3、T4、T5、T6

下，填充泥炭土并附上苔藓，以免流失。种植完成后整个缸倾斜 30° 放于墙边（图 5-2C）。

苔藓墙种植（T3）　将苔藓用铁网等固定成墙面状，悬挂于棚架上。植株根部去泥后直接种植在其上，稍用铁丝固定以免浇水等作业时植株脱落（图 5-2D）。

深度培养管种植（T4）　培养管深度约 15cm，口径约 5cm，底部透水。种植基质分两层，底部约 1/5 为苔藓，上层填充珍珠岩：蛭石 =1∶1 基质至 1/2 ～ 3/5。种植完成后置于筐中放于墙边（图 5-2E）。

穴盘栽培（T5）　基质配比珍珠岩：蛭石 = 1∶2。穴盘规格 50cm×25cm×36cm。浇水和施肥均先加至底托中，待基质吸透水后倒出底托剩于液体，其他均与 CK 一致（图 5-2F）。

水培（T6）　营养液大量元素配方采用日本园试配方（刘士哲，2002）。微量元素营养液采用通用配方（韦三立，2001）。将植株根部洗净后置于定植蓝中，并固定在棚架上，10 天左右清洗 1 次水培瓶并更换新营养液（李占红和王西波，2013）（图 5-2G）。

（三）结果与分析

1. 不同种植方式对 6 种石蝴蝶属植物叶片数生长量的影响

7 种种植方式下 6 种石蝴蝶属植物叶片数生长量见图 5-3。结果显示：石蝴蝶属植物中不同的品种，叶片数生长量差异明显，合溪石蝴蝶、滇黔石蝴蝶、孟连石蝴蝶和贵州石蝴蝶生长量较大，秋海棠叶石蝴蝶和大理石蝴蝶生长量较小且柱状图曲线平缓，说明各处理对其叶片数生长量影响不大；T6 处理对 6 种石蝴蝶属植物叶片数生长量影响都表现一致，远低于 CK 水平，最大的仅为 1.25；对贵州石蝴蝶叶片数生长量影响最大的是 T3，其次是 T2，最小为 T6 仅 0.5；在滇黔石蝴蝶叶片数生长量影响上 T2 尤为明显为 8；T4、T3 对大理石蝴蝶叶片数生长量影响突出，为 13.75、13，高出 CK 约 5；各种植方式对秋海棠叶石蝴蝶、孟连石蝴蝶叶片数生长量影响都不大，最大值为 5、4，分别为 T3、T2；合溪石蝴蝶在各处理下叶片数生长量都较大，最大 T4 为 11.75，其次 T2 为 10.75，CK = 9.25。综合来讲，T3、T2 对石蝴蝶属植物叶片数生长量影响最为明显。

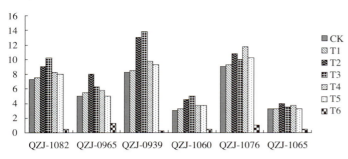

图 5-3　不同处理下 6 种石蝴蝶属植物叶片数生长量

2. 不同种植方式对 6 种石蝴蝶属植物冠幅生长量的影响

6 种石蝴蝶属植物冠幅生长量（cm）见图 5-4。从柱状图分析可知：不同处理对石蝴蝶属冠幅生长量均有一定的影响，其中对滇黔石蝴蝶、秋海棠叶石蝴蝶、合溪石蝴蝶较为明显；在对石蝴蝶属冠幅生长量影响中，T6 均表现为不良影响，最大值为 3.375，低出相应的 CK 值（3.625）；对于贵州石蝴蝶，除 T6 外，各处理之间对石蝴蝶属冠幅生长量影响较均一，最大值为 T3，3.75；对于滇黔石蝴蝶，T3、T4、T5 冠幅生长量基本一致，而 T2 对冠幅生长量影响突出，为 6.5；各处理在大理石蝴蝶、秋海棠叶石蝴蝶冠幅生长量影响上表现基本一致，最大都为 T2、T3；合溪石蝴蝶和孟连石蝴蝶柱状图曲线相对一致，说明各处理对它们的冠幅生长量影响差异不大，但孟连石蝴蝶的冠幅增长率明显高于合溪石蝴蝶。总体来讲 T4、T2、T3 对石蝴蝶属植物冠幅生长量影响依次增大。

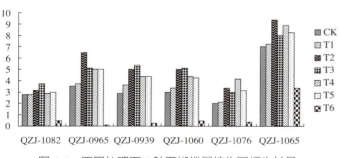

图 5-4　不同处理下 6 种石蝴蝶属植物冠幅生长量

3. 不同处理间方差显著性分析

每个品种不同处理之间进行方差显著性分析，结果见表 5-1。

结果显示：F crit（0.05）=2.57、F crit（0.01）=3.81，表明每个品种不同处理间差异极显著，即 7 种不同种植方式下，对石蝴蝶生长差异明显，同时也再次验证了不同种植方式对 6 种石蝴蝶属植物叶片数和冠幅生长量影响的客观性。

（四）结论与讨论

经过对在形态、开花时期及生境稍有差异的 6 种石蝴蝶野生种，在叶片数生长量、冠幅生长量等多方面的观测与分析，不同石蝴蝶属植物最适宜的种植方式不尽相同，但总体趋势基本一

致。在表现较优的处理中，共通两点：一是维系的植株生长小环境较为稳定；二是基质储水保肥能力较强，能长期维系植株生长小环境较高的空气湿度，均与石蝴蝶属野外生境有较大相似之处。经过对比分析，我们可以看到对于石蝴蝶属植物，在探究的 7 种种植方式中，采用苔藓墙种植（T3）为最优，其次是模拟岩洞种植（T2）和深度培养管（T4）。

单独从高效保育、观赏应用或科研取材等方面分析，7 种种植方式又各有优劣。花盆种植（CK）简单且传统，容器和基质都易得，技术要点普通工人都容易掌握，适用于规模较大的引种保育；若是定植的过程中，在石蝴蝶植株叶片下垫上碎石，能较有效地减少烂叶、黄叶等。带底托花盆种植（T1），相对 CK 只是做了小小地改进，其实验效果也体现不明显，但从节水省肥方面，明显优于 CK，一次灌水施肥可维持约 15 天，阴雨天甚至可达 1 个月。模拟岩洞种植（T2）实验效果较明显，但不适合普遍使用，不仅造型不易，而且定植也相对困难，需要有一定经验的技术人员才可完成，不过作为小规模保育及观赏应用，此种植方式占很大优势。苔藓墙种植（T3）除了在生长上占优势外，其科研取材（根尖）也较方便而且干净品质优。深度培养管种植（T4）是目前较为创新的一种保育方法，它能快速稳定的形成局部小环境，可以有效地避免外部环境突变带来的致命伤害，但对于一些体型较大的植株在种植成活后，要尽快移栽或采用改良的深度培养管以免生长畸形。穴盘栽培（T5）其实是无土栽培的一种，它有 T1 的优点，同时对于根尖取材也有着 T3 的优势，另外给穴盘加盖后，能起到良好的保湿效果，若穴盘通过加大加深改良后比较值得推广。水培（T6）属于最传统无土栽培方式，从本次实验结果来看，它确实不值得推广使用，而且频繁的更换营养液，工作量很大且定植难度较大，但对于用其他种植方式科研取材（根尖）不易的品种，可以尝试水培法获取。

本节通过对比 7 种不同的种植方式，对比较典型的 6 种石蝴蝶属野生种植物生长最优状况进行了探索，为以后石蝴蝶属植物的引种保育和开发利用提供了理论基础，具有很好的实践指导意义。

二、肥水管理

在栽培过程中，需要每天浇水，每周施肥（挪威复合肥，2g/盆）一次。

三、温度与光照

温度应保持在 10～22℃，22℃以上长势会急剧下降，直至死亡。10℃以下对石蝴蝶属的生长稍有影响，长势会变差，但一般不会死亡。光照要求不高，两层遮阴网即可保持良好的长势。

表 5-1　6 种石蝴蝶属植物不同处理间方差分析结果

指标	贵州石蝴蝶	滇黔石蝴蝶	大理石蝴蝶	秋海棠叶石蝴蝶	合溪石蝴蝶	孟连石蝴蝶
叶片数	$F=27.42$**	$F=26.42$**	$F=9.23$**	$F=10.86$**	$F=22.97$**	$F=23.00$**
冠幅	$F=15.54$**	$F=35.72$**	$F=14.66$**	$F=40.32$**	$F=31.63$**	$F=10.78$**

**表示差异极显著

第二节　石蝴蝶属繁殖技术

一、叶片扦插繁殖

石蝴蝶属可以通过叶片扦插繁殖，将叶柄剪成斜形，蘸取 1% 生根水，扦插至扦插盘中，基质配方用蛭石：珍珠岩 =1 ：1 较好。一般半个月可生根，两个月可以移苗。

二、分株繁殖

个别石蝴蝶属植物长到一年或两年时，会有小苗长出，此时可以分株繁殖。

1. 中华石蝴蝶叶片扦插 40 天　2. 中华石蝴蝶叶片扦插 10 天　3. 中华石蝴蝶叶片扦插 10 天
4. 中华石蝴蝶叶片扦插 40 天　5. 中华石蝴蝶叶片扦插 10 天　6. 中华石蝴蝶叶片扦插 10 天

1. 中华石蝴蝶叶片扦插 60 天　　2. 中华石蝴蝶叶片扦插 40 天　　3. 中华石蝴蝶叶片扦插 10 天

4. 中华石蝴蝶叶片扦插 40 天　　5. 中华石蝴蝶叶片扦插 10 天　　6. 扁圆石蝴蝶叶片扦插 10 天

7. 扁圆石蝴蝶叶片扦插

1. 扁圆石蝴蝶叶片扦插　　2. 中华石蝴蝶叶片扦插　　3. 中华石蝴蝶叶片扦插
4. 中华石蝴蝶叶片扦插　　5. 中华石蝴蝶叶片扦插　　6. 中华石蝴蝶叶片扦插
7. 中华石蝴蝶叶片扦插

第三节　深度培养管栽培与繁殖技术

一、深度培养管的栽培机理

深度培养管相当于一个小的温室，可以创造一个小的环境，可以保湿保温，有利于像石蝴蝶属植物这一类不易栽培和繁殖的植物。

二、基质配方

深度培养管里的基质配方可以有多种，但是在底部都要先垫一层苔藓以透气。一般上方再加入珍珠岩：蛭石＝1：2或者泥炭土：珍珠岩：蛭石＝2：1：2。

三、水分与温度控制

深度培养管的保温保湿能力较强，故不用天天浇水，观察基质变干后浇水即可，一般一周浇水1～2次，温度保持在10～22℃。

四、栽培与繁殖周期

在深度培养管内栽培的石蝴蝶属植物，一般3个月可长出5～15个叶片，一年内即可开花。扦插繁殖的叶片一般两周可以生根，一个月可以长出新叶片。

1. 合溪石蝴蝶的深度培养管栽培　　2. 合溪石蝴蝶的深度培养管栽培　　3. 合溪石蝴蝶的深度培养管栽培

1. 大理石蝴蝶的深度培养管栽培　　2. 贵州石蝴蝶的深度培养管栽培　　3. 石蝴蝶的深度培养管栽培

4. 显脉石蝴蝶的深度培养管栽培　　5. 蓝石蝴蝶的深度培养管栽培

1. 中华石蝴蝶的深度培养管栽培　　2. 萎软石蝴蝶的深度培养管栽培　　3. 小石蝴蝶的深度培养管栽培

4. 石林石蝴蝶的深度培养管栽培　　5. 蒙自石蝴蝶的深度培养管栽培

1. 蒙自石蝴蝶的深度培养管栽培　　2. 蒙自石蝴蝶的深度培养管栽培　　3. 蒙自石蝴蝶的深度培养管栽培

1. 光喉石蝴蝶的深度培养管栽培　　2. 光喉石蝴蝶的深度培养管栽培　　3. 光喉石蝴蝶的深度培养管栽培
4. 光喉石蝴蝶的深度培养管栽培　　5. 光喉石蝴蝶的深度培养管栽培　　6. 光喉石蝴蝶的深度培养管栽培
7. 光喉石蝴蝶的深度培养管栽培

第四节　组　织　培　养

一、石蝴蝶属组织培养的关键步骤

（一）培养基的配制

培养基的成分随植物的种类、外植体的类型、培养阶段的不同而不同。一般来说，培养基应含有大量元素、微量元素、铁盐、维生素、激素、糖和琼脂等物质，有时还在培养基中添加有机附加物，如活性炭、椰子汁等。培养基的配制按如下步骤进行。

（1）根据培养材料确定培养基。一般可先试用 MS 培养基，若不适，再改用其他培养基。

附：MS 培养基配比

A 组（大量元素）

NH_4NO_3 1650mg/L，KNO_3 900mg/L，$CaCl_2$ 440mg/L，$MgSO_4 \cdot 7H_2O$ 370mg/L，KH_2PO_4 170mg/L

B 组（微量元素）

KI 0.83mg/L，H_3BO_3 6.2mg/L，$MnSO_4 \cdot H_2O$ 22.3mg/L，$ZnSO_4 \cdot 7H_2O$ 10.6mg/L

C 组

$Na_2MoO_4 \cdot 2H_2O$ 0.25mg/L，$CuSO_4 \cdot 5H_2O$ 0.025mg/L，$CoCl_2 \cdot 6H_2O$ 0.025mg/L

D 组

EDTA 37.3mg/L，$FeSO_4 \cdot 7H_2O$ 27.8mg/L

E 组（有机物）

甘氨酸（$C_2H_5NO_2$）2.0mg/L，盐酸硫胺素（VB_6）0.1mg/L，烟酸 0.5 mg/L，吲哚乙酸（VB1）1～30mg/L，盐酸吡哆醇 0.5mg/L，6-苄基氨基腺嘌呤（6-BA）0.04～10mg/L，吲哚乙酸（IAA）0.01～3mg/L

其他溶液的配制：1mol/L 的 NaOH 溶液，0.1mg/mL 的 6-BA 溶液，0.1mg/mL 的 IAA 溶液，0.1mg/mL 的 2,4-D 溶液，0.1mg/mL 的 KT 溶液，0.1mg/ml 的 ZT 溶液。

（2）按照确定的培养基配方配制培养基，一般包括溶化琼脂、加入蔗糖和母液、调整酸碱度、定容、分装等步骤。

（3）对分装好的培养基进行高压灭菌，将灭菌好的培养基放入接种室中。

（二）无菌培养物的建立

（1）外植体的切取及消毒。用于快速繁殖的外植体可以是种子、茎尖、叶片、花序等。外植体必须先进行消毒，其消毒方法是：从植株上切取所需的部分，用水冲洗干净，而后移入超净工作台中用消毒剂（次氯酸钠、氯化汞、酒精等）进行消毒，但不管使用什么消毒剂，消毒后的外植体应该是无菌的，而其本身没有被消毒剂杀死。

（2）将消毒后的外植体接种到培养基中，接种时要求迅速准确，防止交叉污染。

（三）中间繁殖体的诱导和增殖

消毒后的外植体在培养基上培养一段时间后可诱导出丛芽、胚状体、原球茎、根状茎，这些培养材料称为中间繁殖体。对中间繁殖体进行切割、继代培养就可以进行中间繁殖体的增殖。中间繁殖体的增殖速度随花卉的种类、培养基、培养条件的不同而异，因而应对具体花卉需进行试验，找到合适的繁殖条件，以达到"快繁"的目的。

（四）生芽、壮苗与生根

当中间繁殖体增殖到一定数量后快速繁殖进入生芽、壮苗和生根阶段。如果是通过丛芽繁殖，则不需经过生芽直接进行壮苗、生根，如果是通过其他途径则需先将中间繁殖体转移到生芽培养基上，然后再转移到壮苗生根培养基上。在壮苗生根培养基上，大多数花卉要分离成单苗。

（五）试管苗移栽和管理

对已经生根的试管苗及时移栽是花卉快繁的最后工作，而且也是十分关键的工作。由于试管苗是在无菌、有营养供给、适合光照、温度和 100% 相对湿度环境中生长的，因而刚出瓶的试管苗对外面环境不太适应，稍一不慎便会造成大量死苗。所以对刚出瓶的试管苗要给予特别的照顾，适当的温度、弱光照、高的空气湿度、适宜的基质及对病虫害的有效控制是提高成活率的关键。

二、组织培养成功范例

1. 光喉石蝴蝶 Petrocosmea glabristoma Z. J. Qiu & Y. Z. Wang

1. 光喉石蝴蝶的组培苗栽培　　2. 光喉石蝴蝶组培 60 天　　3. 光喉石蝴蝶组培 60 天
4. 光喉石蝴蝶组培 80 天　　5. 光喉石蝴蝶组培 80 天　　6. 光喉石蝴蝶组培 80 天

1. 光喉石蝴蝶组培 180 天　2. 光喉石蝴蝶组培 180 天　3. 光喉石蝴蝶组培 180 天
4. 光喉石蝴蝶组培 180 天　5. 光喉石蝴蝶组培 120 天　6. 光喉石蝴蝶组培 120 天

2. 扁圆石蝴蝶 *Petrocosmea oblata* Craib

1. 扁圆石蝴蝶组培 80 天　　2. 扁圆石蝴蝶组培 190 天　　3. 扁圆石蝴蝶组培 190 天
4. 扁圆石蝴蝶组培 190 天　　5. 扁圆石蝴蝶组培 190 天　　6. 扁圆石蝴蝶组培 190 天

1. 扁圆石蝴蝶组培 300 天　　2. 扁圆石蝴蝶组培 300 天　　3. 扁圆石蝴蝶组培 300 天
4. 扁圆石蝴蝶组培 200 天　　5. 扁圆石蝴蝶组培 200 天　　6. 扁圆石蝴蝶组培 300 天

1. 扁圆石蝴蝶组培 180 天　　2. 扁圆石蝴蝶组培 180 天　　3. 扁圆石蝴蝶组培 180 天

4. 扁圆石蝴蝶组培 180 天　　5. 扁圆石蝴蝶组培 180 天　　6. 扁圆石蝴蝶组培 180 天

1. 扁圆石蝴蝶组培 150 天　　2. 扁圆石蝴蝶组培 150 天　　3. 扁圆石蝴蝶组培 150 天
4. 扁圆石蝴蝶组培 150 天　　5. 扁圆石蝴蝶组培 150 天　　6. 扁圆石蝴蝶组培 150 天

石蝴蝶属植物的应用

第一节　石蝴蝶属植物的应用现状与前景

　　目前,关于石蝴蝶属的应用较少,但在西方的爱好者很多,主要是家庭或者室内养殖为主,亦有人拟将石蝴蝶属植物开发成多肉植物,但是目前还未市场化。

1. 石蝴蝶在深度培养管中栽培　　2. 蝴蝶在深度培养管中栽培　　3. 大理石蝴蝶水培
4. 大理石蝴蝶水培　　　　　　　5. 大理石蝴蝶水培　　　　　　　6. 印缅石蝴蝶水培

1. 石蝴蝶属的缸植
2. 石蝴蝶属的水苔种植
3. 石蝴蝶属的水培
4. 石蝴蝶属的缸植
5. 石蝴蝶属的缸植
6. 石蝴蝶属的深度培养管种植
7. 石蝴蝶属在石头上种植

第二节　石蝴蝶属植物应用展示[*]

1.石蝴蝶属组合

2.小石蝴蝶 *Petrocosmea minor* Hemsl.

* 本节部分图片来自网络，编者均已取得使用图片的授权，照片的拍摄者分别为 Ron Myhr、Ray Drew、Ruth Zavitz、Toshijiro Okuto、Ron Long，植物的栽培者分别为 Ray Drew、Ruth Zavitz、Paul Kroll、Mary Bozoian、Ben Paternoster、Monte Watler、Marilyn Allan、Ray Morrison、Daphne Yaremko、Toshijiro Okuto、Nancy Ley。

3. 秋海棠叶石蝴蝶 *Petrocosmea begoniifolia* C. Y. Wu ex H. W. Li

4. 长蕊石蝴蝶 *Petrocosmea longianthera* Z. J. Qiu & Y. Z. Wang

5. 萎软石蝴蝶 *Petrocosmea flaccida* Craib

6. 美丽石蝴蝶 *Petrocosmea formosa* B. L. Burtt

7. 大理石蝴蝶 *Petrocosmea forrestii* Craib

8. '毛毛' 石蝴蝶 *Petrocosmea* 'Momo'

9. 印缅石蝴蝶 *Petrocosmea parryrum* C. E. C. Fischer

10. 旋涡石蝴蝶 *Petrocosmea cryptica* J. M. H. Shaw

主要参考文献

傅立国. 2004. 中国高等植物第 10 卷. 青岛：青岛出版社：281-283

苟光前，王晓宇，熊源新. 2010. 石蝴蝶属一新种——黄斑石蝴蝶. 植物研究，30（4）：394-396

李锡文. 1983. 云南苦苣苔科的研究. 植物研究，3（2）：19-25

李振宇，王印政. 2004. 中国苦苣苔科植物. 河南科学技术出版社

万天丰. 2004. 中国大地构造学纲要. 北京：地质出版社：180-197

王文采. 1981. 中国苦苣苔科的研究（二）. 植物研究，1（4）：35-41

王文采. 1984. 中国苦苣苔科的研究（五）. 植物研究，4（1）：9-12

王文采. 1985. 石蝴蝶属（苦苣苔科）第二次校订. 云南植物研究，7（1）：49-68

王文采. 1990. 中国植物志第六十九卷. 北京：科学出版社：125-581

韦毅刚. 2010. 华南苦苣苔科植物. 南宁：广西科学技术出版社

云南省植物研究所. 1991. 云南植物志第五卷. 北京：科学出版社：631-647

赵厚涛，税玉民. 2010. 石林石蝴蝶，中国云南苦苣苔科一新种. 云南植物研究，32（4）：328-330

Almeida J，Rocheta M，Galego L. 1997. Genetic control of flower shape in *Antirrhinum majus*. Development，124：1387-1392

Arnold ML，Bouck AC，Cornman RS. 2003. Verne Grant and Louisiana irises：is there anything new under the sun? New phytol，161：143-149

Arnold ML. 1997. Natural hybridization and evolution. New York，USA：Oxford University Press

Arnold ML，Bennett BD. 1993. Natural hybridization in Louisiana irises：genetic variation and ecological determinants. *In*：Harrison RG. Hybrid zones and evolutionary process. New York，USA：Oxford University Press：115-139

Arnold SEJ，Savolainen V，Chittka L. 2009. Flower colours along an alpine altitude gradient，seen through the eyes of fly and bee pollinators. Arthrod-Plant Interactions，3：27-43

Avise JC. 1989. Gene trees and organismal histories—a phylogenetic approach to population biology. Evolution，43：1192-1208

Axelrod AI，Al-Shehbaz I，Raven PH. 1998. History of modern flora of China. *In*：Zhang AL，Wu SG. Floristic characteristics and diversity of east Asian plants. Beijing：Higher Education Press，Springer Verlag：43-55

Barkhordarian E. 2002. Phylogenetics of asterids based on 3 coding and 3 non-coding chloroplast DNA markers and the utility of non-coding DNA at higher taxonomic levels. Molec Phylog Evol，24：274-301

Barrett SCH，Richards JH. 1990. Heterostyly intropical plants. Memoirs of the New York Botanical Garden，55：35-61

Baum DA，Doebley J，Irish VF，*et al*. 2002. Response：Missing links：the genetic architecture of flower and floral diversification. Trends Pl Sci，7：31-34

Berrett SCH. 2003. Mating strategies in flowering plants：the outcrossing-selfing paradigm and beyond. Philosophical Transactions of the Royal Society of London，Series B，Biological Sciences，358：991-1004

Böhle UR，Hilger H，Cerff R，*et al*. 1994. Non-coding chloroplast DNA for plant molecular systematics at the infrageneric level. *In*：Schierwater B，Streit B，Wagner GP，*et al*. Molecular ecology and evolution：approaches and applications. Birkhäuser Verlag，Basel：391-403

Borsch T，Hilu KW，Quandt D. 2003. Noncoding plastid *trn*T-*trn*F sequences reveal a well resolved phylogeny of basal angiosperms. Journal of Evolutionary Biology，16（4）：558-576

Brauchler C，Meimberg H，Heubl G. 2004. Molecular phylogeny of the genera *Digitalis* L. and *Isoplexis* （Lindley） Loudon （Veronicaceae） based on *ITS*- and *trn*L-F sequences. Plant Syst Evol，248：111-128

Bremer B，Bremer K，Heidari N，*et al*. 2002. Phylogenetics of asterids based on 3 coding and 3 non-coding chloroplast DNA markers and the utility of non-coding DNA at higher taxonomic levels. Molecular Phylogenetics and Evolution，24（2）：274-301

Bremer B，Bremer K，Heidari N，*et al*. 1940. Distribution-S.W. China：Yung-peh Mts. In N. Yunnan. Curtis's Bot Mag，163：tab. 9610

Burtt BL. 1958a. The genus Farsetia in Pakistan，India and Afghanistan. Not Bot Gard Edinb，22：213

Burtt BL. 1958b. Studies in the Gesneriaceae of the old world ⅩⅢ：miscellaneous transfers and reductions. Not Bot Gard Edinb，22：312-316

Burtt BL. 1962. Studies on the Gesneriaceae of the old world ⅩⅩⅣ：tentative keys to the tribes and genera. Not Bot Gard Edinb，24：205-220

Burtt BL. 2001. Flora of Thailand：Annotated Checklist of Gesneriaceae. Thai Forest Bulletin，29：105-106

Caruso CM. 2000. Competition for pollination influences selection on floral traits of *Ipomopsis aggregata*. Evolution, 54: 1546-1557

Castellanos MC, Wilson P, Keller SJ, *et al*. 2006. Anther evolution: pollen presentation strategies when pollinators differ. Am Nat, 167: 288-296

Charlesworth D, Charlesworth B. 1979. A model for the evolution of distyly. Am Nat, 114: 467-498

Chatterjee D. 1947. New records of plants from India and Burma. Kew Bull, 1946: 49-50

Chen WY. 1935. *Petrocosmea* Oliv. Sunyatsenia, 2: 320-321

Clarke CB. 1883. In A. De Candolle. Monographiae phanerogamarum, 5: 139

Coen ES, Nugent JM, Luo D, *et al*. 1995. Evolution of floral symmetry. Philos Trans R Soc Lond Biol, 350: 35-38

Coen ES, Nugent JM. 1994. Evolution of flowers and inflorescences. Development (Suppl): 107-116

Corley SB, Carpenter R, Copsey L, *et al*. 2005. Floral asymmetry involves an interplay between TCP and MYB transcription factors in *Antirrhinum*. Proc Natl Acad Sci USA, 102: 5068-5073

Costa MM, Fox S, Hanna AI, *et al*. 2005. Evolution of regulatory interactions controlling floral asymmetry. Development, 132: 5093-5101

Craib WG. 1918a. Gesneracearum novitates nonnullae. Not Bot Gard Edinb, 10: 216

Craib WG. 1918b. Gesneracearum novitates nonnullae Ⅱ. Kew Bull, 1918: 365-366

Craib WG. 1919. Revision of Petrocosmea. Not Bot Gard Edinb, 11: 269-275

Cronk QC. 2001. Plant evolution and development in a post-genomic context. Nat Rev Genet, 2: 607-619

Cubas P. 2002. Role of TCP genes in the evolution of morphological characters in angiosperms. *In*: Cronk QCB, Bateman RM, Hawkins JA. Developmental genetics and plant evolution. Taylor and Francis, London: 247-266

Cubas P. 2004. Floral zygomorphy, the recurring evolution of a successful trait. Bioessays, 26: 1175-1184

Cubas P, Coen E, Zapater JM. 2001. Ancient asymmetries in the evolution of flowers. Curr Biol, 11: 1050-1052

Cubas P, Lauter N, Doebley J, *et al*. 1999a. The TCP domain: a motif found in proteins regulating plant growth and development. Plant J, 18: 215-222

Cubas P, Vincent C, Coen E. 1999b. An epigenetic mutation responsible for natural variation in floral symmetry. Nature, 401: 157-161

Darwin C. 1877. On the various contrivances by which British and foreign orchids are fertilized. Republished 1984. Chicago, IL, USA: University of Chicago Press

Donoghue MJ, Ree RH, Baum DA. 1998. Phylogeny and the evolution of flower symmetry in the Asteridae. Trends Plant Sci, 3: 311-317

Drummond AJ, Rambaut A. 2007. BEAST: Bayesian evolutionary analysis by sampling trees. BMC Evol Biol, 7: 214

Du ZY, Wang YZ. 2008. Significance of RT-PCR expression patterns of CYC-like genes in *Oreocharis benthamii* (Gesneriaceae). Journal of Systematics and Evolution, 46: 23-31

Eisen JA. 1998. Phylogenomics: improving functional predictions for uncharacterized genes by evolutionary analysis. Genome Research, 8: 163-167

Endress PK. 1998. *Antirrhinum* and Asteridae—evolutionary changes of floral symmetry. Symp Soc Exp Biol, 51: 133-140

Endress PK. 1999. Symmetry in flowers: diversity and evolution. Int J Plant Sci, 160: S3-S23

Endress PK. 2001. Evolution of floral symmetry. Curr Opin Plant Biol, 4: 86-91

Farris JS, Källersjö M, Kluge AG, *et al*. 1994. Testing significance of incongruence. Cladistics, 10: 315-319

Felsenstein J. 1985. Confidence-limits on phylogenies: an approach using the bootstrap. Evolution, 39: 783-791

Feng X, Zhao Z, Tian Z, *et al*. 2006. Control of petal shape and floral zygomorphy in Lotus japonicus. Proc Natl Acad Sci USA, 103: 4970-4975

Fenster CB, Armbruster WS, Wilson Paul, *et al*. 2004. Pollination syndromes and floral specialization. Annu Rev Ecol Evol Syst, 35: 375-403

Fischer CEC. 1926. Decades Kewenses: CXV. Kew Bull, 1926: 438

Fritsch K. 1893-1894. Gesneriaceae. *In*: Engler A, Prantl K. Die natürl. Pflanzenfamil. Ⅳ, 3b. Leipzig W. Engelmann, 1893: 133-144, 1894: 145-185

Galego L, Almeida J. 2002. Role of DIVARICATA in the control of dorsoventral asymmetry in *Antirrhinum* flowers. Genes Dev, 16: 880-891

Galen C.1996. Rates of floral evolution: adaptation to bumblebee pollination in an alpine wildflower, Polemonium viscosum Evolution, 50: 120-125

Ganders E. 1979. The biology of heterostyly. New Zealand Journal of Botany, 17: 607-635

Gao Q, Tao J-H, Yan D, *et al*. 2008. Expression differentiation of floral symmetry CYC-like genes correlated with their protein sequence divergence in *Chirita heterotricha* (Gesneriaceae). Deve Genes and Evol, 218: 341-351

Gascuel O. 1997. BIONJ: an improved version of the NJ algorithm based on a simple model of sequence data. Molec Biol Evol, 14: 685-695

Grant PR, Grant BR, Petren K. 2005. Hybridization in the recent past. Amer Natur, 166: 56-67

Grant V. 1981. Plant speciation. New York, USA: Columbia University Press

Guindon S, Gascuel O. 2003. A simple, fast, and accurate algorithm to estimate large phylogenies by maximum likelihood. Syst Biol, 52:

696-704

Hall TA. 1999. BioEdit：a user-friendly biological sequence alignment editor and analysis program for Windows 95/98/NT. Nucleic Acids Symposium，41：95-98

Hamby RK，Zimmer EA. 1992. Ribosomal RNA as aphylogenetic tool in plant sytematics. USA：Springer Press

Handel-mazzetti H. 1936. Anthophyta. Symbolae sinicae Ⅶ Teil Pat，4：876

Harder LD，Thomson JD. 1989. Evolutionary options for maximizing pollen dispersal of animal-pollinated plants. The Am Nat，133：323-344

Harder LD，Wilson WG. 1994. Floral evolution and male reproductive success：optimal dispensing schedules for pollen dispersal by animal-pollinated plants. Evolutionary Ecology，8：542-559

Hemsley WB. 1890. *Petrocosmea sinensis* Oliv. Journ Linn Soc Bot，26：229

Hemsley WB. 1895a. *Petrocosmea grandiflora* Hemsl. Hook Icon Pl，25：2410

Hemsley WB. 1895b. *Petrocosmea grandiflora* Hemsl. Kew Bulletin，1895：115

Hemsley WB. 1899a. *Petrocosmea iodioides* Hemsl. Hook Icon Pl，4（6）：2599

Hemsley WB. 1899b. *Petrocosmea minor* Hemsl. Hook Icon Pl，4（6）：2600

Herrera CM. 1988. Variation in mutualisms：the spatiotemporal mosaic of a pollinator assemblage. Biol J Linn Soc，35：95-125

Hilu KW，Liang HP. 1997. The *mat*K gene: sequence variation and application in plant systematics. American Journal of Botany，84：830-839.

Howarth DG，Donoghue MJ. 2005. Duplications in *CYC*-Like genes from Dipsacales correlated with floral from. Int J Plant Sci，166：357-370

Howarth DG，Donoghue MJ. 2006. Phylogenetic analysis of the "ECE"（CYC/TB1）clade reveals duplications predating the core eudicots. Proc Natl Acad Sci USA，103：9101-9106

Howell GJ，Slater AT，Knox RB. 1993. Secondary pollen presentation in angiosperms and its biological significance. Australian Journal of Botany，41：417-438

Ivanina II. 1965. Application of the carpological method to the taxonomy of Gesneriaceae. Notes Roy Bot Gard Edinb，26：383-402

Johnson LA，Soltis DE. 1994. *Mat*K DNA-sequences and phylogenetic reconstruction in Saxifragaceae s-str. Syst Bot，19（1）：143-156

Johnson LA，Soltis DE. 1995. Phylogenetic inference in Saxifragaceae sensu stricto and *Gilia*（Polemoniaceae）using *mat*K sequences. Ann Missouri Bot Gard，82：149-175

Joly S，McLenachan PA，Lockhart PJ. 2009. A statistical approach for distinguishing hybridization and incomplete lineage sorting. Am Nat，174（2）：E54-70

Jones KN，Reithel JS. 2001. Pollinator-mediated selection on a flower color polymorphism in experimental populations of *Antirrhinum*（Scrophulariaceae）. Amer J Bot，88：447-454

Kelchner SA. 2000. The evolution of noncoding chloroplast DNA and its application in plant systematics. Ann Missouri Bot Gard，87：482-498

Kim DW，Lee SH，Choi SB，*et al*. 2006. Functional conservation of a root hair cell-specific cis-element in angiosperms with different root hair distribution patterns. Plant Cell，18：2958-2970

Kim MS，Cui ML，Cubas P，*et al*. 2008. Regulatory genes control a key morphological and ecological trait transferred between species. Science，322：1116-1119

Kosugi S，Ohashi Y. 1997. PCF1 and PCF2 specifically bind to cis elements in the rice proliferating cell nuclear antigen gene. Plant Cell，9：1607-1619

Kranz HD，Denekamp M，Greco R，*et al*. 1998. Towards functional characterisation of the members of the R2R3-MYB gene family from Arabidopsis thaliana. Plant J，16：263-276

Kress WJ，Wurdack KJ，Zimmer EA，*et al*. 2005. Use of DNA barcodes to identify flowering plants. Proc Nat Acad Sci USA，102：8369-8374

Léveille MH. 1903a. Decades plantarum novarum. LJV-LVIII. Report Sp Nov，9：329

Léveille MH. 1903b. Plantae bodinierianae vaniotia，veronica et vandellia. Bull Acad Geogr Bot，12：166

Léveille MH. 1911. *Petrocosmea*. Fedde Eep. Nov. Sp. Ix：329

Léveille MH. 1915. *Petrocosmea*. Bull Geogr Bot，25-26：24

Li HW. 1983. Notulea de Gesneraceis Yunnanensibus. Bulletin of Botanical Research，2：19-27

Li ZY，Wang YZ. 2004. Plants of Gesneriaceae in China. Zhengzhou，China：Henan Science and Technology Publishing HouseLipsick JS. 1996. One billion years of Myb. Oncogene，13：223-235

Lloyd DG，Webb CJ. 1992. The evolution of heterostyly. *In*：Barrett SC. Evolution and Function of Heterostyly. Berlin，Germany：Springer-Verlag：151-178

Lloyd DG，Yates JMA. 1982. Intrasexual selection and the segregation of pollen and stigmas in hermaphrodite plants，exemplified by *Wahlenbergia albomarginata*（Campanulaceae）. Evolution，36：903-913

Luo D，Carpenter R，Copsey L，*et al*. 1999. Control of organ asymmetry in flowers of *Antirrhinum*. Cell，99：367-376

Luo D，Carpenter R，Vincent C，*et al*. 1996. Origin of floral asymmetry in *Antirrhinum*. Nature，383：794-799

Maddison WP. 1997. Gene trees in species trees. Syst Bot，46（3）：523-536

Manktelow M. 2000. The filament curtain：a structure important to systematics and pollination biology in the Acanthaceae. Botanical Journal of the Linnean Society，133：129-160

Martén-Rodríguez S，Almarales-Castro A，Fenster CB. 2009. Evaluation of pollination syndromes in Antillean Gesneriaceae：evidence for bat，humming-bird and generalized flowers. Journal of Ecology，97（2）：348-359

Martén-Rodríguez S，Fenster CB，Agnarsson I，*et al*. 2010. Evolutionary breakdown of pollination specialization in a Caribbean plant radiation. New phytol，188：403-417

Martin-Trillo M，Cubas P. 2009. TCP genes：a family snapshot ten years later. Trends Plant Sci：1360-1385

Mayer V，Möller M，Perret M，*et al*. 2003. Phylogenetic position and generic differentiation of Epithemateae（Gesneriaceae）inferred from plastid DNA sequence data. Amer J Bot，90：321-329

Merrill ED，Chun WY. 1935. Additions to our knowledge of the Hainan flora Ⅱ. Aunyatsenia，2（3-4）：320-321

Möller AP，Sorci G. 1998. Insect preference for symmetrical artificial flowers. Oecologia，114：37-42

Möller M，Clokie M，Cubas P，*et al*. 1999. Integrating molecular and developmental genetics：a Gesneriaceae case study. *In*：Hollingsworth PM，Bateman RJ，Gornall RJ. Molecular systematics and plant evolution. Taylor and Francis，London：375-402

Moller M，Cronk QCB. 1997. Origin and relationship of *Saintpaulia*（Gesneriaceae）based on ribosomal DNA internal transcribed spacer（ITS）sequences. Amer J Bot，84（7）：956-965

Möller M，Pfosser M，Jang CG，*et al*. 2009. A preliminary phylogeny of the "didymocarpoid Gesneriaceae" based on three molecular data sets Incongruence with available tribal classifications. Amer J Bot，96：989-1010

Morrison DA. 2005. Networks in phylogenetic analysis：new tools for population biology. Int J Parasitol，35（5）：567-582

Moseley H. 1879. Notes by a naturalist on the "Challenger". MacMillan

Mulcahy DL. 1965. Heterostyly within *Nivenia*（Iridaceae）. Brittonia，17（4）：349-351

Nagy ES，Strong L，Galloway LF. 1999. Contribution of delayed autonomous selfing to reproductive success in Mountain Laurel，*Kalmia latifolia*（Ericaceae）. The American Midland Naturalist，142：39-46

Neal PR，Dafni A，Giurfa M. 1998. Floral symmetry and its role in plant-pollinator systems：terminology，distribution，and hypotheses. Annu Rev Ecol Syst，29：345-373

Neigel JE，Avise JC. 1986. Phylogenetic relationships of mitochondrial DNA under various demographic models of speciation. *In*：Karlin S，Nevo E. Evolutionary processes and theory. New York：Academic Press：515-534

Nilsson LA. 1988. The evolution of flowers with deep corolla tubes. Nature，334：147-149

Okuyama Y，Pellmyr O，Kato M. 2008. Parallel floral adaptations to pollination by fungus gnats within the genus *Mitella*（Saxifragaceae）. Molec Phylog Evol，46：560-575

Oliver D. 1887. *Petrocosmea sinensis* Oliv. Hook Icon Pl，18：1716

Ooi K，Endo Y，Yokoyama J，*et al*. 1995. Useful primer designs to amplify DNA fragments of the plastid gene *mat*K from angiosperm plants. J Jap Bot，70（6）：328-331

Oxelman B，Lidén M，Berglund D. 1997. Chloroplast *rps*16 intron phylogeny of the tribe Sileneae（Caryophyllaceae）. Pl Syst Evol，206：393-410

Pamilo P，Nei M. 1988. Relationships between gene trees and species trees. Molec Biol Evol，5（5）：568-583

Pellegrin F. 1930. Gesneriaceae. In Lecomte. Flore Generale de L'Indo-Chine，4：554-557

Pierre P. 1926. Les Gesneracees-Cyrtandrees d'Indo-Chine. Bull Soc Bot France，73：427

Posada D，Crandall KA. 1998. Modeltest：testing the model of DNA substitution. Bioinformatics，14：817-818

Prasad K，Sriram P，Kumar CS，*et al*. 2001. Ectopic expression of rice OsMADS1 reveals a role in specifying the lemma and palea，grass floral organs analogous to sepals. Dev Genes Evol，211：281-290

Preston JC，Hileman LC. 2009. Developmental genetics of floral symmetry evolution. Trends Plant Sci，14：1360-1385

Preston JC，Kost MA，Hileman LC. 2009. Conservation and diversification of the symmetry developmental program among close relatives of snapdragon with divergent floral morphologies. New phytol，182：751-762

Qiu ZJ，Li CQ，Wang YZ. 2015. *Petrocosmea glabristoma*（Gesneriaceae），a new species from Yunnan，China. Plant diversity and resources，37（5）：551-556

Qiu ZJ，Wang XL，Liu ZY，*et al*. 2012. Cytological and phylogenetic study of *Petrocosmea hexiensis*（Gesneriaceae），a new species from

Chongqing，China. Phytotaxa，74：30-38

Qiu ZJ，Yuan ZL，Li ZY，*et al*. 2011. Confirmation of a natural hybrid species in *Petrocosmea*（Gesneriaceae）based on molecular and morphological evidence. Journal of Systematics and Evolution，49（5）：449-463

Ramsay NA，Glover BJ. 2005. MYB-bHLH-WD40 protein complex and the evolution of cellular diversity. Trends Plant Sci，10：63-70

Rausher MD. 2008. Evolutionary transitiona in floral color. Int J plant Sci，169（1）：7-21

Reardon W，Fitzpatrick DA，Fares MA，*et al*. 2009. Evolution of flower shape in *Plantago lanceolata*. Plant Mol Biol，71：241-251

Reeves PA，Olmstead RG. 1998. Evolution of novel morphological and reproductive traits in a clade containing *Antirrhinum majus*（Scrophulariaceae）. Am J Bot，85：1047-1056

Reeves PA，Olmstead RG. 2003. Evolution of the TCP gene family in Asteridae：Cladistic and network approaches to understanding regulatory gene family diversification and its impact on morphological evolution. Mol Biol Evol，20：1997-2009

Rieseberg LH，Raymond O，Rosenthal DM，*et al*. 2003. Major ecological transitions in wild sunflowers facilitated by hybridization. Science，301：1211-1216

Rogers SO，Bendich AJ. 1988. Extraction of DNA from plant tissues. Plant Molecular Biology Manual，A6：1-10

Ronquist F，Huelsenbeck JP. 2003. MrBayes 3：bayesian phylogenetic inference under mixed models. Bioinformatics，19：1572-1574

Sang T，Crawford DJ，Stuessy TF. 1997. Chloroplast DNA phylogeny，reticulate evolution，and biogeography of *Paeonia*（Paeoniaceae）. Amer J Bot，84：1120-1136

SanMartin-Gajardo I，Sazima M. 2005. Chiropterophily in Sinningieae（Gesneriaceae）：*Sinningia brasiliensis* and *Paliavana prasinata* are bat-pollinated，but *P. sericiflora* is not. Not yet Ann Bot，95：1097-1103

Schemske DW，Bradshaw HD Jr. 1999. Pollinator preference and the evolution of floral traits in monkeyflowers（Mimulus）. Proc Natl Acad Sci USA，96：11 910-11 915

Shaw J，Lickey EB，Beck JT，*et al*. 2005. The tortoise and the hare Ⅱ：relative utility of 21 noncoding chloroplast DNA sequences for phylogenetic analysis. Amer J Bot，92：142-166

Shaw J，Lickey EB，Schilling EE，*et al*. 2007. Comparisons of whole chloroplast genome sequences to choose noncoding regions for phylogenetic studies in angiosperms：the tortoise and the hare Ⅲ. Amer J Bot，94：275-288

Shaw J. 2011. A new species of Petrocosmea. Plantsman Sep：177-179

Smith JF，Hileman LC，Powell MP，*et al*. 2004. Evolution of GCYC，a Gesneriaceae homolog of CYCLOIDEA，within Gesnerioideae（Gesneriaceae）. Mol Phylogenet Evol，31：765-779

Smith JF，Wolfram JC，Brown KD，*et al*. 1997. Tribal rlationships in the Gesneriaceae：evidence from DNA sequences of the chloroplast gene *ndh*F. Ann Missouri Bot Gard，84：50-66

Smith SDW. 2010. Using phylogenetics to detect pollinator-mediated floral evolution. New phytol，188：354-363

Smith WW. 1921. *Petrocosmea wardii* W. W. Sm. Not Bot Gard Edinb，13：175

Soltis DE，Kuzoff RK，Conti E，*et al*. 1996. *Mat*K and rbcL sequence data indicate that *Saxifraga*（Saxifragaceae）is polyphyletic. Amer J Bot，83：371-382

Soltis DE，Soltis PS. 1998. Choosing an approach and an appropriate gene for phylogenetic analysis. *In*：Soltis PS，Soltis DE，Doyle JJ. Molecular systematics of plants，vol. Ⅱ. Kluwer，Boston，Massachusetts，USA：1-42

Song CF，Lin QB，Liang RH，*et al*. 2009. Expression of ECE-CYC2 clade genes relating to abortion of both dorsal and ventral stamens in *Opithandra*（Gesneriaceae）. BMC Evol Biol，9：244

Spaethe J，Tautz J，Chittka L. 2001. Visual constraints in foraging bumblebees：flower size and colour affect search time and flight behaviour. Proc Natl Acad Sci USA，98：3898-3903

Stebbins GL. 1950. Variation and evolution in plants. New York：Columbia University Press

Stebbins GL. 1959. The role of hybridization in evolution. Proc Am Phil Soc，103（4）：231-251

Stebbins GL. 1974. Flowering plants：evolution above the species level. USA，MA，Cambridge：Harvard University Press

Stracke R，Werber M，Weisshaar B. 2001. The R2R3-MYB gene family in *Arabidopsis thaliana*. Curr Opin Plant Biol，4：447-456

Swofford DL. 2003. PAUP：Phylogenetic Analysis Using Parsimony（and other methods）. V. 4.0 beta 10. Sinauer Associates，Sunderland

Taberlet P，Gielly L，Pautou G，*et al*. 1991. Universal primer for amplification of three non-coding regions of chloroplast DNA. Pl Molec Biol，17：1105-1109

Tate JA，Simpson BB. 2003. Paraphyly of Tarasa（Malvaceae）and diverse origins of the polyploid species. Syst Bot，28：723-737

Theiβen G. 2000. Evolutionary developmental genetics of floral symmetry：the revealing power of Linnaeus' monstrous flower. BioEssays，

22：209-213

Thompson JD，Gibson TJ，Plewniak F，*et al*. 1997. The Clustal X windows interface flexible strategies for multiple sequence alignment aided by quality analysis tools. Nucleic Acids Res，24：4876-4882

Thompson JD，Higgins DG，Gibson TJ. 1994. CLUSTAL W：improving the sensitivity of progressive multiple sequence alignment through sequence weighting，position-specific gap penalties and weight matrix choice. Nucl Acids Res，22：4673-4680

Thompson JD，Pailler T，Strasberg D，*et al*. 1996. Tristyly in the endangered Mascarene Island endemic *Hugonia serrata*（Linaceae）. Amer J Bot，83：1160-1167

Totland O. 2001. Environment dependent pollen limitation and selection on floral traits in an alpine species. Ecology，82：2233-2244

Tucker SC. 1998. Floral ontogeny in Legume genera *Petalostylis*，*Labichea*，and *Dialium*（Caesalpinioideae：Cassieae），a series in floral reduction. Am J Bot，85：184-208

Tucker SC. 2003. Floral Development in Legumes. Plant Physiol，131：911-926

Urao T，Yamaguchi-Shinozaki K，Urao S，*et al*. 1993. An *Arabidopsis* homolog is induced by dehydration stress and is gene product binds to the conversed recognition sequence. Plant Cell，5：1529-1539

Wang CN，Möller M，Cronk QCB. 2004. Phylogenetic position of *Titanotrichum oldhamii*（Gesneriaceae）inferred from four different gene regions. Syst Bot，29：407-418

Wang HC，Zhang LB，He ZR. 2013. *Petrocosmea melanophthalma*，a new species in section *Deianthera*（Gesneriaceae）from Yunnan，China. Novon，22（4）：486-490

Wang L，Gao Q，Wang YZ. 2006. Isolation and sequence analysis of two CYC-Like genes，SiCYC1A and SiCYC1B，from zygomorphic and actinomorphic cultivars of *Saintpaulia ionantha*（Gesneriaceae）. Journal of Systematics and Evolution，44：353-361

Wang WT. 1981. Notulae de Gesneriaceis sinensibus（Ⅱ）. Bulletin of Botanical Research，1（4）：35-41

Wang WT. 1985. The second revision of the genus *Petrocosmea*（Gesneriaceae）. Acta Botanica Yunnanica，7（1）：49-68

Wang WT. 1990. *Petrocosmea* Oliver. *In*：Wang WT. Flora Reipublicae Popularis Sinicae vol. 69. Science Press，Beijing：305-323

Wang WT. 1998. *Petrocosmea* Oliver. *In*：Wu ZY，Raven PH. Flora of China，vol. 18. Science Press and Missouri Botanical Garden，Beijing，St. Louis：302-308

Wang XQ，Li ZY. 1998. The application of sequence analyse of rDNA fragment to the systematic study of the subfamily Cyrtandroideae（Gesneriaceae）. Acta Phytotaxonomical Sinica，36：97-105

Wang YZ，Liang RH，Wang BH，*et al*. 2010. Origin and phylogenetic relationships of the Old World Gesneriaceae with actinomorphic flowers inferred from ITS and *trn*L-*trn*F sequences. Taxon，59（4）：1044-1052

Wang Z，Luo Y-H，Li X，*et al*. 2008. Genetic control of floral zygomorphy in pea（*Pisum sativum* L.）. Proc Natl Acad Sci USA，105：10 414-10 419

Wang WT，Pan KY，Li ZY. 1990. Gesneriaceae. *In*：Wang WT. Flora Reipublicae Popularis Sinicae vol. 69. Beijing：Science Press：125-58

Weber A. 1978. Transition from pair-flowered to normal cymes in Gesneriaceae. Notes from the Royal Botanic Garden，36：355-368

Weber A. 1982. Evolution and radiation of the pair-flowered cyme in Gesneriaceae. Australian Systematic Botany Society Newsletter，30：23-41

Wei YG，Wen F. 2009. *Petrocosmea xingyiensis*（Gesneriaceae），a new species from Guizhou，China. Novon，19：261-262

White TJ，Bruns T，Lee S，*et al*. 1990. Amplification and direct sequencing of fungal ribosomal RNA genes for phylogenetics. *In*：Inris M，Gelfand D，Sninsky J，*et al*. PCR protocols：a guide to methods and applications. Academic Press，San Diego：315-322

Whitney HM，Glover BJ. 2007. Morphology and development of floral features recognised by pollinators. Arthropod-Plant Interact，1：147-158

Wiehler H. 1983. A synopsis of the neotropical Gesneriaceae. Selbyana，6：12-19

Wikström N，Savolainen V，Chase MW. 2001. Evolution of the Angiosperms：calibrating the Family Tree. Proc R Soc Lond B，268：2211-2220

Wolfe KH. 1991. Protein-coding genes in Chloroplast DNA：compilation of nucleotide sequences，database entries and rates of Molecular evolution. *In*：Vasil K. The Photosynthetic Apparatus：Molecular Biology and Operation 7B，Cell Culture and Somatic Cell Genetics in Plants. New York：Academic Press：467-482

Wortley AH，Rudall PJ，Harris DJ，*et al*. 2005. How much data are needed to resolve a difficult phylogeny? Case study in Lamiales. Syst Biol，54：697-709

Wu ZY. 1980. Vegetation of China. Beijing：Science PressWu ZY. 1991. *Petrocosmea* Oliv. *In*：Wu ZY. Flora Yunnanica 5. Kunming：Science Press：631-647

Wulff EV. 1950. An introduction to historical plant Geography. P. 28. translated by E. Brissenden. Waltham

Xu WB，Pan B，Liu Y. 2011. *Petrocosmea huanjiangensis*，a new species of Gesneriaceae from limestone areas in Guangxi，China. Novon，21（3）：385-387

Zhang Q，Pan B，Meng T，*et al.* 2013. *Petrocosmea funingensis*，a new species from southeastern Yunnan，China. Phytotaxa，77（1）：5-8

Zhang WH，Kramer EM，Davis CC. 2010. Floral symmetry genes and the origin and maintenance of zygomorphy in a plant pollinator mutualism. Proc Natl Acad Sci USA，107：6388-6393

Zhou XR，Wang YZ，Smith JF，*et al.* 2008. Altered expression patterns of TCP and MYB genes relating to the floral developmental transition from initial zygomorphy to actinomorphy in Bournea（Gesneriaceae）. New phytol，178：532-543

附录　本书涉及的产地名称说明

重庆：重庆市
　　南川：重庆市南川区
　　彭水：重庆市彭水苗族土家族自治县

广西：广西壮族自治区
　　环江：广西壮族自治区河池市环江毛南族自治县
　　那坡：广西壮族自治区百色市那坡县

贵州：贵州省
　　道真：贵州省遵义市道真仡佬族苗族自治县
　　赫章：贵州省毕节市赫章县
　　惠水：贵州省黔南布依族苗族自治州
　　荔波：贵州省黔南布依族苗族自治州荔波县
　　龙里：贵州省黔南布依族苗族自治州龙里县
　　罗甸：贵州省黔南布依族苗族自治州罗甸县
　　平坝：贵州省安顺市平坝区
　　清镇：贵州省贵阳市清镇市
　　水城：贵州省六盘水市水城县
　　望谟：贵州省黔西南布依族苗族自治州望谟县
　　兴义：贵州省黔西南布依族苗族自治州兴义市
　　沿河：贵州省铜仁市沿河土家族自治县

湖北：湖北省
　　宜昌：湖北省宜昌市
　　秭归：湖北省宜昌市秭归县

湖南：湖南省
　　保靖：湖南省湘西土家族苗族自治州保靖县

陕西：陕西省
　　勉县：陕西省汉中市勉县

四川：四川省
　　峨边：四川省乐山市峨边彝族自治县
　　会东：四川省凉山彝族自治州会东县
　　会理：四川省凉山彝族自治州会理县
　　乐山：四川省乐山市
　　木里：四川省凉山彝族自治州木里藏族自治县
　　盐边：四川省攀枝花市盐边县

越西：四川省凉山彝族自治州越西县

云南：云南省
　　大理：云南省大理白族自治州大理市
　　大姚：云南省楚雄彝族自治州大姚县
　　峨山：云南省玉溪市峨山彝族自治县
　　洱源：云南省大理白族自治州洱源县
　　凤庆：云南省临沧市凤庆县
　　富民：云南省昆明市富民县
　　富宁：云南省文山壮族苗族自治州富宁县
　　耿马：云南省临沧市耿马傣族佤族自治县
　　广南：云南省文山壮族苗族自治州广南县
　　会泽：云南省曲靖市会泽县
　　江川：云南省玉溪市江川县
　　金平：云南省红河哈尼族彝族自治州金平苗族瑶族傣族自治县
　　景东：云南省普洱市景东彝族自治县
　　景谷：云南省普洱市景谷傣族彝族自治县
　　昆明：云南省昆明市
　　澜沧：云南省普洱市澜沧县
　　丽江：云南省丽江市
　　泸水：云南省怒江傈僳族自治州泸水县
　　禄劝：云南省昆明市禄劝彝族苗族自治县
　　麻栗坡：云南省文山壮族苗族自治州麻栗坡县
　　蒙自：云南省红河哈尼族彝族自治州蒙自市
　　孟连：云南省普洱市孟连傣族拉祜族佤族自治县
　　屏边：云南省红河哈尼族彝族自治州屏边苗族自治县
　　普洱：云南省普洱市
　　巧家：云南省昭通市巧家县
　　石林：云南省昆明市石林彝族自治县
　　嵩明：云南省昆明市嵩明县
　　绥江：云南省昭通市绥江县
　　腾冲：云南省保山市腾冲市
　　武定：云南省楚雄彝族自治州武定县
　　西畴：云南省文山壮族苗族自治州西畴县
　　西双版纳：云南省西双版纳傣族自治州
　　新平：云南省玉溪市新平彝族傣族自治县
　　砚山：云南省文山壮族苗族自治州砚山县
　　永胜：云南省丽江市永胜县
　　镇康：云南省临沧市镇康县

中文名索引

拉丁名索引